재미있는 식품의 예술

THE ART OF

FOODs

재미있는 식품의 예술

김정상 · 임진규 · 박희수 · 한동엽

수학사

머리말

인류는 태초부터 생존을 위하여 수렵, 채취, 경작 등을 통하여 식량을 획득하는 데 치열한 노력을 기울였으며, 식량을 생산하기에 좋은 땅을 차지하기 위해 끊임없는 경쟁을 벌여 왔다. 그러나 식품은 단순히 생존을 위한 수단뿐 아니라 사회적 결속을 다지거나 축제와 종교의식에서도 중요한 역할을 해왔다. 역사적으로 식품은 사회적 신분의 상징으로 활용되기도 하였고, 물물교환의 수단으로 이용되기도 하였다. 인류는 경험을 통하여 식품을 다양한 형태로 가공하는 방법을 터득하였는데, 이를 기반으로 식품의 맛과 영양 특성이 변한다는 것도 알게 되었다.

오늘날 인간의 다양한 기호에 호응하여 헤아릴 수 없이 많은 식품가공 방법들이 개발되었다. 식품이 만들어지는 과정은 과학적으로 명확하게 설명하기 어려운 부분도 있지만 대개는 과학적 원리가 알려져 있다. 저자들은 대학에서 학생들을 교육하면서 가공식품이 만들어지는 과정에 대한 정보는 많으나 그 뒤에 숨겨진 과학적 원리나 예술성에 대해서는 상대적으로 정보가 부족하다는 것에 착안하여 본 저서를 집필하게 되었다.

가공식품 가운데는 단순한 가공 과정을 거쳐 제조되는 것들도 있지만 식품전공자들조차도 이해하기 쉽지 않은 제조 원리와 신비한 예술적 특성을 가진 식품들도 많다. 따라서 이 책에서는 가공식품 가운데 창의성과 예술성을 갖춘 대표적인 가공식품에 대하여 역사적 배경을 포함하여 제조 원리와 방법을 이해하기 쉽게 설명하고, 이를 통해 식품에 관심이 많은 일반인이나 학생들이 식품공학에 대한 흥미를 더할 수 있도록 하였다. 또한 최근 관심을 받기 시작한 비건식품, 배양육 제조기술의 현황과 3D 프린팅과 같은 4차 산업이 식품산업에 미치는 영향도 함께 다루었다. 모쪼록 이 한 권의 책을 통하여 가공식품에 대한 이해와 관심이 증진되어 건강한 식문화 형성으로 이어지길 기대해 본다.

끝으로 이 책이 출간되기까지 많은 격려와 영감을 주신 경북대학교 식품공학부 교수님들과 학생들, 그리고 졸고를 기꺼이 출판해 수신 수학사 이영호 사장님과 직원들께 감사를 표한다.

2023년 8월

저자 일동

차례

CHAPTER 3 식물성 식품

CHAPTER 4 동물성 식품

CHAPTER 5 생선을 가공한 식품

식 품 의 예 술

식품은 수천 년 동안 예술적 매체로 자기표현, 축하 및 문화적 정체성의 수단으로 사용되어 왔다. 음식의 예술적 특징에는 시각적인 모양, 맛, 질감, 향, 그리고 음식을 제공하는 방식 등이 포함되며, 식품의 주요 예술적 특징 중 하나는 외관이다.

시각적으로 즐거운 방식으로 식품을 배열하기 위해서는 세심한 주의를 기울여야 하며, 색상, 모양 및 질감을 사용하여 미학적으로 만족스럽고 조화로운 요리를 만들 수 있다.

가공식품의 경우 식용 색소를 사용하여 제품의 외관을 좀 더 먹음직스럽게 만든다. 예를 들어, 붉은색이나 오렌지색은 식욕을 촉진하는 것으로 알려져 있으며, 스낵을 포함하여 많은 식품들이 이러한 인간의 심리를 이용하여 만들어진다.

식품의 맛은 또 다른 중요한 예술적 특징으로, 식품가공 전문가 또는 요리사는 다양한 기술과 재료를 사용하여 만족스럽고 기억에 남을 독특한 풍미 조합과 경험을 만들려고 노력한다. 허브, 향신료 및 기타 조미료를 사용하면 요리에 깊이와 복잡성을 더할 수 있으며, 단맛, 신맛, 짠맛, 쓴맛, 매운맛, 맛난 맛 등의 세심한 균형은 조화롭고 즐거운 맛 경험을 만들 수 있다. 질감 또한 음식의 중요한 예술적 특징인데, 바삭바삭한 질감에서부터 부드러운 크림 같은 질감에 이르기까지 음식을 섭취하여 입 안에서 느껴지는 다양한 질감은 사람들에게 큰 즐거움을 줄 수 있다. 예를 들어, 아이스크림의 매끄럽고 부드러운 질감, 크래커의 바삭바삭한 성질 등은 제품이 갖는 질감 특성으로 인하여 소비자의 인기를 끈다.

이 밖에 음식이 제공되는 방식도 예술적 특징으로 볼 수 있다. 장식용 접시와 독특한 서빙 접시, 그리고 예술적인 장식은 모두 요리의 시각적 매력을 더할 수 있으며, 제공되는 방식 또한 식사의 전반적인 경험에 영향을 미칠 수 있다.

결론적으로 식품의 예술적 특징은 시각적인 모양, 맛, 질감, 향 및 표현을 포함하여 매우 다양하므로, 식품은 창의적인 표현의 수단이자 미적 즐거움의 원천이 될 수 있다.

식품의 예술 • CHAPTER 1

식품의 기능

1. 식품이란?
2. 식품의 기능

식품은 인간이 살아가기 위해서 필수적인 영양소를 공급하는 원천이며, 다양한 질병을 예방하여 건강하고 행복한 삶을 살 수 있도록 해준다. 인간의 생존에 꼭 필요로 하는 6대 영양소를 공급하는 기능 외에도 식품은 우리에게 행복감을 선사한다. 식품을 눈으로 보고 코로 냄새 맡으며, 혀로 맛을 감상하고 형태가 있는 것은 씹고 깨물면서 독특한 조직에서 언어로 표현하기 힘든 쾌감을 느낀다. 인류 역사가 시작된 이래 식품은 늘 우리와 함께 있어 왔고 많은 요리법이 개발되었으며, 식품에 대한 수많은 연구가 진행되었으나, 아직도 식품과 관련한 궁금증은 줄어들지 않고 있다. 예를 들어, 어떤 사람은 단 음식을 좋아하는데 어떤 사람은 단맛이 나는 식품을 싫어한다. 사람들의 특정 식품에 대한 선호, 비선호가 개개인의 유전적 특성, 문화, 환경, 개인적 경험 등에 의해서 영향을 받는 것으로만 추정하고 있을 뿐 그 정확한 원인은 밝혀지지 않았다. 식품이 인체에 미치는 생리적 영향이나 폭식증, 거식증과 같은 식품 섭취와 관련된 정신적 문제도 대부분 밝혀지지 않고 있다. 최근 식품과 장내 미생물과의 상관관계는 식품에 대한 신비를 더하고 있다. 식품은 날것으로 섭취하거나 조리하여 섭취할 수 있으며, 섭취하기 전에 다양한 유형의 가공을 거치기도 한다. 본 단원에서는 식품의 주요 기능과 가공식품의 분류에 대해서 기술하고자 한다.

1. 식품이란?

식품은 사람에게 영양을 제공하는 물질로 정의할 수 있으며, 탄수화물, 단백질, 지질, 비타민, 무기질 등과 같은 영양소를 함유하고 있다. 식품은 사람에게 에너지를 공급하고, 생명을 유지하고 성장을 촉진하는 데 필수적인 역할을 한다. 그러나 인간에게 영양소를 공급하는 기능 외에도 식품은 사람들 간의 관계 형성, 축제의 도구로서 사회적 기능도 갖고 있다.

식품은 원료 자체로 섭취하기도 하지만 다양한 형태로 조리 또는 가공하여 섭취한다.

식품은 여러 가지 방법으로 분류할 수 있는데, 화학적 구성 또는 가공 방법에 따라 분류할 수도 있고, 기원과 영양학적 특성에 따라 분류하기도 한다. 세계보건기구(WHO)와 세계식량농업기구(FAO)에서는 식품을 19가지로 분류하고 있다. 즉 곡류, 구근류, 두류 및 견과류, 우유, 달걀, 생선 및 조개류, 육류, 곤충류, 채소류, 과일류, 지방 및 오일, 당류, 향신료, 음료, 특수영양용도 식품, 식품보충제, 식품첨가물, 복합식품(예 : 오믈렛, 감자크로켓), 스낵류(예 : 감자칩) 등이다.

한편, 우리나라 식품의약품안전처는 표 1-1과 같이 가공식품을 24가지 군으로 분류하고 있다.

표 1-1 가공식품의 유형

대분류	중분류	식품 유형
1. 과자류, 빵류 또는 떡류		과자, 캔디류, 추잉껌, 빵류, 떡류
2. 빙과류	2-1 아이스크림류(*축산물가공품)	아이스크림, 저지방아이스크림, 아이스밀크, 샤베트, 비유지방아이스크림
	2-2 아이스크림믹스류(*축산물가공품)	아이스크리믹스, 저지방아이스크림믹스, 아이스밀크믹스, 샤베트믹스, 비유지방아이스크림믹스
	2-3 빙과	빙과
	2-4 얼음류	식용 얼음, 어업용 얼음
3. 코코아가공품류 또는 초콜릿류	3-1 코코아가공품류	코코아매스, 코코아버터, 코코아분말, 기타 코코아가공품
	3-2 초콜릿류	초콜릿, 밀크초콜릿, 화이트초콜릿, 준초콜릿, 초콜릿가공품
4. 당류	4-1 설탕류	설탕, 기타 설탕
	4-2 당시럽류	당시럽류
	4-3 올리고당류	올리고당, 올리고당가공품
	4-4 포도당	포도당
	4-5 과당류	과당, 기타 과당
	4-6 엿류	물엿, 기타 엿, 덱스트린
	4-7 당류가공품	당류가공품
5. 잼류		잼, 기타 잼
6. 두부류 또는 묵류		두부, 유바, 가공두부, 묵류
7. 식용유지류	7-1 식물성유지류	콩기름, 옥수수기름, 채종유, 미강유, 참기름, 추출참깨유, 들기름, 추출들깨유, 홍화유, 해바라기유, 목화씨기름, 땅콩기름, 올리브유, 팜유류, 야자유, 고추씨기름, 기타 식물성유지
	7-2 동물성유지류(*축산물가공품, 다만 어유, 기타 동물성유지 제외)	식용우지, 식용돈지, 원료우지, 원료돈지, 어유, 기타 동물성유지
	7-3 식용유지가공품	혼합식용유, 향미유, 가공유지, 쇼트닝, 마가린, 모조치즈, 식물성크림, 기타 식용유지가공품
8. 면류		생면, 숙면, 건면, 유탕면
9. 음료류	9-1 다류	침출차, 액상차, 고형차
	9-2 커피	커피
	9-3 과일·채소류음료	농축과·채즙, 과·채주스, 과·채음료
	9-4 탄산음료류	탄산음료, 탄산수
	9-5 두유류	원액두유, 가공두유
	9-6 발효음료류	유산균음료, 효모음료, 기타 발효음료

(계속)

대분류	중분류	식품 유형
9. 음료류	9-7 인삼·홍삼음료	인삼·홍삼음료
	9-8 기타 음료	혼합음료, 음료베이스
10. 특수영양식품	10-1 조제유류(*축산물가공품)	영아용 조제유, 성장기용 조제유
	10-2 영아용 조제식	영아용 조제식
	10-3 성장기용 조제식	성장기용 조제식
	10-4 영·유아용 이유식	영·유아용 이유식
	10-5 체중조절용 조제식품	체중조절용 조제식품
	10-6 임산·수유부용 식품	임산·수유부용 식품
	10-7 고령자용 영양조제식품	고령자용 영양조제식품
11. 특수의료용도식품	11-1 표준형 영양조제식품	일반환자용 균형영양조제식품, 당뇨환자용 영양조제식품, 신장질환자용 영양조제식품, 장질환자용 단백가수분해 영양조제식품, 암환자용 영양조제식품, 열량 및 영양공급용 식품, 연하곤란자용 점도조절식품
	11-2 맞춤형 영양조제식품	선천성대사질환자용 조제식품, 영·유아용 특수조제식품, 기타 환자용 영양조제식품
	11-3 식단형 식사관리식품	당뇨환자용 식단형 식품, 신장질환자용 식단형 식품, 암환자용 식단형 식품
12. 장류		한식메주, 개량메주, 한식간장, 양조간장, 산분해간장, 효소분해간장, 혼합간장, 한식된장, 된장, 고추장, 춘장, 청국장, 혼합장, 기타 장류
13. 조미식품	13-1 식초류	발효식초, 희석초산
	13-2 소스류	복합조미식품, 마요네즈, 토마토케첩, 소스
	13-3 카레(커리)	카레분, 카레
	13-4 고춧가루 또는 실고추	고춧가루, 실고추
	13-5 향신료가공품	천연향신료, 향신료조제품
	13-6 식염	천일염, 재제소금, 태움·용융소금, 정제소금, 기타 소금, 가공소금
14. 절임류 또는 조림류	14-1 김치류	김치속, 김치
	14-2 절임류	절임식품, 당절임
	14-3 조림류	조림류
15. 주류	15-1 발효주류	탁주, 약주, 청주, 맥주, 과실주
	15-2 증류주류	소주, 위스키, 브랜디, 일반증류주, 리큐르
	15-3 기타 주류	기타 주류
	15-4 주정	주정

(계속)

대분류	중분류	식품 유형
16. 농산가공식품류	16-1 전분류	전분, 전분가공품
	16-2 밀가루류	밀가루, 영양강화 밀가루
	16-3 땅콩 또는 견과류가공품류	땅콩버터, 땅콩 또는 견과류가공품
	16-4 시리얼류	시리얼류
	16-5 찐쌀	찐쌀
	16-6 효소식품	효소식품
	16-7 기타 농산가공품류	과·채가공품, 곡류가공품, 두류가공품, 서류가공품, 기타 농산가공품
17. 식육가공품류 및 포장육	17-1 햄류(*축산물가공품)	햄, 생햄, 프레스햄
	17-2 소시지류(*축산물가공품)	소시지, 발효소시지, 혼합소시지
	17-3 베이컨류(*축산물가공품)	베이컨류
	17-4 건조저장육류(*축산물가공품)	건조저장육류
	17-5 양념육류(*축산물가공품)	양념육, 분쇄가공육제품, 갈비가공품, 천연케이싱
	17-6 식육추출가공품(*축산물가공품)	식육추출가공품
	17-7 식육간편조리세트(*축산물가공품)	식육간편조리세트
	17-8 식육함유가공품	식육함유가공품
	17-9 포장육(*축산물)	포장육
18. 알가공품류	18-1 알가공품(*축산물가공품)	전란액, 난황액, 난백액, 전란분, 난황분, 난백분, 알가열제품, 피단
	18-2 알함유가공품	알함유가공품
19. 유가공품류	19-1 우유류(*축산물가공품)	우유, 환원유
	19-2 가공유류(*축산물가공품)	강화우유, 유산균첨가우유, 유당분해우유, 가공유
	19-3 산양유(*축산물가공품)	산양유
	19-4 발효유류(*축산물가공품)	발효유, 농후발효유, 크림발효유, 농후크림발효유, 발효버터유, 발효유분말
	19-5 버터유(*축산물가공품)	버터유
	19-6 농축유류(*축산물가공품)	농축우유, 탈지농축우유, 가당연유, 가당탈지연유, 가공연유
	19-7 유크림류(*축산물가공품)	유크림, 가공유크림
	19-8 버터류(*축산물가공품)	버터, 가공버터, 버터오일
	19-9 치즈류(*축산물가공품)	자연치즈, 가공치즈
	19-10 분유류(*축산물가공품)	전지분유, 탈지분유, 가당분유, 혼합분유
	19-11 유청류(*축산물가공품)	유청, 농축유청, 유청단백분말
	19-12 유당(*축산물가공품)	유당

(계속)

대분류	중분류	식품 유형
19. 유가공품류	19-13 유단백가수분해식품(*축산물 가공품)	유단백가수분해식품
	19-14 유함유가공품	유함유가공품
20. 수산가공식품류	20-1 어육가공품류	어육살, 연육, 어육반제품, 어묵, 어육소시지, 기타 어육가공품
	20-2 젓갈류	젓갈, 양념젓갈, 액젓, 조미액젓
	20-3 건포류	조미건어포, 건어포, 기타 건포류
	20-4 조미김	조미김
	20-5 한천	한천
	20-6 기타 수산물가공품	기타 수산물가공품
21. 동물성가공식품류	21-1 기타식육 또는 기타 알제품	기타 식육 또는 기타 알, 기타 동물성가공식품
	21-2 곤충가공식품	곤충가공식품
	21-3 자라가공식품	자라분말, 자라분말제품, 자라유제품
	21-4 추출가공식품	추출가공식품
22. 벌꿀 및 화분가공품류	22-1 벌꿀류	벌집꿀, 벌꿀, 사양벌집꿀, 사양벌꿀
	22-2 로열젤리류	로열젤리, 로열젤리제품
	22-3 화분가공식품	가공화분, 화분함유제품
23. 즉석식품류	23-1 생식류	생식제품, 생식함유제품
	23-2 즉석섭취·편의식품류	신선편의식품, 즉석섭취식품, 즉석조리식품, 간편조리세트
	23-3 만두류	만두, 만두피
24. 기타 식품류	24-1 효모식품	효모식품
	24-2 기타 가공품	기타 가공품

*축산물은 「축산물 위생관리법」에서 별도로 유형을 정하고 있음
자료 : 식품의약품안전처, 식품공전 2023.4.11. 개정

2. 식품의 기능

1) 영양 공급

식품은 보통 6대 영양소(탄수화물, 단백질, 지질, 비타민, 무기질, 물)를 비롯하여 수많은 화학 물질로 구성되어 있다. 따라서 식품은 매우 다양한 화학 물질의 복합체라고 할 수 있다. 사람은 생존을 위해 다양한 영양소가 필요하며, 이들 영양소를 식품을 통하여 획득한다.

탄수화물과 지질은 주로 에너지를 공급하며, 단백질은 우리 몸과 세포 내에서 중요한 기능을 하는 효소, 호르몬을 만드는 데 이용되거나 근육, 뼈 등 우리 몸의 주요 구성 성분으로 활용된다. 또한 세포 내 에너지가 부족한 경우, 에너지를 발생하는 데 이용되기도 한다. 비타민과 무기질은 다양한 체내 대사에 관여하며, 시각, 뼈 형성, 지방 산화 억제, 혈액 응고, 세포 내 대사 관련 다양한 효소의 활성 발현 등에 꼭 필요하다.

사람이 필요로 하는 모든 영양소가 풍부하게 들어 있는 식품은 없기 때문에 다양한 식품을 골고루 섭취하는 것이 중요하다. 또한 특정 영양소만 많이 함유하고 있는 식품을 선별적으로 섭취하는 것도 바람직하지 않다. 예를 들어, 포화지방이 많이 함유된 육류를 지나치게 섭취할 경우, 심장과 뇌혈관계 질환 위험성을 높일 수 있다.

2) 감각적 기능

(1) 맛

식품은 종류마다 맛, 조직, 향, 색깔 등이 다르므로 사람의 기호도에 큰 영향을 미친다. 맛은 혀에 존재하는 미뢰(taste buds, 맛봉오리)에 위치하고 있는 수용체에 결합하여 신호를 뇌에 전달해서 인지된다. 즉 식품의 풍미는 맛 수용체, 후각 신경과 조직감, 통각, 온도 등을 주관하는 삼차 신경이 협동적으로 작용하여 뇌에서 인식하게 된다. 혀에는 수천 개의 돌기 모양의 유두(papillae)가 있고, 각 유두에는 수백 개의 미뢰가 존재한다. 미뢰는 혀의 앞쪽과 뒤쪽에 2,000~5,000개 존재하는 것으로 알려져 있다. 각 미뢰에는 50~100개의 맛 수용체가 존재한다. 맛 수용체는 기본적으로 단맛, 짠맛, 신맛, 쓴맛, 그리고 맛난 맛(umami, 우마미) 등 5가지의 맛을 감지한다.

식품의 풍미는 맛 이외에도 후각으로 인지되는 향, 조직감, 온도, 시원함, 매운 맛 등에 의해서 결정된다. 맛은 식품의 기호성에 영향을 미치지만 회피해야 할 식품인지 여부를 결정하는 데도 기여한다. 예를 들어, 단맛은 에너지가 풍부하다는 신호를 우리 몸에 전달하는 반면, 쓴맛은 독성 물질 존재 가능성을 경고한다.

영양소 함량이 풍부한 식품은 다양한 풍미를 나타내는 반면, 영양소가 빈약한 식품은 대체로 달거나 짜거나 기름진 특성을 가진다. 보통 사람은 단맛을 선호하고 쓴맛은 본능적으로 싫어하지만 맛 선호도 측면에서 개인차는 매우 크다.

영양가 있는 식품 또는 영양소 밀도(nutrient density)가 높은 식품은 상대적으로 열량은 낮으면서 상당량의 영양소를 제공하는 식품으로 정의한다. 여기서 말하는 영양소는 건강에 유익한 단백질, 식이섬유, 비타민류(A, C, E), 무기질(칼슘, 마그네슘, 철분, 칼륨 등)들이다. 한편, 건강에 안 좋은 식품 성분으로는 포화지방, 나트륨, 정제당, 콜레스테롤 등이 있다.

영양소 밀도는 영양소 풍부 지수[nutrient rich food(NRF) index]로 표현되는데, 식품에 함유된 9가지 영양소의 함량과 1일 권장량을 비교한 백분율의 합에서 섭취를 자제해야 하는 3가지 영양소(첨가한 당류, 포화지방, 나트륨)의 백분율 합을 뺀 값으로 계산한다(표 1-2, 1-3). 최종값은 100 kcal 기준으로 산출된다. 영양소 밀도가 높은 식품의 섭취는 건강 개선을 도모하는 반면, 영양소 밀도가 낮은 식품은 비만, 당뇨 등 만성질환 위험성을 증가시킨다(그림 1-1).

표 1-2 열량 2000 칼로리 기준 1일 영양소 권장량

영양소	RDV*	MRV**
단백질 (g)	50	-
식이섬유 (g)	25	-
비타민 A (IU)	5,000	-
비타민 C (mg)	60	-
비타민 E [IU (mg)]	30 (20)	-
칼슘 (mg)	1,000	-
철분 (mg)	18	-
칼륨 (mg)	3,500	-
마그네슘 (mg)	400	-
포화지방 (g)	-	20
정제당 (g)	-	50
나트륨 (mg)	-	2,400

*RDV : 1일 섭취기준치　　**MRV : 최대권장섭취량

자료 : Adam Drewnowski. The Nutrient Rich Foods Index helps to identify healthy, affordable foods. *Am J Clin Nutr 91*(suppl):1095S-101S, 2010

표 1-3 영양소 풍부 또는 부족 평가를 위한 NRF 인덱스 산출 알고리즘

모델		알고리즘	비고
NR9 subscore[2]	$NR9_{RACC}$[1]	Σ_{1-9} ($nutrient_i/DV_i$) × 100	$Nutrient_i$ = 1회 분량당 영양소 중량 DV_i = 각 영양소에 대한 1일 섭취량 S_i = 1회 분량당 열량(칼로리)
	$NR9_{100\ kcal}$	Σ_{1-9} ($nutrienti/DV_i$)/S_i × 100	
LIM subscore[3]	LIM_{RACC}	Σ_{1-3} ($nutrient_i/MRV_i$)/S_i × 100	$Nutrient_i$ = 1회 분량당 영양소 중량 MRV_i = 각 영양소에 대한 최대 권장량 S_i= 1회 분량당 열량(칼로리)
	$LIM_{100\ kcal}$	Σ_{1-3} ($nutrient_i/MRV_i$)/S_i × 100	
NRF composite model	$NRF9.3_{RACC}$	$NR9_{RACC}$ − LIM_{RACC}	–
	$NRF9.3_{100\ kcal}$	$NR9_{100\ kca}$ − $LIM_{100\ kcal}$	

[1]RACC : 일상적으로 소비하는 양
[2]NR9 subscore : 9가지 권장 영양소에 기초한 서브 스코어
[3]LIM subscore : 제한이 필요한 3가지 영양소에 기초한 서브 스코어
자료 : Adam Drewnowski. The Nutrient Rich Foods Index helps to identify healthy, affordable foods. *Am J Clin Nutr 91*(suppl):1095S-101S, 2010

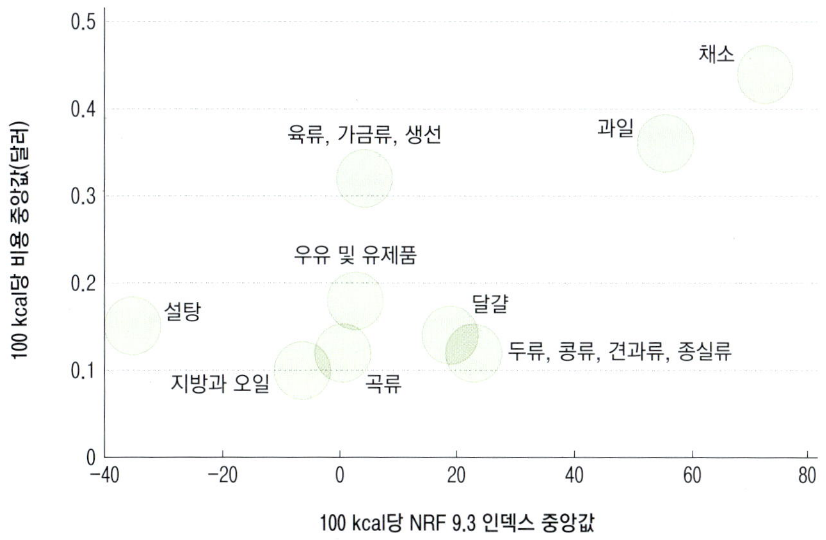

그림 1-1 주요 식품군에 대한 NRF 인덱스 스코어와 비용

*NRF 값이 클수록 영양소 밀도가 높은 것을 의미한다.

자료 : Adam Drewnowski. The Nutrient Rich Foods Index helps to identify healthy, affordable foods. *Am J Clin Nutr 91*(suppl):1095S-101S, 2010

(2) 향

향은 식품에 대한 소비자의 기호도에 영향을 미치는 중요한 관능적 특성의 하나로서 식품 원료 자체에 존재할 수도 있고 식품을 가공하는 과정에서 발생할 수도 있으며, 인위적으로 첨가할 수도 있다.

식품가공 중 생성되는 향은 대개 효소 작용, 발효, 지방 산화, 열 반응(메일라드 반응, 캐러멜화 반응)에 의한 것이다. 열처리에 의해 생성되는 향은 가장 다양한 휘발성 유기화합물을 이루며, 식품가공에서 특정 향미를 부여하기 위해 활용된다. 예를 들어, 밀가루를 이용하여 빵을 굽거나, 커피 원두를 볶거나, 고기를 숯불에서 가열하면 메일라드(Maillard) 반응을 통하여 기호성이 높은 향기 성분들이 생성된다.

한편, 눈은 수백만 개의 색깔을 구분할 수 있고, 사람의 코는 1조 개 이상의 냄새를 구분할 수 있다. 2017년 기준, 향기 성분 데이터베이스에 수록된 향기 성분 분자는 약 26,000종이며, 이 가운데 2,300여 종이 천연물 유래인 것으로 알려져 있다.

인간과 곤충의 **후각**

꿀벌의 후각은 사람의 100배 이상으로 민감한 것으로 알려져 있으며, 2마일(3.2 km) 밖에서도 특정 꽃향기나 독소의 향기를 맡을 수 있다. 이를 응용하여 암 조기 진단에 응용하려는 시도도 이루어지고 있다. 한편, 사람은 1조 개의 향을 맡을 수 있는 것으로 추정되고 있다.

자료 : Bushdid C, Magnasco MO, Vosshall LB, Keller A. Humans can discriminate more than 1 trillion olfactory stimuli. *Science 343*(6177), 1370-1372. Mar 21, 2014

(3) 조직감

식품에서 조직감은 맛, 향과 더불어 기호도를 결정하는 중요 요인의 하나이다. 조직감은 '식품 구조에 대한 감각적 발현 및 식품에 가해진 힘과 시각, 운동 신경에 의해 느껴지는 감각, 청각 등에 반응하는 양상'으로 정의한다.

조직감이 주로 고체 또는 반고체 식품을 묘사할 때 사용되는 반면, 입 안 촉감(mouthfeel)은 고체, 반고체, 액체 식품이 입 안에 존재할 때 느껴지는 촉감을 의미한다. 떫은맛과 입 안을 코팅하는 느낌과 같이 음식물을 삼키고 난 이후 남아 있는 감각은 후감각(afterfeel)이라고 한다.

식품 조직에 대한 소비자들의 인식은 생리적, 사회적, 문화적, 경제적, 심리적 요인에 의해 결정된다. 거의 모든 세계인이 거부감 없이 섭취하는 식품의 공통점은 색깔이 강하지 않고, 향이 마일드하며, 부드러운 조직을 가진다는 것이다. 한편, 인종에 따라서도 조직감에 대한 취향이 다른데, 미국인들의 경우 바삭함(crispiness), 부드러움(tenderness), 다즙성(juiciness), 단단한 조직감을 선호하는 반면, 일본인은 바삭함(crispiness), 아삭아삭함(crunchiness), 딱딱함(hardness), 부드러움(softness), 끈적함(stickiness) 같은 조직감을 선호하는 것으로 알려져 있다. 식품의 조직감을 표현하는 수식어는 표 1-4에 정리하였다.

이러한 조직감에 대한 선호도 차이를 고려하여 식품업체에서는 소비자들의 기호를 사로잡을 수 있는 조직감 구현에 높은 관심을 가지고 있다. 맛보다는 조직감으로 소비자들의 사랑을 받은 제품들의 예로 아이스크림(부드러움), 볶은 견과류, 크래커(cruchiness), 프라이드치킨, 튀김식품, 마시멜로(marshmallow), 구미베어(gummy bear) 등이 있다.

표 1-4 조직감을 표현하는 수식어 종류

	1차 특성	2차 특성	예
기계적 특성	단단한 정도(경도, hardness)		부드러운(soft), 단단한(firm), 딱딱한(hard)
	응집성(cohesiveness)	메짐성(brittleness)	푸석푸석한(crumbly), 아삭아삭한(crunchy), 부서지기 쉬운(brittle)
		씹힘성(chewiness)	연한(tender), 씹히는(chewy), 질긴(tough)
		검성(gumminess)	파삭파삭한(short), 거친(mealy), 풀 같은(pasty), 고무 같은(gummy)
	점성(viscosity)		묽은(thin), 진한(thick), 된(viscous)
	탄력성(elasticity)		탄력이 없는(plastic), 탱탱한(elastic)
	부착성(adhesiveness)		미끈거리는(sticky), 진득한(tacky), 끈적거리는(gooey)
기하학적 특성	입자 크기와 모양		모래 같은(gritty), 알갱이를 씹는 듯한(grainy), 거친(coarse)
	입자 모양과 오리엔테이션		섬유질의(fibrous), 다공성의(cellular), 결정성의(crystalline)
기타 특성	수분함량		건조한(dry), 축축한(moist), 젖은(wet), 물기 있는(watery)
	지방함량	기름기(oiliness)	기름진(oily)
		크림성(creaminess)	크림 같은(creamy)

3) 건강 유지

식품의 기능 가운데 가장 최근에 인식하게 된 것이 건강 유지 또는 증진 기능이다. 인구의 고령화와 식습관 등으로 인한 질병이 증가함에 따라 건강의 질적 향상과 질병 예방을 위해 식품의 3차 기능인 생체조절기능이 초미의 관심사가 되고 있다. 건강기능식품은 불균형한 식사에서 결핍되기 쉬운 영양소나 인체에 유용한 기능을 가진 원료를 함유하여 건강에 도움을 주는 식품이다. 동물시험, 인체실험 등 과학적 근거를 갖는 원료는 건강기능식품의 기능성 원료로 사용되고 영양 기능 정보를 표시하여 소비자가 기능 정보를 바르게 알고 섭취하도록 관리하고 있다.

현재 우리나라의 건강기능식품은 「건강기능식품에 관한 법률」에 준하여 '인체에 유용한 기능성을 가진 원료나 성분을 사용하여 제조·가공한 식품'으로 정의한다. 여기서 '기능성'이라 함은 인체의 구조 및 기능에 대하여 영양소를 조절하거나 생리학적 작용 등과 같은 보건 용도에 유용한 효과를 나타내는 것을 말한다.

(1) 건강기능식품

세계 여러 나라에서는 국민의 건강 증진 및 국민 의료비 절감 등의 차원에서 국가 정책으로 건강기능식품에 관한 법률을 마련하여 국민 건강과 식품산업의 육성에 기여하고 있다. 우리나라 청장년층(20세 이상 64세 미만)의 절반 이상이 고혈압이나 당뇨, 비만 가운데 한 가지 이상의 질환을 갖고 있는 것으로 확인되는데, 이는 국민의 평균수명은 늘어나고 있으나 삶의 질을 나타내는 각종 건강 지표는 점점 떨어지고 있음을 보여준다. 국내에서도 전 세계적으로 부각되고 있는 건강기능식품산업을 육성하기 위해 「건강기능식품에 관한 법률」을 제정하고 국민의 건강 증진 및 기능성, 안전성에 대한 과학적인 근거 확보에 노력을 기울이고 있다.

「건강기능식품에 관한 법률」은 공포 이듬해인 2003년 8월부터 시행되었으며, 시행령과 시행규칙은 2003년 12월과 2004년 1월에 각각 공포됐다. 우리나라에서는 건강기능식품에 관한 제반 업무를 식품의약품안전처가 관리, 감독하고 있다.

① 건강기능식품 허가 현황

건강식품이라는 용어는 100년 이상 전 세계에서 널리 사용되어 왔으며, 건강에 대한 사회적 요구가 증대되면서 건강 관련 식품에 관한 연구의 필요성이 강하게 제기되었다.

1984년 건강기능식품에 대한 체계가 구체화되면서 식품의 특성을 크게 세 가지로 나뉘었다.

첫째, 영양 성분을 공급하는 영양 기능

둘째, 맛, 냄새, 색 등의 감각적, 기호적인 기능

셋째, 생체 기능의 조절에 도움이 되는 생체조절기능

이 중 세 번째 생체조절기능은 식품의 3차 기능으로 현재의 건강기능식품의 근본적인 정의를 내리는 기초가 되었다. 생체조절기능 또는 기능성이란 인체의 구조 및 기능에 대하여 영양소를 조절하거나 생리학적 작용 등과 같은 보건 용도에 유용한 효과를 얻는 것을 의미한다. 한편, 기능성 원료란 건강기능식품 제조에 사용되는 기능성을 가진 물질로서 원재료를 그대로 가공하거나, 가공한 것의 추출물, 정제물, 합성물, 복합물 등을 의미한다.

현재 생리활성 주장이 허용된 분야는 기억력 개선, 체지방 감소, 눈 건강, 장 건강, 혈행 개선, 면역 기능, 피로 개선, 혈압 조절, 항산화, 혈당 조절, 간 보호, 관절 건강, 어린이 키 성장, 운동수행능력 개선 등을 포함하여 30여 가지이다.

건강기능식품은 크게 고시형과 개별인정형으로 구분되는데, 고시형은 우리나라 식품의약품안전처장이 고시한 원료로서 누구나 자격을 갖춘 상태에서 제조, 판매가 가능한 반면, 개별인정형은 개인 또는 개별 사업자가 원료에 대한 기능성에 관한 제반 서류를 식약처장에게 제출하여 허가를 받은 원료 또는 제품이다. 2023년 2월 기준으로 고시형 원료 및 성분은 영양소 28종과 기능성 원료 68종으로 총 96종이며, 개별인정형 원료 또는 성분은 324종이다.

② 건강기능식품과 질병 치료

건강기능식품은 질병을 예방하는 것을 목표로 하고 있으며, 치료를 최종 목표로 하지는 않는다. 따라서 건강기능식품은 질병 치료 또는 질병에 대한 언급을 엄격하게 제한하고 있다. 극히 예외적으로 칼슘, 비타민 D, 자일리톨 같은 경우 질병발생위험감소표시가 허용되었으나 대부분의 건강기능식품 또는 원료는 질병에 대한 언급을 할 수 없고, 원료에 대한 효능 평가 시에도 건강인이나 반건강인을 대상으로 실시하기 때문에 질병에 대한 치료 효과가 과학적으로 전혀 검증되지 않은 상태이다. 다만 한방에서 질병 치료에 사용하는 원료가 건강기능식품 원료로 인정된 경우는 다수 있다. 따라서 한방에서 주장하는 효능이 발현될 수는 있겠지만 건강기능식품의 형태로 제조하였을 때 질병 치료 효과는 역시 미지수라고 할 수 있다.

또한 비타민, 무기질과 같이 부족 시 결핍 증상이 나타나는 경우에는 해당 영양소를 섭취함으로써 결핍 증상이 개선될 것으로 기대된다.

단원정리

1. 식품은 사람에게 영양을 제공하는 물질로 정의할 수 있으며, 탄수화물, 단백질, 지질, 비타민, 무기질 등과 같은 영양소를 함유하고 있다.
2. 가공식품의 유형은 과자류, 빙과류, 당류, 기타 식품류 등 24개 군으로 분류한다.
3. 식품의 주요 기능은 영양 공급, 감각적 기능, 건강 유지 등이다.
4. 식품의 생체조절기능 또는 기능성이란 인체의 구조 및 기능에 대하여 영양소를 조절하거나 생리학적 작용 등과 같은 보건 용도에 유용한 효과를 얻는 것을 의미한다.

참고문헌

식품의약품안전처, **식품공전**, 2023.4.11. 개정

식품의약품안전처 식품안전정보원. **식품통계로 알아보는 건강기능식품 이야기**. 2019

Adam Drewnowski. The Nutrient Rich Foods Index helps to identify healthy, affordable foods. *Am J Clin Nutr 91*(suppl):1095S-101S, 2010 (https://doi.org/10.3945/ajcn.2010.28450D)

Bushdid C, Magnasco MO, Vosshall LB, Keller A. Humans can discriminate more than 1 trillion olfactory stimuli. *Science 343*(6177), 1370-1372. Mar 21, 2014 (https://doi.org/10.1126/science.1249168)

Djin Gie Liem and Catherine Georgina Russell. The Influence of Taste Liking on the Consumption of Nutrient Rich and Nutrient Poor Foods. *Frontiers in Nutr.* November 15, 2019 (https://doi.org/10.3389/fnut.2019.00174)

Jean-Xavier Guinard and Rossella Mazzucchelli. The sensory perception of texture and mouthfeel. *Trend in Food Sci Technol 7*, 213. 1996

Urszula Tylewicz, Raffaella Inchingolo and Maria Teresa Rodriguez-Estrada. *Food Aroma Compounds.* Nutraceutical and Functional Food Components. London, UK, Academic Press. 2017 (https://doi.org/10.1016/B978-0-323-85052-0.00002-7)

http://cosylab.iiitd.edu.in/flavordb

식품의 예술 • CHAPTER 2

식품가공에 숨은 과학

1. 식품가공 기술의 발전 역사
2. 식품의 수분함량 조절
3. 온도 조절 공정
4. 발효
5. 식품첨가물

인류는 태초부터 경험과 지혜를 이용하여 식품의 특성을 이해하고 다양한 형태로 가공하는 데 상당한 성공을 거두었다. 오늘날 지구상에 존재하는 가공식품의 종류는 헤아리기 힘들 정도로 많다. 대표적인 식품가공 공정으로 건조, 찌기, 볶기, 굽기, 냉동, 발효, 살균, 훈연, 소금 절임, 통조림 가공, 첨가제 사용 등을 들 수 있다. 가공 정도에 따라서도 세척한 채소와 같이 단순 가공 제품에서부터, 중간 가공품, 초가공 식품에 이르기까지 다양하다. 본 단원에서는 일반인들에게는 신비하게 여겨지는 가공식품 속에 숨겨진 기술과 이론적 배경에 대해서 설명하고자 한다.

1. 식품가공 기술의 발전 역사

식품가공의 역사는 선사 시대로 거슬러 올라간다. 당시 대표적인 가공 방법은 발효, 태양 건조, 소금 절임, 다양한 조리(볶기, 훈연, 증자, 굽기) 등이다. 이런 기본적인 식품가공 방법은 식품을 화학적, 효소적으로 변화시켜 원래의 구조를 변형하였으며, 표면에 장벽을 형성하여 미생물에 의해 식품이 변질 또는 부패되는 것을 방지하였다. 소금 절임(염장)이 특히 유행하였는데, 이는 전쟁에 참여하는 군인이나 선원들의 주식이 되었다. 이러한 가공 방법은 산업혁명까지 유지되었다. 근대적인 식품가공 기술은 19~20세기에 주로 군수용으로 개발되었다.

1809년 애퍼트(Nicolas Appert)는 병조림 방법을 개발하였는데, 이것을 기반으로 듀란트(Peter Durant)에 의해 1810년 통조림 제조 기술이 완성되었다.

초창기에는 캔이 고가이면서 캔 제조에 사용된 납 성분 때문에 다소 위험성도 있었지만, 통조림 제품은 곧 전 세계 대표적인 가공식품이 되었다. 1864년 파스퇴르가 발견한 살균법은 저장 식품의 품질과 안전성을 향상시켜 와인, 맥주, 우유 저장에 응용되었다.

20세기에 들어서 소득 증가와 함께 선진국을 중심으로 한 다양한 식품가공 기술이 개발되었는데, 예를 들면 분무 건조, 증발 농축, 동결 건조, 인공감미료 개발, 인공 색소, 보존제 등의 도입이 활성화되었다. 특히, 냉장고의 보급은 인류의 식생활에 엄청난 변화를 가져다 주었다(그림 2-1).

20세기 말에는 인스턴트 스프 분말, 복원 과일과 주스, 별도 조리가 필요 없는 즉석식품(군용 전투식량)이 개발되었으며, 전자레인지, 믹서, 자동조리기 등의 등장은 가정에서 조리하는 시대를 활짝 열었다.

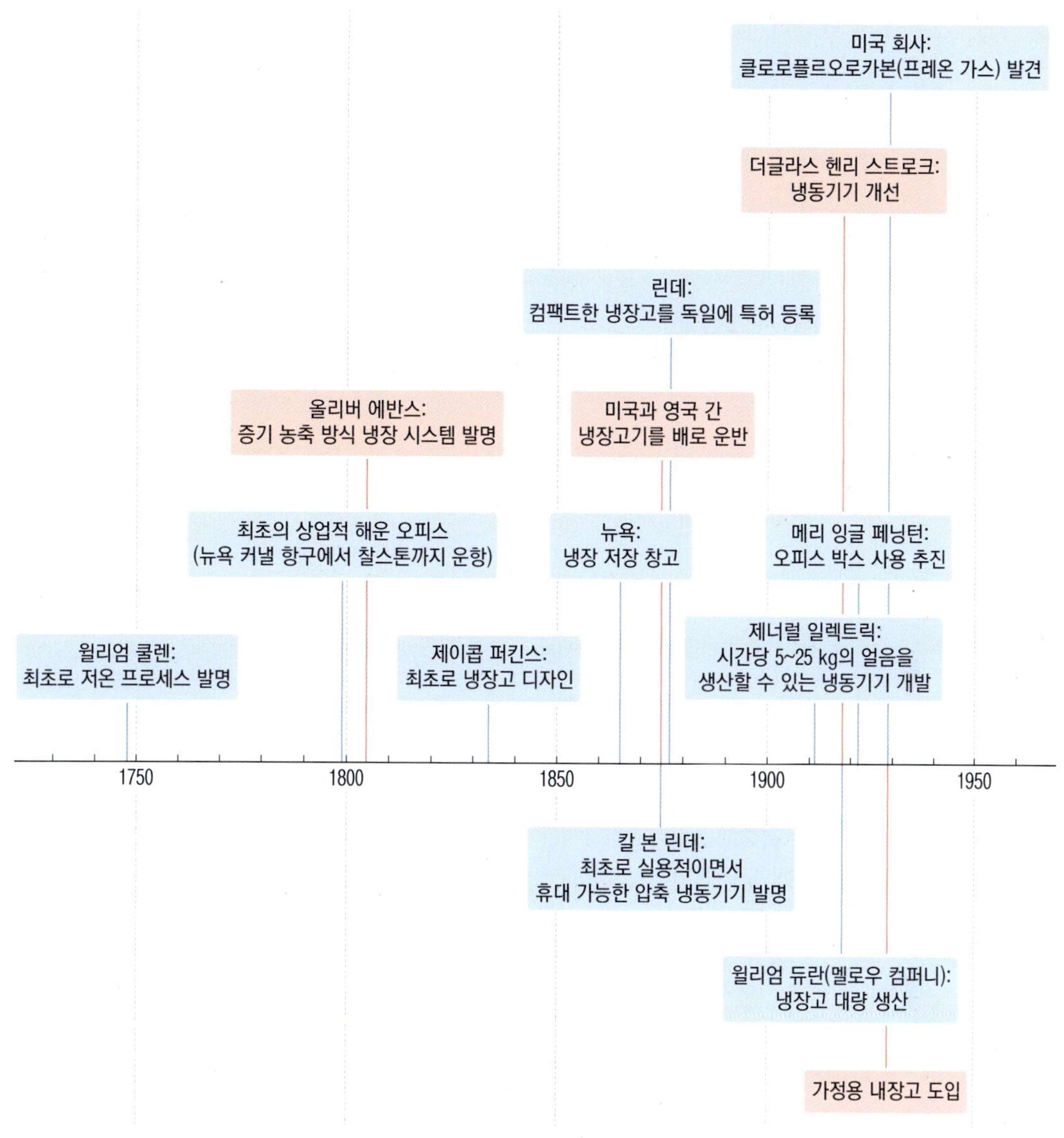

그림 2-1 **식품의 저온저장 기술의 변천사**

2. 식품의 수분함량 조절

식품에 함유된 물은 유리수(free water)와 결합수(bound water)로 나뉘는데, 자유수는 식품으로부터 압착이나 절단에 의해 쉽게 분리가 가능하고 미생물이 이용할 수 있는 형태이므로 식품의 저장성과 밀접한 관련이 있다. 반면 결합수는 식품이 분자(예 : 단백질)와 단단하게 결합되어 있어 용매로 작용하지 않고, 잘 얼지도 않는다. 보통 유리수 함량을 낮추면 저장 기간을 늘릴 수 있는데, 식품을 건조하거나 농축하면 유리수 함량이 낮아진다. 그 외에도 물에 녹는 화합물(예 : 소금, 포도당)을 첨가하면 유리수가 줄어들어 저장성이 향상된다.

식품의 수분함량과 비슷한 개념으로 수분활성도(water activity, A_w)가 있는데, 이것이

표 2-1 식품의 수분활성도

물질	A_w	물질	A_w
증류수	1.00	가당연유	0.83
수돗물	0.99	포화 소금용액	0.75
날고기	0.99	밀가루	0.72
우유	0.97	건조과일	0.60
주스	0.97	실내 공기	0.5~0.7
빵	0.96	꿀	0.5~0.7
소시지	0.89	땅콩잼	≤ 0.35
살라미	0.87	탈지분유	0.11

표 2-2 미생물 생육과 수분활성도

미생물	생육이 억제되는 최대 A_w
Clostridium botulinum E	≤0.97
Pseudomonas fluorescens	≤0.97
Clostridium perfringens	≤0.95
Escherichia coli	≤0.95
Clostridium botulinum A, B	≤0.94
Salmonella	≤0.93
Vibrio cholerae	≤0.95
Bacillus cereus	≤0.93
Listeria monocytogenes	≤0.92
Bacillus subtilis	≤0.91
Staphylococcus aureus	≤0.86
대부분의 곰팡이	≤0.80
미생물 증식 못함	<0.60

식품의 저장성 또는 미생물의 생육과 더욱 밀접한 관련성이 있다(표 2-1). 수분활성도는 식품에 함유된 상태에서 물이 나타내는 부분 수증기압(P)과 동일 온도에서 순수한 물이 나타내는 수증기압(P_0)의 비율(P/P_0)로 정의한다. 예를 들어, 순수한 물의 A_w는 1이다. A_w는 온도의 영향을 받으며 온도가 상승하면 보통 높아진다. 수분활성도 0.95 이상에서는 대부분의 미생물들이 증식이 가능하며, 0.6 이하에서는 미생물 생존이 대체로 불가능하다(표 2-2). 따라서 건조과일이나 탈지분유 등은 A_w가 0.6 이하로 장기간 보관해도 미생물에 의한 부패가 일어나기 어렵다.

1) 식품의 건조

식품에서 수분을 제거하는 보편적인 수단이 건조인데 건조 방법으로는 자연 건조, 열풍 건조, 분무 건조, 동결 건조, 드럼 건조, 적외선 건조, 마이크로웨이브 건조, 진공 건조, 폭발 팽화(explosion puffing) 건조 등 다양하다. 이 가운데 동결 건조법은 식품 내 수분을 고체 상태에서 기체로 승화시키는 방법으로 식품의 조직, 풍미 등을 가능한 원물 상태로 유지해 주는 반면, 건조 비용이 많이 든다.

2) 농축

액체 식품에서 증발 또는 동결, 막 투과법 등으로 수분을 제거하면 수분활성도가 감소하여 저장성이 증가된다. 증발 농축은 점도가 높은 제품, 예를 들면 잼, 캔디, 젤리, 연유 제조에 이용된다. 동결 농축은 식품에 함유된 수분을 얼음으로 결정화하여 분리, 제거함으로서 용액을 농축하는 방법이다.

한편, 막 농축은 선택적 투과성 막을 이용하여 물만 여과하여 제거함으로서 내용물을 농축하는 방법인데, 연속 작업이 가능하고 pH나 열에 민감한 식품에도 적용이 가능하다.

3. 온도 조절 공정

식품의 변질은 주로 미생물에 의해서 이뤄진다. 따라서 식품의 보존기간을 늘리기 위해서는 식품에 함유된 미생물의 숫자를 현저히 낮추는 것이 필요하다. 이를 위해 가장 많이 사용되는 방법이 가열 처리와 동결이다.

1) 가열 공정

식품을 열처리를 하면 미생물을 죽일 수 있고, 조직이나 풍미에 영향을 주어 관능적 특성을 증가시키거나 감소시키게 된다. 열전달은 전도, 대류, 복사에 의해서 이루어진다. 통조림 제조 시 열처리 공정에서 전도와 대류에 의해 열이 전달된다. 식품가공에서는 제품의 냉점(cold point)에서의 온도가 미생물 사멸 측면에서 중요하다(그림 2-2). 열처리 공정은 표 2-3에 나타낸 바와 같이 가열조리, 살균, 건조, 수증기 주입, 튀김, 굽기, 그릴, 훈연, 적외선 처리, 전자레인지 사용 등 다양하다.

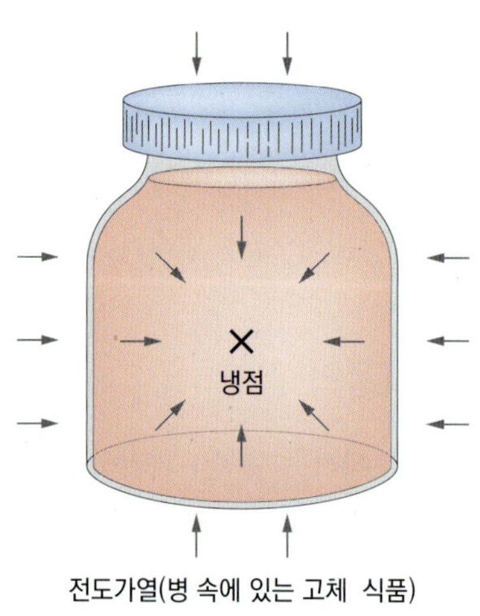

그림 2-2 병조림 살균과 냉점

표 2-3 대표적인 식품가공법과 특징

처리 방법	상세 공정	사용 식품	가정에서 사용 가능 여부	장점	단점
쿠킹/가열 처리	식음료의 온도를 상승시켜 미생물 사멸, 효소 불활성화, 식품 저장성 및 식품의 가식성을 증가시킴	달걀, 고기, 채소, 감자, 곡류(쌀, 귀리, 밀), 파스타	O	안전성과 저장 기간 증가, 풍미와 조직감 개선	일부 비타민 손실, 변색, 일부 식품에서 풍미 저하
살균	식음료를 특정 온도에서 일정 시간 열처리	우유, 주스, 알가공품, 잼, 젤리, 소스	O	안전성과 저장 기간 증가	일부 비타민 손실, 단백질 구조 변형
건조	열풍 또는 빛(적외선, 태양열)을 이용하여 식품 내 수분함량을 현저하게 감소시킴	고기, 우유, 치즈, 유제품, 알가공품, 곡류, 과일, 채소	O	저장 기간 증가	일부 비타민 손실, 식품 구조와 풍미 변화, 열량 증가
수증기 주입	액상 식품에 수증기를 주입하여 열처리(예 : 살균)	우유, 가공치즈, 유제품, 쉐이크류, 주스 및 음료, 스프	X	안전성과 저장 기간 증가	식품의 수분함량 증가, 일부 비타민 손실, 단백질과 섬유소 구조 변형, 탄 맛 발생
초고온 처리 (간접 스팀 가열법)	비등점 이상에서 단시간 열처리	저장 기간이 긴 유제품, 주스, 페이스트, 소스류, 퓨레	X	안전성과 저장 기간 증가	열에 민감한 비타민 손실, 단백질 구조 변형, 탄 냄새

(계속)

처리 방법	상세 공정	사용 식품	가정에서 사용 가능 여부	장점	단점
튀김	고온의 기름으로 단시간 열처리(150~260℃)	튀긴 고기, 감자튀김, 채소튀김, 달걀튀김	O	안전성과 저장 기간 증가, 조직, 색, 풍미 변화	식품에 지방이 함유되어 열량 증가, 일부 비타민 손실, 단백질 구조 변성, 탄내, 발암 물질(아크릴아미드) 발생 가능성
굽기(baking)	식품을 오븐에서 가열 또는 조리(회분식 또는 연속식)	고기, 빵, 케이크, 감자, 채소, 캐서롤, 과일	O	안전성과 저장 기간 증가, 표면 갈변, 풍미 부여, 조직 변화	영양소 손실, 열량 증가
그릴(grilling)	식품을 불로 조리(보통 177~316℃)	고기, 감자, 채소	O	안전성과 저장 기간 증가, 표면 갈변, 풍미 부여, 조직과 외관 변화	영양소 손실, 단백질 구조 변형, 탄내, 발암 물질(예 : 아크릴아마이드) 발생
훈연(smoking)	소금과 연기 존재하에서 낮은 온도(87.8~121℃)에서 처리하여 생긴 유기물을 이용하여 저장 기간 연장	육류, 일부 치즈	O	안전성과 저장 기간 증가, 독특한 향기 부여, 조직 변화	단백질 구조 변형, 연기 향에 의해 불쾌취 생성 가능성
라디오파 가열(마이크로웨이브, 펄스 전기장, 옴 가열)	라디오파를 이용한 가열(마이크로웨이브, 펄스 에너지) 또는 전기저항(옴 가열) 이용하여 물 분자의 빠른 분자 운동을 유발하여 식품 가열(살균, 멸균)	고기, 감자, 곡류, 채소	O	안전성과 저장 기간 증가, 상대적으로 열처리에 의한 구조 변화가 적음	열에 민감한 비타민 손실 가능성, 식품 구조 변형
적외선 가열(infrared heating)	적외선 흡수에 의한 식품 표면 가열 및 내부로 열전도	육류, 감자, 곡류, 채소류	X	식품 안전성 증가, 조리된 식품의 일정 온도로 가열 후 제공	가열 속도가 느려 생산성이 낮음. 상대적으로 수분 손실 및 조직 변형이 큼
통조림과 가압 가열	식품을 캔이나 기타 용기에 넣어 121℃ 이상에서 조리. 특정 미생물 포자 멸균	육류, 채소, 감자, 잼, 젤리, 유제품	X	식품 안전성 및 보존성 향상	열에 민감한 비타민의 파괴 심각, 용기의 무결함이 열처리 후 보관에 중요
압출 조리(extrusion cooking)	혼합된 식품 혼합물을 익스트루더에서 사출되는 과정에서 가열되고, 미생물 사멸이 일어남	곡류 베이스 파스타, 시리얼, 식물성 단백질	X	안전성 증진, 식품 소비 편의성 증진	열에 민감한 영양소 파괴 가능성, 조직의 변성
압력 기반 가열 멸균 공정	열처리와 고압을 동시에 사용하여 멸균 실현	편의식(RTE meals), 채소류, 육류	X	안전성 증진, 상대적으로 영양소 손실, 풍미 손실, 조직, 색 변화가 적음	고가

자료 : https://www.ift.org/policy-and-advocacy/advocacy-toolkits/food-processing/thermal-preservation-process

2) 냉장 및 냉동

식품의 온도를 낮추면 식품에 존재하는 미생물의 증식이 억제되고, 신선식품의 경우 생리 활동이 저하되어 저장 또는 품질 유지 기간을 연장할 수 있다. 냉장과 냉동 저장 온도는 정확히 정의하기 어렵지만 일반식품에 대해 냉장은 0~15°C, 냉동은 -15~-50°C로 실시하면 된다. 냉장 저장 중에는 미생물의 생육이 약간 일어나는 반면, 냉동 저장 중에는 미생물의 생육이 거의 멈추기 때문에 비교적 장기간 식품을 저장하는 데 이용된다. 또한 냉장 저장 동안 식품(밥, 빵)의 노화, 영양소 파괴 등이 진행되지만, 냉동 저장 중에는 화학 반응 속도가 현저히 감소되고, 얼음의 재결정이 억제되어 아이스크림과 같은 빙과류의 조직감이 일정하게 유지된다.

동결식품 보관 중 조직감 저하 원인

아이스크림과 같은 동결식품을 일정 온도 이상에서 보관하게 되면 얼음의 재결정 현상(re-crystallization)이 진행되어 부드러운 조직으로부터 굵은 얼음이 씹히는 거친 조직감이 나타나게 된다. 이를 방지하기 위해서는 적절한 안정제 사용과 함께 특정 온도(-20°C) 이하에서 저장해야 한다.

4. 발효

발효는 미생물의 작용에 의해 식품 원료가 분해되어 원래 가지고 있던 물리화학적 특성이 없어지고 다른 특성을 가진 제품으로 전환되는 과정을 일컫는다. 발효를 통해 만들어지는 대표적인 식품으로 빵, 주류(맥주, 와인, 막걸리), 장류(된장, 간장, 청국장), 김치, 요구르트, 식초, 치즈 등이 있다. 식품 원료를 발효하게 되면 저장 기간을 연장하여 오랫동안 식용이 가능하게 되는 경우가 흔하며, 새로운 풍미가 발생하여 원료가 가진 것과는 완전히 다른 기호식품이 될 수도 있다. 또한 발효 과정 중 원료가 갖는 독성이 제거되고, 새로운 영양소(예 : 비타민류) 합성이 이루어지는 경우도 있다. 예를 들어, 유당불내증 환자는 우유를 많은 양(1회 250 mL 이상) 섭취할 경우 복통, 설사, 가스 발생으로 인한 복부 팽만 등이 발생하지만 우유를 발효하여 요구르트나 치즈를 만들게 먹게 되면 이러한 문제가 생기지 않는다.

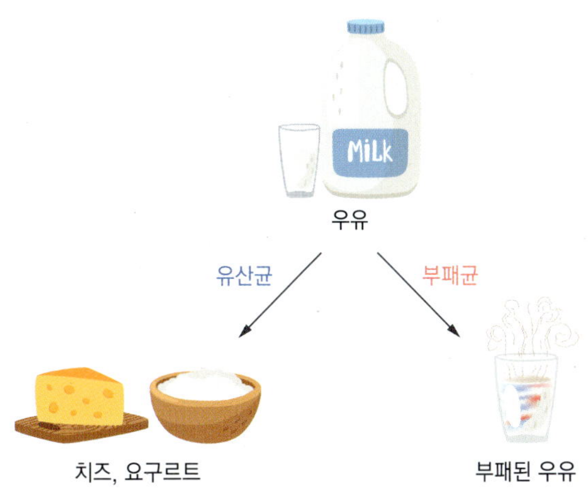

그림 2-3 발효와 부패의 차이

5. 식품첨가물

식품산업이 괄목하게 성장하게 된 배경에는 식품첨가물이 있다. 시판되고 있는 대부분의 가공식품에는 향료, 착색료가 들어가 소비자들의 관능적 기호도를 높이는 역할을 하고 있다. 보존료는 식품의 저장과 유통 기간을 증가시키며, 영양강화제는 식품의 영양학적 가치를 증가시킨다. 식품에 사용되는 첨가물은 국가 차원에서 엄격하게 관리되고 있으며, 인체에 해롭지 않다는 것이 입증된 소재에 대해서만 식품용으로 사용이 허가되어 있다. 국가에서 허용된 식품용 첨가물 종류와 사용 방법은 『식품첨가물공전』에 수록되어 있다.

식품첨가물의 정의와 종류

「식품위생법」 제2조에 식품첨가물은 '식품을 제조 · 가공 · 조리 또는 보존하는 과정에서 감미(甘味), 착색(着色), 표백(漂白) 또는 산화 방지 등을 목적으로 식품에 사용되는 물질을 말한다. 이 경우 기구(器具) · 용기 · 포장을 살균 · 소독하는 데에 사용되어 간접적으로 식품으로 옮아갈 수 있는 물질을 포함한다.'라고 정의하고 있다.

식품첨가물의 용도	정의	식품첨가물 종류
1. 감미료	식품에 단맛을 부여하는 식품첨가물	사카린나트륨, 아스파탐, 자일리톨
2. 고결방지제	식품의 입자 등이 서로 부착되어 고형화되는 것을 감소시키는 식품첨가물	규산마그네슘

(계속)

식품첨가물의 용도	정의	식품첨가물 종류
3. 거품제거제	식품의 거품 생성을 방지하거나 감소시키는 식품첨가물	규소수지, 옥시스테아린, 라우린산
4. 껌기초제	적당한 점성과 탄력성을 갖는 비영양성의 씹는 물질로서 껌 제조의 기초 원료가 되는 식품첨가물	검레진, 에스테르검, 초산비닐수지
5. 밀가루개량제	밀가루나 반죽에 첨가되어 제빵 품질이나 색을 증진시키기 위해 사용되는 식품첨가물	과산화벤조일
6. 발색제	식품의 색을 안정화시키거나, 유지 또는 강화시키는 식품첨가물	아질산나트륨, 질산칼륨
7. 보존료	미생물에 의한 품질 저하를 방지하여 식품의 보존 기간을 연장시키는 식품첨가물	소브산, 안식향산, 프로피온산
8. 분사제	용기에서 식품을 방출시키는 가스 식품첨가물	질소, 산소, 아산화질소
9. 산도조절제	식품의 산도 또는 알칼리도를 조절하는 식품첨가물	구연산, 수산화나트륨, 젖산, 탄산칼륨
10. 산화방지제	산화에 인한 식품의 품질 저하를 방지하는 식품첨가물	아황산나트륨, 차아황산나트륨, 루틴, 에리토브산, EDTA·2Na, 비타민 C·E, BHA, 로즈마린추출물
11. 살균제	식품 표면의 미생물을 단시간 내에 사멸시키는 작용을 하는 식품첨가물	차아염소산나트륨, 과산화수소, 과산화초산
12. 습윤제	식품이 건조되는 것을 방지하는 식품첨가물	글리세린, D-소비톨, 자일리톨
13. 안정제	두 가지 또는 그 이상의 성분을 일정한 분산 형태로 유지시키는 식품첨가물	구아검, 로커스트콩검, 알긴산나트륨
14. 여과보조제	불순물 또는 미세한 입자를 흡착하여 제거하기 위해 사용되는 식품첨가물	퍼라이트, 탤크, 벤토나이트
15. 영양강화제	식품의 영양학적 품질을 유지하기 위해 제조 공정 중 손실된 영양소를 복원하거나 영양소를 강화시키는 식품첨가물	L-아스코브산칼슘, 비타민 C, 구연산망간
16. 유화제	물과 기름 등 섞이지 않는 두 가지 또는 그 이상의 상(phases)을 균질하게 섞어주거나 유지시키는 식품첨가물	글리세린지방산에스테르, 레시틴
17. 이형제	식품의 형태를 유지하기 위해 원료가 용기에 붙는 것을 방지하여 분리하기 쉽도록 하는 식품첨가물	유동파라핀
18. 응고제	식품 성분을 결착 또는 응고시키거나, 과일 및 채소류의 조직을 단단하거나 바삭하게 유지시키는 식품첨가물	염화칼슘, 글루코노-δ-락톤
19. 제조용제	식품의 제조·가공 시 촉매, 침전, 분해, 청징 등의 역할을 하는 보조제 식품첨가물	미리스트산, 황산아연
20. 젤형성제	젤을 형성하여 식품에 물성을 부여하는 식품첨가물	염화칼륨
21. 증점제	식품의 점도를 증가시키는 식품첨가물	알긴산프로필렌글리콜, 카복시메틸셀룰로스칼슘, 펙틴
22. 착색료	식품에 색을 부여하거나 복원시키는 식품첨가물	식용색소황색제4호, 카라멜색소, 코치닐추출색소
23. 청관제	식품에 직접 접촉하는 스팀을 생산하는 보일러 내부의 결석, 물때 형성, 부식 등을 방지하기 위하여 투여하는 식품첨가물	구연산삼나트륨, 메타인산나트륨, 산성아황산나트륨
24. 추출용제	유용한 성분 등을 추출하거나 용해시키는 식품첨가물	이소프로필알코올

(계속)

식품첨가물의 용도	정의	식품첨가물 종류
25. 충전제	산화나 부패로부터 식품을 보호하기 위해 식품의 제조 시 포장 용기에 의도적으로 주입시키는 가스 식품첨가물	산소, 수소, 질소, 아산화질소
26. 팽창제	가스를 방출하여 반죽의 부피를 증가시키는 식품첨가물	글루코노-δ-락톤, 메타인산칼륨, 탄산암모늄
27. 표백제	식품의 색을 제거하기 위해 사용되는 식품첨가물	아황산나트륨, 차아황산나트륨, 무수아황산
28. 표면처리제	식품의 표면을 매끄럽게 하거나 정돈하기 위해 사용되는 식품첨가물	탤크
29. 피막제	식품의 표면에 광택을 내거나 보호막을 형성하는 식품첨가물	몰포린지방산염, 담마검
30. 향료	식품에 특유한 향을 부여하거나 제조 공정 중 손실된 식품 본래의 향을 보강하기 위해 사용되는 식품첨가물	합성착향료, 천연착향료, 바닐린
31. 향미증진제	식품의 맛 또는 향미를 증진시키는 식품첨가물	L-글루탐산나트륨, 5′-이노신산나트륨, 5′-구아닐산이나트륨
32. 효소제	특정한 생화학 반응의 촉매 작용을 하는 식품첨가물	아스파라지나아제

자료 : 식품의약품안전처, 식품첨가물공전, 2023.4.28. 개정

단원정리

1. 역사적으로 가장 오래된 식품가공 방법은 발효, 태양 건조, 소금 절임, 다양한 조리(볶기, 훈연, 증자, 굽기) 등이다.

2. 대표적인 식품가공 공정은 건조, 찌기, 볶기, 굽기, 냉동, 발효, 살균, 훈연, 소금 절임, 통조림 가공, 첨가제 사용 등이다.

3. 건조 방법으로는 자연 건조, 열풍 건조, 분무 건조, 동결 건조, 드럼 건조, 적외선 건조, 마이크로웨이브 건조, 진공 건조, 폭발 팽화(explosion puffing) 건조 등이 있다.

4. 액체식품에서 증발 또는 동결, 막 투과법 등으로 수분을 제거하면 수분활성도가 감소하여 저장성이 증가된다.

5. 열처리 공정은 가열조리, 살균, 건조, 수증기 주입, 튀김, 굽기, 그릴, 훈연, 적외선 처리, 전자레인지 사용 등 다양하다.

6. 식품의 온도를 낮추면 식품에 존재하는 미생물의 증식을 억제하고, 신선식품 경우 생리 활동이 억제되어 저장 또는 품질 유지 기간을 연장할 수 있다.

7. 발효는 미생물의 작용에 의해 식품 원료가 분해되어 원래 가지고 있던 물리화학적 특성이 없어지고 다른 특성을 가진 제품으로 전환되는 과정을 일컫는다. 발효를 통해 만들어지는 대표적인 식품으로 빵, 술(맥주, 와인, 막걸리), 장류(된장, 간장, 청국장), 김치, 요구르트, 식초, 치즈 등이 있다.

8. 식품첨가물은 '식품을 제조 · 가공 · 조리 또는 보존하는 과정에서 감미(甘味), 착색(着色), 표백(漂白) 또는 산화 방지 등을 목적으로 식품에 사용되는 물질을 말한다. 이 경우 기구(器具) · 용기 · 포장을 살균 · 소독하는 데에 사용되어 간접적으로 식품으로 옮아갈 수 있는 물질을 포함한다.'라고 정의하고 있다.

참고문헌

노봉수, 김석신, 장판식, 이현규, 박원종, 송경빈, 이의섭, 이수복, 황금택, 민세철, 심재훈. **실무를 위한 식품가공저장학**. 수학사. 2021

박원종, 이승기, 김윤한, 김종국, 윤광섭, 이진만, 최성희, 허상선, 강복희. **기초가 탄탄한 식품가공학**. 수학사. 2020

박종대. 쌀 자원의 편의식 밥류 제품의 가공적성 연구. **식품과학과 산업** 49, 71-79. 2016

식품의약품안전처, **식품첨가물공전**, 2023.4.28. 개정

하상도, 김태민. **과학과 역사로 풀어본 진짜 식품이야기**. 좋은땅. 2018

Djin Gie Liem and Catherine Georgina Russell1, The Influence of Taste Liking on the Consumption of Nutrient Rich and Nutrient Poor Foods. ***Front. in Nutr.*** 15 November, 2019 (https://doi.org/10.3389/fnut.2019.00174)

https://www.ift.org/policy-and-advocacy/advocacy-toolkits/food-processing/thermal-preservation-process

식물성 식품

1. 한국인의 주식 쌀
2. 빵과 과자류
3. 면류
4. 콩을 이용한 가공식품
5. 식용유와 마가린
6. 김치와 피클

식물성 식품은 오랫동안 인류의 주식으로 이용되어 왔다. 주로 탄수화물이 주성분으로, 각종 비타민과 무기질의 훌륭한 공급원이기도 하다. 쌀은 한국인의 주식으로 밥, 죽, 떡, 면 등 다양한 형태로 가공하여 섭취되고 있다. 소화가 잘 되고 탄수화물이 많은 반면 지방함량은 적으며, 글루텐을 함유하고 있지 않아 글루텐에 대한 알레르기가 있는 사람들에게 밀가루 대체 소재로 널리 이용되고 있다. 현미에는 비타민 B_1을 포함하여 다양한 미량 영양소가 풍부하게 함유되어 있다.

밀가루는 전 세계에서 가장 많이 소비되는 식품 원료로 빵, 면, 쿠키 등을 만드는 데 사용된다. 전분이 주성분이며 글루텐 단백질을 함유하고 있어 반죽에 독특한 텍스처를 부여함으로서 다양한 가공식품을 만드는 데 좋은 소재이다. 또한 영양학적으로도 비타민 B_1, B_2, 철분 등을 함유하고 있어 우수한 식량 자원이다.

두류는 대두를 포함하여 완두콩, 렌즈콩, 병아리콩, 강낭콩 등이 있는데, 단백질이 풍부하고 섬유질 및 복합 탄수화물의 좋은 공급원이다. 콩을 이용한 대표적인 식품으로 두유, 두부, 된장, 간장, 청국장 등이 있다.

1. 한국인의 주식 쌀

1) 벼에서 밥이 되기까지

쌀과 보리는 오래전부터 우리나라를 포함하여 아시아 여러 나라의 주식으로 자리 잡고 있다. 벼의 재배는 기원전 13500~8200년경 중국의 양자강 유역에서 처음 재배되기 시작한 것으로 추정되고 있다. 쌀 품종은 현재까지 4만 개 이상 개발된 것으로 알려져 있으며, 2020년 기준 세계 쌀 생산량은 약 7억 5,670만 톤인 것으로 보고되었다. 우리나라에는 기원전 3500~1500년경 쌀이 중국으로부터 도입된 것으로 추정되며, 2021년 기준 국내 쌀 생산량은 521만 톤으로 세계 16위로 차지하고 있다.

한편, 1인당 쌀 소비량은 2012년 70 kg에서 점진적으로 감소하여 2021년 56.9 kg으로 나타났다. 쌀은 밥을 지어 먹는 것 이외에 다양한 식품으로 가공되는데, 주요 쌀 가공 제품으로는 떡, 과자류, 주류, 엿, 식초, 선식, 음료 등이 있다.

2) 벼에서 쌀 생산(도정, milling)

벼는 벼꽃이 수정하여 암술의 씨방이 살쪄 생긴 것으로 단순한 씨앗이 아니라 열매에 해당된다고 한다. 벼의 학명은 *Oryza sativa* L.로, 그중에서도 우리가 일반적으로 먹는 쌀은 자포니카 타입(단립종)으로 낟알이 짧고 둥글며, 밥을 지어 놓으면 찰기가 있는

게 특징이다. 특히, 이 현미에는 당질, 단백질, 지질, 무기질, 비타민 등 많은 영양소가 들어 있어 쌀을 주식으로 하는 경우, 성인병 등 각종 질병 예방 및 퇴치에 탁월한 효과를 볼 수 있다. 이 밖에도 쌀의 속겨(미강, 쌀겨, rice bran)는 기름을 짜기도 하고, 가축이나 가금류의 먹이로 쓸 수 있으며 왕겨는 연료나 건축 재료로 쓰인다. 도정은 벼나 보리 같은 곡식의 낟알을 찧어 껍질을 벗기고 그 속에 있는 등겨층(bran)을 벗기는 일이다.

벼의 겉껍질(hull, husk)만을 벗긴 쌀을 현미(dehulled rice)라 하고, 현미의 겉에 있는

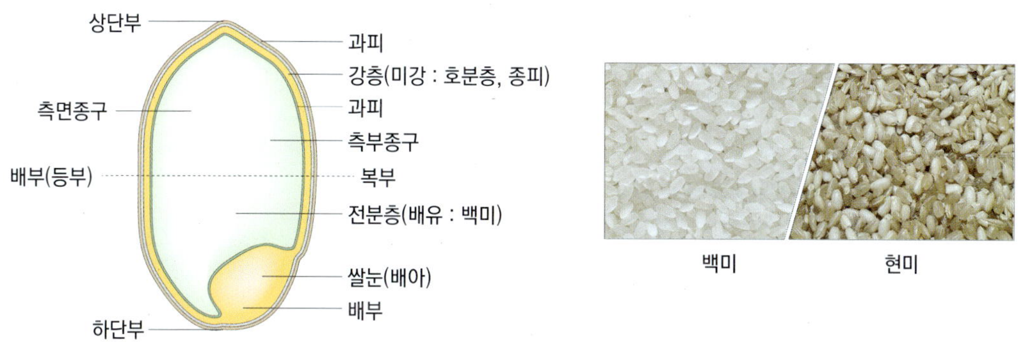

그림 3-1 벼의 구조와 쌀

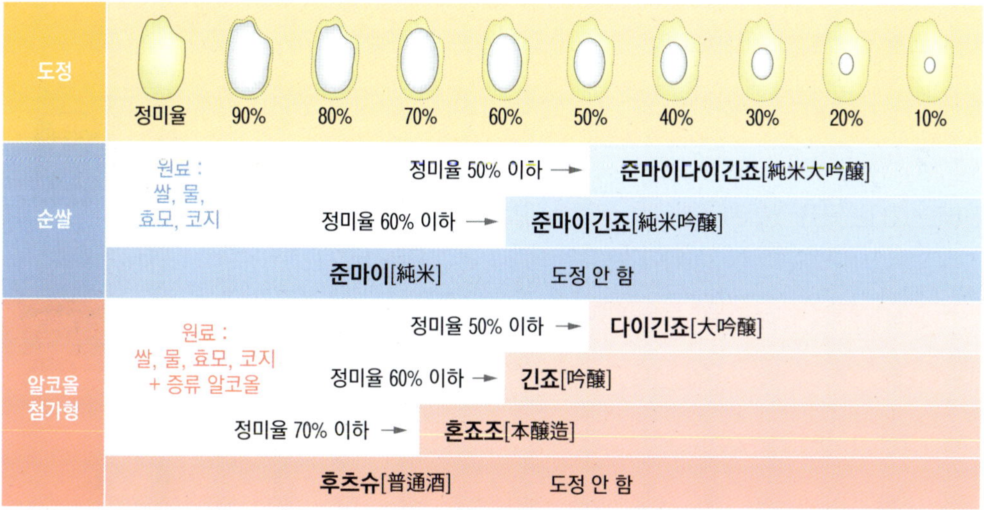

도정	정미율	90%	80%	70%	60%	50%	40%	30%	20%	10%

구분	원료	정미율	분류
순쌀	원료 : 쌀, 물, 효모, 코지	정미율 50% 이하 →	준마이다이긴죠[純米大吟醸]
순쌀		정미율 60% 이하 →	준마이긴죠[純米吟醸]
순쌀		도정 안 함	준마이[純米]
알코올 첨가형	원료 : 쌀, 물, 효모, 코지 + 증류 알코올	정미율 50% 이하 →	다이긴죠[大吟醸]
알코올 첨가형		정미율 60% 이하 →	긴죠[吟醸]
알코올 첨가형		정미율 70% 이하 →	혼죠조[本醸造]
알코올 첨가형		도정 안 함	후츠슈[普通酒]

그림 3-2 일본 청주 분류 체계

'준마이다이긴죠'는 현미를 50%까지 도정하여 술 제조에 사용하며, '준마이긴죠'는 현미의 40%를 도정하여 제거하고 60%만으로 주조에 사용한다.

자료 : https://sakeassociation.org/2021/01/sake-essentials-milling/

등겨층(강층)까지 완전히 벗겨낸 쌀을 정맥미(polished rice)라고 한다(그림 3-1). 백미에는 전분이 75~80%, 단백질이 약 7%, 수분이 12% 정도 함유되어 있다.

청주 제조에 사용하는 쌀은 일반 백미(10분도)보다 도정도를 높여 12~13도로 도정하여 가능한 단백질 함량을 낮추고, 전분함량을 높여 술을 제조할 때 이취 발생을 최소화시킨다(그림 3-2).

3) 즉석밥류

편의성에 대한 수요와 1인 가정의 증가에 따라 즉석밥류 수요가 증가하고 있으며, 알파미, 동결 건조미, 팽화미, 레토르트밥, 무균포장밥, 냉동밥과 통조림밥 등의 형태로 흰

표 3-1 즉석밥 제품의 종류와 특징

종류	특징	제품 예
무균포장밥 (무균포장 즉석밥)	무균화 포장 시스템으로 만들어진 밥	
건조밥 (건조 즉석쌀밥)	열수 첨가 복원 즉석밥	
냉동밥 (볶음밥, 냉동 필라프)	보통 급속 냉동하기 때문에 해동 시 식감과 수분 보존도가 좋음	
도시락	도시락으로 유통되는 가공밥류	

밥, 팥밥, 볶음밥류, 초밥, 주먹밥 등 다양한 즉석밥 제품이 시장에 등장하고 있다(표 3-1). 국내 쌀 가공식품 시장 대비 가공밥류의 시장점유율은 떡류 및 주류에 이어 9%로 세 번째로 큰 시장을 형성하고 있으며, 가공밥은 열수를 가해서 조리 복원하는 가수 조리형(加水調理形)인 알파미, 동결 건조미, 팽화미, 무수세미가 있고, 열수 없이 바로 가열조리해서 먹는 비가수형(非加水形)인 레토르트밥, 무균포장밥, 냉동밥 등이 있다. 또한 수분함량에 따라 분류해 보면, 수분함량이 10% 이하로 건조 형태이고 상온에서 미생물에 의한 변패가 없는 알파미, 동결 건조미, 팽화미 등이 있다. 반면, 레토르트밥, 무균포장밥, 냉동밥 등은 수분함량이 약 30% 이상의 습식 형태로 살균, 세정 등의 과정을 거쳐 미생물을 사멸시켜 부패균에 의한 변질이 일어나지 않도록 한 가공밥이다.

우리나라 무균포장밥 시장은 5,000천억 원을 상회하고 있는데, 대표적인 생산업체로 CJ, 오뚜기가 있다. 무균포장밥 생산 공정으로는 신화 방식, 에치고 방식 등이 있는데 모두 일본에서 개발되었으며, 신화 방식은(그림 3-3) 연속 스팀살균이 가능하여 생산 속도가 빠르다. 보통 산미료를 사용하여 밥 표면에 윤기가 돌지만 산미취가 날 수 있다. 반면, 에치고 방식은 초고압살균 공정이 있으며, 산미료를 사용하지 않아 자연스런 밥의 풍미를 가지며, 무균포장 현미밥이나 잡곡밥 제조에 적당하다.

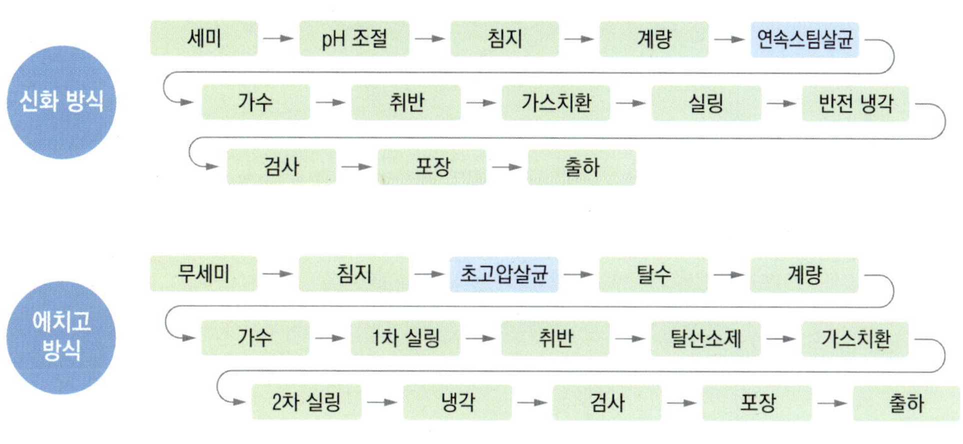

그림 3-3 무균포장밥 제조 공정

자료 : 박종대. 쌀 자원의 편의식 밥류 제품의 가공적성 연구. 식품과학과 산업 49, 71-79. 2016

2. 빵과 과자류

빵과 과자류는 밀가루나 곡물가루에 각종 재료를 반죽하여 발효하거나 팽창제를 넣어 굽거나 쪄서 만든 제품으로 재료의 혼합에 따라 다양한 제품을 제조할 수 있다.

빵은 인류의 시작과 더불어 탄생되었을 것으로 추정된다. 밀이 처음 재배된 것으로 추정되는 비옥한 초승달 지역(이라크, 시리아, 레바논, 이스라엘, 팔레스타인, 요르단, 쿠웨이트 북부 등)에서부터 시작하여 유럽과 북아프리카 지역, 그리고 동아시아 지역으로 전파되었을 것으로 추측된다. 지금으로부터 10,000년 전 고대 이집트에서 이미 제빵이 시작된 것으로 보이며, 빵 제조 기술의 발명은 도시 형성과 사회의 다변화에 기여하였다. 빵 제조에 필수적인 효모는 맥주로부터 유래하였거나 빵을 만들고 남은 반죽을 보관했다가 다음 제빵에 사용하는 방법으로 보존이 되었을 것으로 보고 있다.

빵과 맥주는 고대에 노동자들의 임금으로도 사용된 것으로 알려져 있다. 중세 유럽에서 빵은 대표적인 주식이었을 뿐만 아니라 식탁의 접시 대용(trencher로 불림)으로 사용되기도 하였다.

1900년대 초기에는 흰 빵의 저장 기간이 길어 부유층을 중심으로 유행하다가 1900

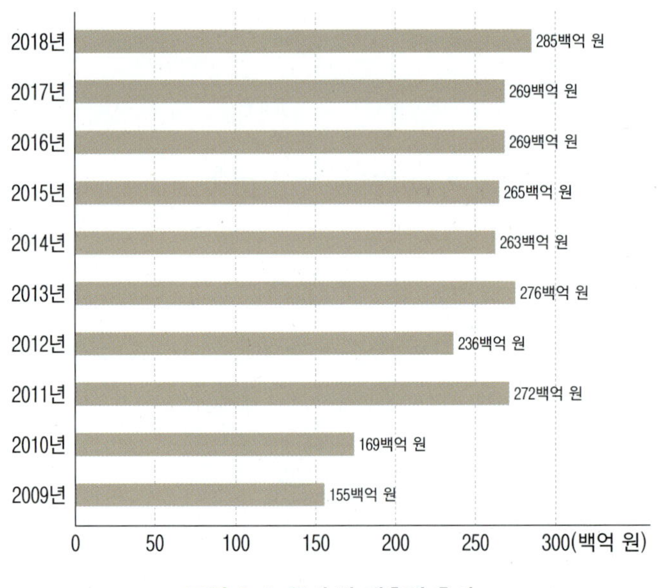

그림 3-4 국내 빵 매출액 추이

자료 : 그림으로 알아보는 빵 이야기, 식품의약품안전처, 2019.12.06

년대 후반으로 접어들면서 통밀 빵이 비타민 B_1, B_2, 나이아신, 철분 등의 함량이 높아 영양학적으로 우수하다는 것이 밝혀지면서 선호도가 급격하게 높아졌다.

우리나라에서 빵의 역사는 비교적 짧은데, 1890년대 외국 선교사들에 의해 카스텔라가 처음 만들어진 것이 빵의 시초로 여겨진다. 1920년대 후반 일본 식민지 상태에서 제분공장, 특히 풍국제분주식회사가 설립되면서 빵의 시대가 열렸다. 우리나라 국민들은 2017년 기준 1인당 연간 78~92개의 빵을 섭취하는 것으로 추정되는데, 향후 국내 빵 소비는 지속적으로 증가될 것으로 보이며(그림 3-4), 건강 친화적 재료에 대한 선호, 비프랜차이즈 베이커리 전문점의 경쟁력 제고, 비대면 채널 확대, 홈베이킹 확산 등이 주요 트렌드가 될 것으로 예상된다.

1) 제빵 원료

(1) 밀가루

제과, 제빵에서 밀가루 품질은 제품을 구성하는 가장 중요한 요소로서 용도에 따라 사용하는 밀가루의 종류와 품질이 다른데, 이는 밀가루의 글루텐 양과 질 그리고 회분의 함량에 의해 결정된다. 밀가루의 단백질은 글리아딘(gliadin)과 글루테닌(glutenin)으로 구성된 글루텐(gluten)으로 글리아딘은 알코올에 녹으며 물을 흡수하면 점성이 높아지고, 글루테닌은 약알칼리에서 녹아 탄성을 나타낸다.

밀가루의 녹말은 굽는 과정에서 열에 의해 붕괴되면서 표면적이 커지고 글루텐이 방출하는 물을 흡수하는 역할 등을 수행함으로써 빵 제품의 구조가 형성되는 데 기여한다. 그리고 녹말은 호화에 따라 부피, 겉 색깔, 내부 색깔, 기공 상태, 조직과 맛에 영향을 미친다. 일반적으로 제과에서는 녹말이, 제빵에서는 단백질이 중요한 역할을 한다.

제과용 밀가루는 연질소맥을 제분한 박력분(글루텐 함량 8~10%)으로 흡수율이 낮은 편이며, 쿠키류, 커스터드류, 비스킷류 및 기타 튀김류에 주로 사용된다. 제빵용 밀가루는 경질소맥을 제분한 강력분(글루텐 함량 12~14%)으로 흡수율이 높고 반죽시간이 길며, 반죽하는 동안에 글루텐 형성이 잘되는 것을 사용한다. 다목적 밀가루(all-purpose flour)는 글루텐 함량이 9~12%이며, 경질밀과 연질밀을 혼합하여 제분한 것으로 저렴하며, 가정용 제빵 밀가루로 이용된다. 그밖에 호밀가루(rye flour)와 콩가루(soybean

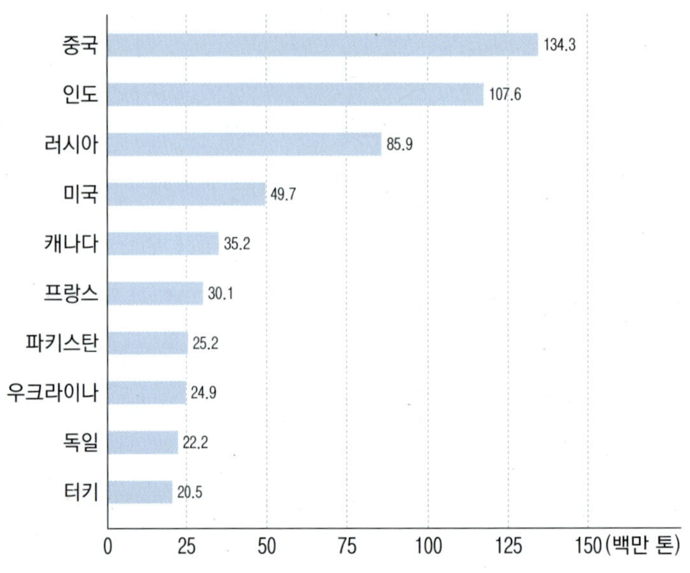

그림 3-5 세계 주요 밀 생산국과 생산량(2020년)

자료 : FAO, 세계 밀 생산 통계, 2020

flour) 등도 사용된다.

한편, 세계 밀 생산량은 2020년 기준 7억 6,000만 톤이며, 밀의 주요 생산국으로는 중국(1억 3,400만 톤), 인도(1억 800만 톤), 러시아(8,600만 톤), 미국(5,000만 톤, 캐나다(3,500만 톤) 등으로 전체 밀 생산량의 54%를 차지한다(그림 3-5).

(2) 효모

제빵에서 효모는 발효빵의 고유한 풍미, 맛, 색, 촉감 등을 부여하며, 따라서 발효빵은 화학팽창제로 제조한 비발효빵과는 품질 면에서 차이가 크다. 효모는 사카로미세스 세레비시아(*Saccharomyces cerevisiae*)로 여러 가지 효소를 생성하면서 다양한 역할을 한다. 효모는 발효성 당을 분해하여 에탄올과 이산화탄소를 만들어 반죽을 팽창시켜서 다공질의 촉감을 주며, 발효할 때 생성하는 알코올, 알데하이드, 케톤, 휘발성 유기산 등도 독특한 풍미를 준다. 발효빵에 사용하는 효모는 건조효모와 압착효모(생효모)가 있는데 압착효모는 60~70% 수분을 함유하고 있고, 사용량은 2~3%이다. 건조효모(활성 건조효모)는 수분이 7~9%이며, 사용량은 압착효모의 40~50%로 4배의 물을 가해 40~45°C에서 10~15분간 활성화시켜 사용하는데, 발효력이 균일하고 보존성이 우수하며 정량이 쉽고 냉장 보관을 하지 않아도 된다. 효모는 환경에 따라 기능이 달라지는데 이산화탄소 발생량을 기준으로 효모 활성의 최적온도는 30°C이며, 이때 당 농도는 2~4%가 적당하다.

(3) 반죽 개량제(dough conditioner)

반죽이 빨리 부풀게 하고, 반죽의 강도를 개선하기 위해서 사용되는 식품첨가물의 일종이다. 빵의 조직이나 품질을 개선하기 위해 첨가되는 원료 또는 화학 성분으로는 효소, 효모먹이, 무기질, 산화제, 환원제, 표백제, 유화제 등이 있다. 효모먹이는 효모의 영양 성분으로 효모 증식에 도움을 주며, 반죽 상태를 좋게 하여 빵의 부피, 조직감, 색 등을 향상시킨다. 효모먹이는 물 조절제, 반죽 조절제, 효모 조절제로 나뉜다. 물 조절제로는 황산칼슘, 마그네슘염, 인산칼슘 등이 있으며, 물의 경도와 pH를 조절하여 반죽이 잘 되도록 하는 역할을 한다. 예를 들어, 경도가 낮은 연수를 사용하는 경우 반죽의 점착성이 늘고 식감이 열등한 제품이 만들어지기 때문에, 여기에 효모먹이를 첨가하여 효모가 발효하기 쉬운 상태의 경수로 바꿔주면 제빵성이 개선된다.

밀가루에 포함된 단백질은 효모가 생산한 단백질 가수분해효소에 의해 분해되어 아미노산으로 분해되어 질소원으로 이용된다. 추가적인 질소원으로 염화암모늄이나 황산암모늄을 사용하면 직접 발효에 관여하지 않으면서 효모의 증식과 발효력을 높여 이산화탄소의 생성을 증가시키고 산의 형성을 촉진한다.

한편, 글루텐 물성 개량제로 사용되는 산화제에는 아이오딘산포타슘(KIO_3), 브로민산포타슘($KBrO_3$), 과산화칼슘(CaO_2), 아조다이카본아마이드($C_2H_4N_4O_2$), 비타민 C 등과 알파-아밀레이스(α-amylase)와 같은 효소제 등이 있다. 이들은 단백질의 -SH에 작용하여 이황화결합(-S-S-)을 이루어 반죽의 망상 구조를 강화시켜 신장성(伸長性, extensibility)과 가스 수용 능력을 조절하여 빵의 부피를 크게 한다. 효모먹이는 단일 물질이 아닌 위에 언급한 화합물들의 혼합체로서 밀가루에 0.1~0.5%를 사용한다.

(4) 감미료

감미료는 제과, 제빵에서 보존성, 보습성, 감미, 안정제, 발효 조절제 등 복합 기능을 가지게 하는 기본 재료로 설탕, 물엿, 올리고당, 꿀 등이 있으며, 소비자들의 요구에 따라 당 대체품을 사용하기도 한다. 제품에서 감미료는 단맛을 부여하고 효모의 탄수화물원으로 캐러멜화 반응(caramelization)과 메일라드 반응(Maillard reaction)에 의한 색깔과 풍미, 반죽의 점탄성과 안정성을 부여하여 작업을 원활하게 하고, 노화를 억제하며 저장기간을 길게 해준다. 사용량은 2~4%이며, 6% 이상 사용하면 부피는 작아지지만 빵 껍질의 색과 속살이 부드러워진다.

(5) 소금

소금은 반죽 과정에서 글루텐과 반응하여 점탄성을 높여 반죽이 잘 부풀게 하며, 제빵 시 균일한 겉껍질(크럼, crumb) 구조를 갖도록 한다. 소금은 효모를 활성화시키며, 반죽의 효소 활성을 저해하여 과발효을 방지하고 반죽이 너무 끈적거리는 것을 막아 준다. 또한 빵의 노화를 지연시키고 곰팡이나 세균의 증식을 억제함으로서 저장성을 높인다. 무엇보다도 빵의 풍미를 좋게 하며, 단맛의 균형을 잡아 주는 역할을 한다. 소금의 첨가량으로 발효를 조절할 수 있는데 보통 1.5~2.0%를 사용한다.

(6) 유지류

유지제품으로 버터, 마가린, 쇼트닝 등의 고형지방을 용도에 따라 사용하며, 열량을 낮추기 위해 지방 대체품을 사용하기도 한다. 유지류는 단백질을 코팅하여 부드럽고 촉촉한 조직을 형성하도록 하며, 너무 많은 글루텐이 형성되지 않도록 해준다. 빵의 풍미를 향상시키고, 빵 표면에서 갈변이 적절하게 일어나도록 해준다. 사용량은 제품에 따라 다르지만 2~3% 정도이다.

(7) 화학 팽창제

비발효 빵류와 제과에서 사용되는 팽창제로 베이킹파우더, 베이킹소다, 탄산암모늄 등이 있다. 베이킹파우더는 베이킹소다, 산, 안정제(옥수수 전분 등)로 이뤄지며, 액체와 혼합하게 되면 산 성분과 베이킹소다(탄산수소나트륨, 중조)가 반응하여 이산화탄소 기체가 발생한다. 베이킹소다는 보통 버터밀크, 요구르트, 사우어크림 등과 같은 산성 원료와 함께 사용하여 반죽이 빠른 시간에 부풀도록 한다. 또 다른 팽창제인 탄산암모늄은 가열하면 암모니아와 이산화탄소가 발생하는데 쿠키와 페이스트리 제품 제조에 주로 이용되며, 제품이 바삭바삭한 조직을 갖도록 한다.

(8) 기타

제품에 영양가를 높이고 내부를 부드럽게 하며 갈색화를 촉진하기 위해 사용하는 유제품, 유화작용과 부드러운 식감 등을 위해 사용하는 달걀, 풍미 개선과 보존성 등을 높이기 위해 사용하는 향신료, 반죽의 점도와 저장성을 높여 주는 안정제 등이 사용된다.

2) 빵의 제조

빵 제조 공정은 비교적 간단하지만 심오한 과학적 원리가 담겨져 있다. 제빵 공정은 크게 4단계, 즉 ① 원료 혼합(밀가루, 소금, 효모, 물), ② 반죽(dough 형성), ③ 발효, ④ 굽기 등으로 이뤄진다.

제빵 원료 가운데 가장 중요한 것이 밀가루인데, 밀가루에는 글루텐이라고 불리는 단백질 함량이 12~14% 함유되어 있으며, 빵 형성에 매우 중요한 역할을 담당한다. 밀가루에 물이 첨가되는 순간 밀가루 단백질들끼리 상호작용을 하기 시작하는데, 그 가운데는 수소결합, 사슬 간 이황화결합(disulfide bond) 등이 있고, 궁극적으로 거대한 글루텐 네트워크가 형성된다. 반죽 과정에서 글루텐 단백질이 풀어지고 단백질 사슬 간 상호작용을 더욱 강하게 하여 망상 구조가 견고하게 된다.

빵은 반죽을 발효하는 방법에 따라 발효빵과 비발효빵으로 구분하는데, 반죽에 효모를 넣어 발효하는 발효빵에는 식빵류, 과자빵류, 롤빵류 등이 있고, 비발효빵에는 케이크류, 생과자류, 도넛류 등이 있다. 또한 익히는 방법에 따라 식빵류, 과자빵류(크림빵, 단팥빵, 롤빵류, 크로와상 등), 특수빵류(도넛, 찐빵, 토스트류 등), 조리빵류(피자, 햄버거, 샌드위치 등) 등으로 구분하기도 한다.

제빵의 주요 공정은 반죽, 발효, 굽기 등인데, 이 가운데 가장 중요한 공정이 반죽이다. 반죽 과정에서 밀가루의 글루텐, 전분 등이 물과 혼합되어 3차원 그물 구조를 형성하게 되고, 이 구조로 인하여 이후 발효 과정에서 형성된 이산화탄소(CO_2) 기체가 반죽을 부풀게 한다. 반죽 단계에서는 원료(밀가루, 물, 효모, 소금 등)를 믹서기에 넣고 잘 섞어주는데 이 단계에서 반죽(dough)의 글루텐이 잘 형성되도록 한다. 식빵의 일반적인 원료 배합은 밀가루에 대하여 물 60~70%, 효모 1~2%, 소금 1~2% 등으로 하며, 필요에 따라 설탕, 우유, 버터, 달걀, 개량제 등도 혼합한다.

반죽 방법은 직접반죽법, 스펀지법, 연속반죽법, 찰리우드법(Chorleywood method) 등이 있다(그림 3-6). 스펀지법은 대규모 공장에서 주로 사용하며, 밀가루 일부(50~70%), 물 일부, 효모, 효모먹이와 혼합하여 스펀지를 형성하여 글루텐에 의한 망상 구조 형성이 완전하지 않은 상태에서 빵을 제조하는 방법으로 제품이 부드럽고, 미세한 기공이 많은 구조로 우수한 풍미를 띤다. 연속반죽법은 특수 믹서를 사용하여 연속적으로 반죽하며, 찰리우드법은 1차 발효를 생략하고 산화제와 기계의 도움으로 초고속으로 빵을 생산하는 방법이다.

그림 3-6 반죽 방법에 따른 제빵 과정

자료 : 박원종 외. 기초가 탄탄한 식품가공학. 2020

반죽 과정 후에는 발효를 거치는데, 이 단계에서는 반죽 안의 효모가 작용하여 이산화탄소를 발생하면서 반죽이 잘 부풀어 오르도록 한다. 반죽이 충분히 부푼 다음에는 반죽을 소분하고 굴리기를 하여 성형을 한다.

성형된 소분된 반죽을 오븐에 넣고 굽는다. 완성된 빵을 오븐에서 꺼내어 냉각시키고 절단하여 적당한 크기로 포장한 후 유통한다.

글루텐의 비밀

제빵은 화학, 생물학 및 물리학의 복잡한 상호작용을 포함하기 때문에 일반인들에게 수수께끼처럼 보인다. 제빵 과정은 밀가루, 물, 이스트, 소금을 혼합하여 반죽을 만든 다음, 모양을 만들고 굽는 과정을 포함한다. 제빵의 미스터리 중 하나는 반죽의 당을 발효시켜 이산화탄소 가스를 생성하는 작은 미생물인 효모의 역할이다. 효모가 생산하는 가스는 반죽을 부풀게 하고 빵에 특유의 질감과 풍미를 부여한다.

또 다른 수수께끼는 다양한 종류의 밀가루가 나타내는 특성과 빵의 구조와 탄력성을 부여하는 글루텐이라고 하는 단백질의 역할이다. 밀가루의 글루텐 양은 밀의 종류, 재배 조건 및 제분 과정에 따라 다르다. 온도, 습도 및 제빵 공정의 각 단계 타이밍도 최종 제품의 특성을 결정하는 데 중요한 역할을 한다. 이러한 요소의 적절한 균형을 잡는 것은 어려운 과정이며 숙련된 제빵사조차도 때때로 완벽한 제품을 만드는 데 어려움을 겪는다.

3) 카스텔라

카스텔라는 일본 전통 과자류의 하나로 16세기 포르투갈 상인들에 의해서 일본에 들어오게 되었다. 16세기 포르투갈 상인들이 일본에 들어와 교역과 선교를 시작하게 되었는데, 당시 외국인들에게 유일하게 허가된 항구가 나가사키여서 '나가사키 카스텔라'라는 이름이 붙여지게 되었다. 나중에 일본인의 입맛에 맞게 변형되어 오늘날의 카스텔라가 완성되었다.

한편, 일본이 타이완을 점령했던 시기에 카스텔라가 처음으로 타이완에 도입되었는데, 타이완 카스텔라가 수플레(souffle)와 유사한 조직을 갖는 반면, 일본 카스텔라는 커스터드(custard)와 유사한 조직감을 갖는다.

또한 일본 카스텔라는 제빵용 밀가루를 사용하고 버터나 베이킹파우더를 사용하지 않으며, 탄력성이 강하고 부드러우면서 졸깃한 감촉이 있고, 표면이 진한 어두운 색깔을 띤다. 반면 타이완 카스텔라는 촉촉하면서 아주 부드러운 조직감을 나타내는 것이 특징이다.

(1) 제조 공정

카스텔라의 주원료는 달걀과 밀가루인데, 달걀을 흰자와 노른자를 나누어 사용하기도 하고 전란을 이용하기도 한다. 흰자만 별도로 분리하여 머랭(meringue)을 만들면 좀 더 부드러운 조직감을 갖는 카스텔라가 된다. 그 이유는 흰자에는 단백질만 들어 있고, 이를 힘차게 휘핑하면 많이 부풀어 오르는데 비하여, 노른자가 포함되면 그 안에 레시틴(lecithin)이라고 하는 유화제 성분이 거품 형성을 방해하여 제품이 완성되었을 때 조직이 덜 부드럽게 된다. 대략적인 일본식 카스텔라 제조 공정은 다음과 같다(그림 3-7).

먼저, 달걀에서 흰자와 노른자를 분리하고, 흰자만을 기름이 없는 따뜻하게 데운(약 40°C) 재료 혼합용 용기(mixing bowl)에 넣고, 전기믹서로 저속에서 휘핑한다. 흰자에 있는 단백질(ovalbumin, ovomuçoid, ovoglobulin 등)이 휘핑 중 변성되어 거품을 만들게 된다. 흰자가 충분히 부풀어 오를 때 설탕을 넣고 계속 저으면 머랭이라고 하는 흰색 크림이 되는데, 이때 계속 휘저으면 뻑뻑하게 된다.

둘째, 분리해 두었던 노른자를 넣고, 혼합용 블레이드를 이용하여 수동으로 혼합을 수행한다. 전동믹서를 사용할 때는 거대 기포가 형성되거나 이미 형성된 거품이 사그라지는 것을 방지하기 위해 한쪽 방향으로 휘젓는 게 좋다.

❶ 머랭(meringue) 제조

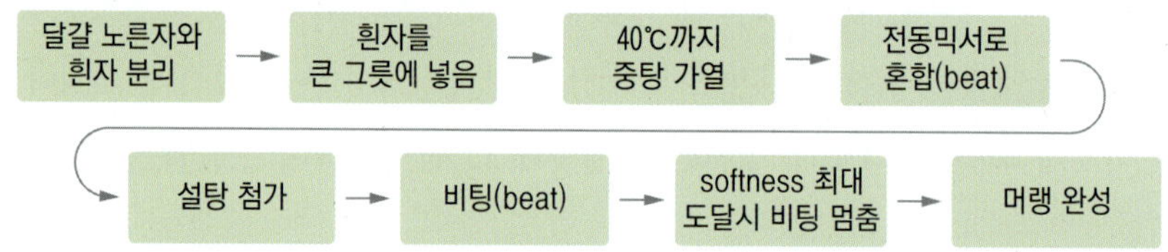

❷ 난황 첨가

❸ 밀가루 첨가

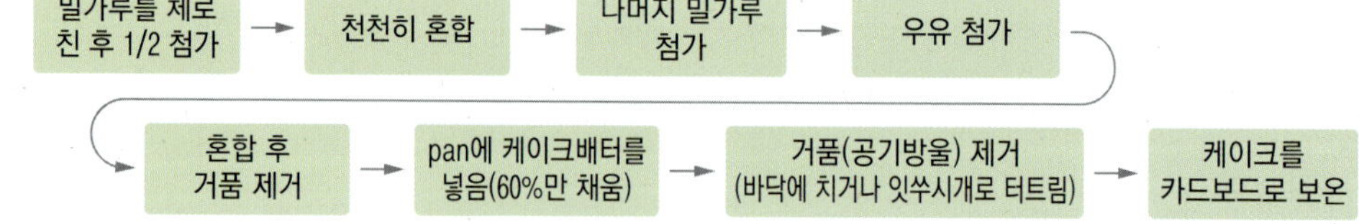

❹ 빵굽기(baking)

그림 3-7 카스텔라 제조 공정

셋째, 제빵용 밀가루를 체로 쳐서 절반을 넣고 조심스럽게 믹싱을 하되 덩어리가 없도록 해야 하고, 나머지 밀가루도 마저 넣고 믹싱을 계속한다.

넷째, 반죽에 우유를 넣고 조심스럽게 혼합한다. 반죽이 완성되면 빵틀에 넣어 기포를 제거하고(평편한 탁자 위에서 빵틀을 치거나, 가는 젓가락으로 반죽을 부드럽게 휘저어 줌), 오븐에 넣고 160°C에서 50분간 구우면 카스텔라가 완성된다.

3. 면류

면은 보통 밀가루를 주원료로 물과 소금을 넣고 반죽하여 제조하는데, 제조 방법에 따라 소면, 압면, 절면, 납면, 하분 등으로 나뉜다(그림 3-8).

예외적으로 밀가루 대신 메밀(메밀면), 쌀(쌀국수), 고구마 전분(당면) 등이 사용되기도 한다. 특히, 메밀면은 글루텐 함량이 낮아 글루텐 알레르기가 있는 환자(celiac disease)용 면을 제조하는 데 사용되기도 한다.

소면

절면

쌀국수(하분)

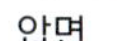
압면

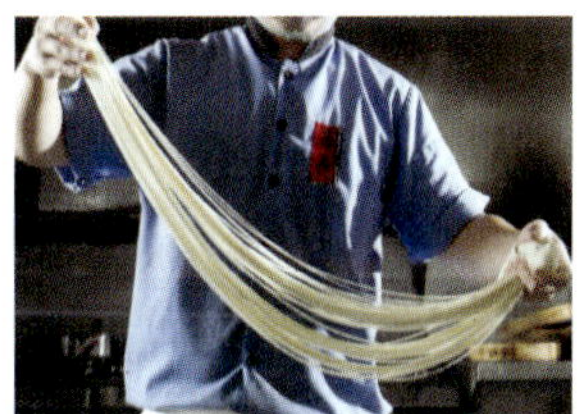
납면

그림 3-8 **면의 종류**

면의 종류

- 소면(素麵) : 반죽을 길게 늘여서 막대기에 감아 당기며 만든다.
- 압면(押麵) : 구멍이 뚫린 작은 통 사이로 눌러 뽑아낸다.
- 절면(切麵) : 밀대로 밀어 칼로 썰어 만든다.
- 하분(河粉) : 쌀가루 유액을 쪄 면대를 만든 후 칼로 가늘게 썰어 만든다.
- 납면(拉麵) : 반죽을 양쪽에서 당기고 늘려 여러 가닥으로 만든다. 이렇게 계속 치대고 때리다 보면 밀가루 반죽의 길이가 늘어나는데, 이때 밀가루 반죽을 접어 계속 쳐주며 반죽을 늘린다. 이렇게 두 가닥이 된 면을 또 반으로 접고, 늘리는 작업을 반복하면 한 가닥이던 면발이 2^n가닥으로 늘어나게 된다.

  재미난 예로, 48번을 수타 과정을 반복하면 이론상 원래 면 길이가 1 m였다면 원래 길이의 2^{48}(2억 8,100만) m가 되고, 이는 빛이 1초 동안 진행하는 거리와 거의 맞먹으며. 이때 면의 두께는 약 0.1 mm가 된다.

1) 국수

면을 만들 때 가장 중요한 공정은 반죽인데, 이 과정에서 면발이 쫄깃하고 탄력성이 생기게 된다. 이는 밀가루에 함유된 글루텐 단백질이 반죽하는 동안 가교결합이 형성된 것에 기인하는데, 소금은 글루텐의 기능을 강화시켜 면을 더 쫄깃하게 만들고 미생물의 증식을 억제한다.

2) 라면

라면은 소맥분과 달걀로 면을 뽑고 삶고 튀겨서 향신료 등 첨가물을 넣어 만든 식품이다. 중국에서 처음으로 전쟁 중에 비상식량으로 사용하였고, 이를 일본이 중일전쟁 때 배워 가서 '안도 모모후쿠'라는 사람에 의해 1958년 최초로 닛신식품이라는 회사에서 생산되었다고 한다.

현재의 유탕(기름에 튀긴)면이 주를 이루는 '건라면'은 제2차 세계대전 이후 일본에서 상품화되기 시작했는데, 당시 미군 구호품 중 밀가루가 많아 이를 활용한 새로운 식품으로 고안된 것이라 한다. 최초의 즉석 라면은 1958년 산시쇼쿠산(현 닛신식품의 전신)에서 생산한 '치킨라면'이다. 이후 1962년부터 스프를 분말로 만들어 삽입한 봉지면이 인기를 끌었다.

우리나라 경우 1963년 삼양식품이 일본 기술을 도입해 치킨라면을 처음 선보였고, 2년 뒤 롯데공업(주)에서 '롯데라면'을 생산하며 라면시장이 형성되기 시작하였다.

2022년 상반기 기준 라면시장 규모는 1조 2,800억 원이며, 업체별 점유율은 농심 55.7%, 오뚜기 23.4%, 삼양식품 11.3%, 팔도 9.6% 등을 기록하였다.

라면은 일반 면류와는 달리 ① 조리시간이 짧고, 조리가 단순하며, ② 휴대가 편리하고, ③ 장기 보관이 가능하며, ④ 재료와 맛이 다양하다는 특징이 있다.

라면의 제조는 배합(반죽 형성) - 압연(반죽 펴기) - 제면(면 제조) - 증숙 - 절단 및 성형 - 유탕(면 튀기기) - 냉각 - 이물질 검사 - 포장 등 9개 주요 공정을 거쳐 이뤄진다.

라면이 꼬불꼬불한 모양을 갖는 것은 압연을 거쳐 펴진 반죽시트를 면 제조기에 넣는데, 컨베이어 벨트의 속도가 느려지면서 라면이 물결 모양으로 만들어지기 때문이다(그림 3-9). 또한 라면은 생면과는 달리 증숙과 튀김 공정 과정에서 원료(예 : 밀가루) 내 전분이 호화되어 별도 조리 없이 먹어도 부담감이 없다.

성형

형태화

그림 3-9 라면의 제조 공정

자료: https://www.automaticnoodlesmakingmachine.com/2020/06/instant-noodle-making-machine.html(왼쪽), http://eng.nongshim.com/pr/pedia/detail(오른쪽)

그림 3-10의 라면수프는 라면 종류별, 제조사별로 다양하며, 조리한 라면의 맛을 결정한다.

한편, 즉석라면이라고 부르는 용기면은 밀가루의 일부를 전분(주로 감자전분)으로 대체하여 쫄깃한 질감과 조리시간을 단축시킨 제품이다.

라면은 밀가루를 주성분으로 하는 반면, 밀가루만 사용하면 면의 쫄깃한 맛이 다소 부족하므로 전분을 밀가루에 일정량 섞어서 면질이 쫄깃하고 밀가루에 비하여 감자전분의 호화(익는 과정)가 빨리 되는 특성을 이용하여 전체적으로 조리시간을 단축시킨 것이 용기면이다. 특히 용기면에는 이 호화온도가 더욱 낮은 감자전분을 사용함으로써 끓이지 않고 뜨거운 물만 부어도 단시간에 조리가 될 수 있다. 또한 용기면은 봉지면보다 뜨거운 물에 닿는 면발의 표면적을 증가시키기 위해 면의 굵기를 더욱 가늘게 하는 경우가 많다.

우지 라면 사건

1989년 11월 3일 검찰이 미국에서 비식용으로 구분되어 있는 공업용 우지를 라면의 유탕 등에 사용한 죄로 S식품 등 5개 식품회사 대표와 관계자 10명을 구속한 사건이 발생했다. 일명 '우지 라면 사건'인데, 당시 식품공전 위반 내용은 "사용된 우지원료는 생산지인 미국에서 비식용으로 구분되어 있었고, 원료구비조건을 위반한 우지 원료를 식품의 제조, 가공, 조리용으로 사용했고, 식품공전상 기준(0.3)을 초과한 산가 0.4의 우지를 라면의 튀김유로 사용했다"는 것이다.

보건사회부(현 보건복지부)는 "이전까지 문제없었던 우지는 1989년 1월 적용된 식품공전의 신설 규정에 위배된다"고 주장했다. 또한 소비자시민모임은 "공업용 쇠기름을 식품에 사용했다"는 성명을 발표, 해당 업계의 사과와 제품 전량수거, 유통업자의 해당제품 진열 및 판매중지, 재발 방지를 위한 정부의 대책 마련 등을 촉구했다.

삼양식품 측은 억울함을 호소했다. "20년 전부터 국민에게 동물성 지방을 보급한다는 취지에서 우지를 수입, 정제해 식용우지로 사용할 것을 정부에서 추천했었다는 점"과 "1989년 당시 팜유에 비해 우지 수입 비용이 톤당 100달러 더 비쌌다는 점", 그리고 "우지뿐 아니라 팜유를 비롯한 모든 식물성 유지의 경우, 원유상태에서는 모두 비식용이라는 점"을 주장했다.

이후 (사)한국식품과회는 "정제하지 않은 유지는 모두 비식용이며, 식용/비식용으로 구분하는 나라는 어디에도 없다"고 발표했다. 1989년 11월 말, 국립보건원이 '우지 사용제품의 인체 무해'를 공식 발표하면서 우지파동의 불길이 잡혔으며, 유지의 불법성 여부가 사법적 판단으로 넘어갔다. 결국 1995년 7월, 5년 8개월간 22차례의 재판 끝에 서울고등법원에서 무죄 판결을 선고받았다.

나중에 보건사회부는 원료우지와 완제품을 구분해 "비식용유지를 수입한 것은 분명히 위법이지만, 이를 정제하여 생산한 라면은 안전성에 이상이 없다"고 발표했다. 즉 우지나 팜유를 비롯한 식품제조용 유지들은 원유 상태에서는 모두 비식용이라는 것이다. 미국에서 우지는 1~16등급까지 분류되는데, 이 중 1등급만 식용으로 분류되며, 우리나라 검찰에서 문제 삼은 것은 2~3등급의 우지였다.

실제 위해인자에 대한 분석과 위해평가를 실시한 것이 아니었고 인체 위해성 또한 증명되지 못했었다. 너무 많은 보도와 전문성 없는 검찰의 발표로 라면시장이 얼어붙었다. 특히 삼양식품은 100만 박스 이상을 폐기하고, 1,000여 명의 직원이 이직하는 엄청난 수난을 겪었다. 1988년 당시 31%였던 시장점유율은 이 사건 직후 10% 이하로 급락했고, 1990년대 초까지 수백억 원의 적자에 허덕였었다. 문제의 우지를 사용해 마가린과 쇼트닝을 제조하던 서울하인즈와 삼립유지는 롯데삼강에 시장을 양보했고, 부산유지는 사건 직후 부도가 났다.

자료 : 하상도. [하상도 칼럼(116)] 식품안전사건사고 고찰②-라면의 유래와 우지라면사건. 식품음료신문, 2013.02.04.

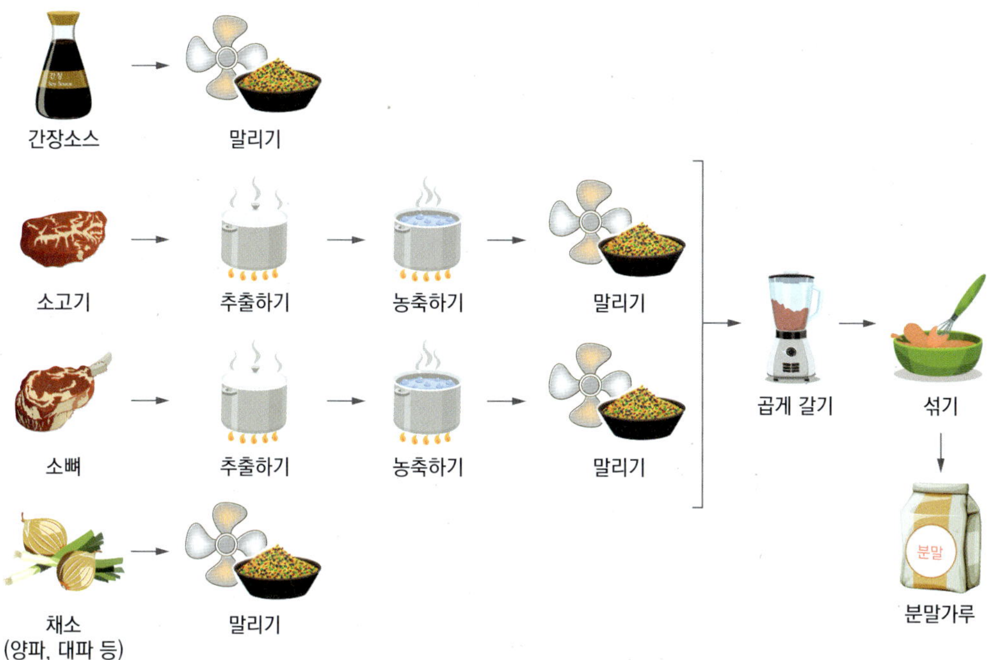

그림 3-10 라면수프 만드는 과정

3) 파스타

파스타는 이탈리아의 대표 음식으로 밀가루와 물, 달걀을 혼합하고 면대 또는 다양한 모양으로 만들어 삶거나 구워 만든다. 밀가루 대신에 쌀가루, 두류를 사용하면 글루텐이 함유되어 있지 않으면서 다양한 맛과 조직감을 나타내는 파스타가 된다. 파스타는 생파스타와 건조 파스타로 나뉘며, 대부분의 건조 파스타는 익스트루전 방법으로 제조된다. 생파스타는 전통적으로는 사람이 손으로 만든다.

파스타의 종류는 크기, 모양, 지역, 조리 방법에 따라 너무 다양하여 전 세계에 몇 종류가 있는지 헤아리는 것이 무의미하다.

예를 들어, 크기에 따라 긴 파스타, 짧은 파스타, 속이 찬 파스타, 만두 모양의 파스타, 육수에 가열한 파스타 등이 있으며, 중간 또는 긴 크기 파스타로 비골리(bigoli),

부카티니(bucatini), 카펠리니(capellini), 페투치니(fettuccine), 링귀니(liguine), 라자냐(lasagna), 스파게티(spaghetti) 등이 있다. 짧은 파스타로는 보콜리(voccoli), 캄파넬리(campanelle), 콩킬리에(conchiglie), 페스토니(festoni), 푸실리(fusilli), 마카로니(macaroni), 페니(penne), 리가토니(rigatoni) 등이 있다(표 3-2).

파스타는 그 모양이 다양하기로 유명한데, 보통은 익스트루더의 다이(dies)의 모양에

표 3-2 파스타 종류

파스타 종류		특징	모양
스파게티 파스타	부카티니(bucatini)	• 두툼한 구조 • 라치오(Lazio), 풀리아(Puglia) 지방	
	링귀니(linguine)	• 납작하면서 직경이 큰 스파게티 • 캄파니아(Campania) 지방	
	스파게티(spaghetti)	• 길고, 가늘고 실린더 모양 • 보통 세몰리나 밀가루로 만듦 • 이탈리아 전역, 시실리(Sicily)	
튜브형 파스타	리가토니(rigatoni)	• 폭이 넓고 짧음 • 이탈리아 중부, 남부 지방	
	마카로니(macaroni)	• 얇은 튜브형 • 시실리 지방	
조개껍질 모양 파스타	루마케(lumache)	• 달팽이 껍질 모양 • 이탈리아 피드몽(Piedmont) 지역	
	콩키리에(conchigle)	• 조개 껍질 모양 • 이탈리아 전역	
리본 모양 파스타	라자냐(lasagna)	• 8~10 cm 너비의 넓적한 모양 • 칼라브리아(Calabria), 캄파니아, 풀리아 지방	
나선형 파스타	푸실리(fusilli)	• 긴 나선형 • 이탈리아 남부	

자료 : https://en.wikipedia.org/wiki/List_of_pasta

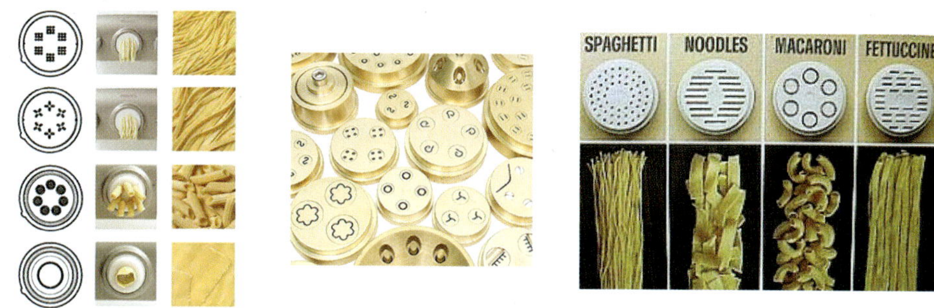

그림 3-11 익스트루더의 다이 종류와 제조된 파스타의 모양

자료 : https://www.usa.philips.com/c-m-ho/cooking1/pasta-maker(왼쪽), https://pastabiz.com/pasta-machine-accessories/pasta-extruder-dies.html(가운데), https://shop5a.top/products.aspx?cname=pasta+extruder+dies&cid=101(오른쪽)

따라 제조되는 파스타의 모양이 결정된다(그림 3-11).

파스타의 주원료는 듀럼(durum) 밀 품종으로부터 가공된 세몰리나(semolina) 또는 일반 밀가루를 사용한다. 그러나 밀가루 대신에 보리, 메밀, 호밀, 쌀, 옥수수, 밤, 병아리콩 등이 사용되기도 한다.

4. 콩을 이용한 가공식품

1) 콩의 성분 및 특성

콩은 일반적으로 단백질 36%, 지방질 20%, 탄수화물 30%, 그리고 회분 5%, 수분 9% 정도의 일반 성분을 함유하고 있다. 콩은 약 8%의 껍질 부분과 90% 자엽, 2% 배축(배아) 부분으로 이루어져 있다.

그림 3-12 콩의 구조와 구성 성분

콩 단백질은 약 90%가 수용성 단백질로 존재하며, 대부분이 글로불린계에 속하는 글리시닌이다. 지방질은 대부분이 중성지방으로서, 구성 지방산은 리놀레산 52~57%, 올레산 32~36%, 팔미트산 등의 포화지방산이 7~14%가 함유되어 있다. 또한 인지질로서 레시틴이 1~3% 정도 함유되어 있다. 일반적으로 레시틴은 식품가공에서 지방 성분을 물과 잘 섞이도록 해주는 유화제로 사용되며, 체내에 들어가면 지방질의 소화 흡수를 도와주는 역할을 한다.

탄수화물로서는 셀룰로스, 펙틴, 펜토산, 갈락탄 등의 다당류가 존재하고, 설탕 5% 이외에 특이적으로 비소화성 올리고당류로서 3당류인 라피노스(raffinose) 1~2%와 4당류인 스타키오스(stachyose) 3~8%가 존재한다. 그 밖에 비타민, 무기질이 소량 함유되어 있다. 기타 배당체 성분으로는 적혈구 용혈작용이 있는 사포닌(soy saponins)과 에스트로겐 호르몬 유사작용을 하는 아이소플라본(isoflavones)이 대표적이다. 영양 저해 물질로는 트립신 단백질분해효소의 작용을 억제하는 트립신 저해제(trypsin inhibitor), 적혈구 응집소인 헤마글루티닌(hemagglutinin) 등이 존재하나, 가열 처리를 통하여 쉽게 불활성화된다. 생콩을 자르거나 물리적 손상이 가해지면 리폭시제네이스(lipoxygenase)가 활성화되어 독특한 콩의 풋내가 나타나게 된다. 콩 올리고당류인 라피노스와 스타키오스는 대장균총을 개선하는 효과가 있으며, 대장 내에서 혐기성 세균에 의해 분해되어 장 건강에 유익한 효과가 있는 짧은 사슬지방산(아세트산, 프로피온산, 부칠산)을 생산하거나 N_2, CO_2, CH_4 등의 가스가 발생하기도 한다.

2) 콩의 건강기능성

콩으로 만든 식품을 장기간 섭취하면 각종 성인병 예방 효과가 있다는 연구 결과가 발표되었다. 이 같은 기능성을 나타내는 콩 속의 생리활성 성분으로는 식이섬유, 올리고당, 아이소플라본, 사포닌, 레시틴, 펩타이드, 비타민 E 등이 있다.

식이섬유소는 변비 완화, 콜레스테롤 감소, 심혈관질환 예방에 효과가 있다. 변비일 때 수용성 섬유소는 영양분 및 수분과 결합하여 팽창해서, 비수용성 섬유소는 소화되지 않아 대장을 자극하여 변의를 느끼게 한다. 반면, 설사의 경우 섬유소가 변의 수분을 흡착하고 장내 균에 의하여 분해되어 탄소 길이가 짧은 지방산을 형성함으로써 장의 건강에 도움을 준다. 또한 식이섬유소는 소장에서 음식물의 흡수 속도를 늦추어 급격히 혈당이 올라가는 것을 막아줄 수 있을 뿐만 아니라 음식물의 소화 과정 또는 쓸개즙을 통해 배출되는 콜레스테롤이 장에서 다시 흡수되는 과정을 막아 주어 혈액 내 콜레스테롤 농도를 낮추는 작용을 한다.

콩 올리고당은 장에서 소화 효소에 의하여 소화가 되지 않고 대장에서 우리 몸에 유익한 비피더스균(Bifidobacterium) 등과 같은 유익균이 잘 자랄 수 있도록 해주고, 이 결과 유해균의 성장을 막고 장을 튼튼하게 하는 효과가 있다. 아이소플라본은 산화 방지뿐만 아니라 성호르몬인 에스트로겐과 비슷한 물질로, 여성 성호르몬과 유사한 작용을 통하여 폐경기에 나타나는 증상을 완화해 줄 수 있다. 또한 식품의 칼슘 흡수를 촉진하고 칼슘 배설을 감소시켜 골다공증 예방에 효과가 있다.

레시틴은 세포막을 형성하는 인지질인데 물과 기름이 잘 섞일 수 있도록 유화작용을 한다. 따라서 소장에서 지방이 잘 소화되고 흡수될 수 있도록 중간 역할을 해준다. 또한 세포막이 노화되어 인지질이 콜레스테롤로 대체되면 세포막이 단단해지고 물질의 이동도 자유롭지 못하여 세포막의 역할을 제대로 할 수 없는데, 레시틴을 섭취하면 세포막의 성분과 기능을 유지할 수 있게 하여 노화를 늦추는 효과가 있다.

사포닌도 유화제 특성을 지니며 종전에는 적혈구 막을 파괴하는 독성 물질로 알려져 있었지만 최근 연구에서 항염증, 콜레스테롤 저하, 항암, 특히 대장암을 예방하는 활성이 높은 것으로 알려져 있다.

이 외에도 콩 펩타이드는 항콜레스테롤, 혈압 강하, 면역 증강, 아이소플라본과 비타민 E는 산화 방지, 노화 방지, 항암 등 다양한 생리활성이 보고되고 있다. 몸 안에서는 정상 산소 형태를 벗어나 불안정한 상태의 산소 분자가 발생하는데, 이 같은 활성산소가 많이 생기면 세포막, 미토콘드리아막 또는 핵 내 유전 정보에 손상을 입혀 세포가 비정상적으로 단백질을 만들거나 변형되어 심장병, 암, 당뇨병, 노화 촉진 등 성인병이 생길 수 있는 가능성이 높아지게 된다. 따라서 산화 방지 영양소는 이러한 활성산소를 제거하는 역할을 수행하여 성인병 예방에 효과를 나타내게 된다.

3) 장류

우리 식생활에서 콩은 부족한 단백질과 지방질을 제공하는 우수한 영양 공급원이며, 여러 생리활성 성분을 포함하고 있지만, 조직이 견고하여 소화 흡수가 매우 어렵다. 볶은 콩의 소화율은 50~70%인 데 비하여 두부는 95%, 간장은 98%, 된장은 85%이다. 이와 같이 콩을 적당히 가공하여 소화율을 높인 두유, 간장, 된장 등과 같은 가공제품은 콩의 이용률을 높이는 것이다. 콩의 소비 용도는 식용유 생산이 큰 부분을 차지하고, 식품가공용, 양조용, 사료용 등으로 이용되고 있다. 콩 가공식품은 두부, 두유, 콩나물, 콩기름, 콩단백 등의 비발효식품과 된장, 고추장, 청국장 등의 발효식품으로 분류할 수 있다.

장류시장 규모는 2017년 기준 국내 생산액은 7,229억 원, 국내 판매량은 9,908억 원,

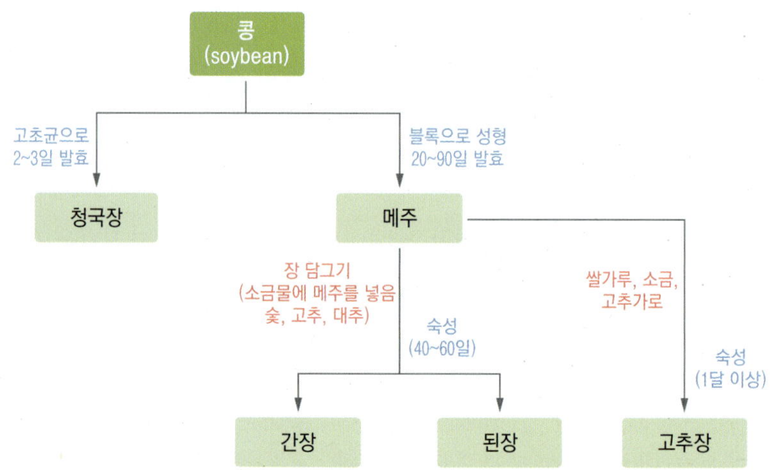

그림 3-13 장의 종류 및 제조 방법

장류의 신비

간장, 된장, 템페와 같은 발효 콩 제품은 수세기 동안 전통 아시아 요리의 중요한 부분이었다. 널리 사용되고 있음에도 불구하고 맛있고 영양가 있는 음식을 만드는 데 사용되는 기술과 전통을 둘러싼 많은 미스터리가 여전히 남아 있다. 발효 콩 제품의 신비 중 하나는 발효 과정 자체인데, 발효는 박테리아와 곰팡이와 같은 미생물에 의한 탄수화물과 단백질의 분해를 포함하는 복잡한 화학 공정이다. 콩을 발효시키는 데 사용되는 미생물의 특정 균주는 최종 제품의 풍미와 영양 성분에 큰 영향을 미칠 수 있다. 또 다른 미스터리는 많은 콩 제품의 발효 과정에 필수적인 곰팡이를 사용하는 것이다. 메주에 들어 있는 대두의 탄수화물을 분해하여 미생물이 당분을 먹고 원하는 맛과 질감을 생성하도록 한다. 사용되는 메주(코지)의 계통과 제조 방법은 최종 제품에 큰 영향을 미칠 수 있다.

수출액은 약 550억 원(4,553만 달러)으로 집계되었다. 장류별 국내 판매액을 분류하면 가장 큰 시장을 형성하고 있는 품목은 간장류로 전체 시장의 32.0%(3,171억 원)를 차지하며, 고추장류 22.3%(2,206억 원), 혼합장류 18.6%(1,856억 원), 된장류 15.4%(1,530억 원) 순이다. 국내 판매액이 가장 큰 세부 품목은 고추장으로 2,194억 원이 판매되었으며, 혼합장(1,845억 원), 혼합간장(1,478억 원), 된장(1,299억 원), 양조간장(1,127억 원) 순이다.

(1) 간장

'간장'은 콩(대두, 메주콩)을 삶아 메주를 만들고 곰팡이가 피게 해 단백질을 펩타이드와 아미노산으로 분해시킨 후 물러진 메주를 소금물에 띄어 메주를 우려낸 물을 항아리에 담아 숙성시킨 것이다(그림 3-13).

간장은 소금의 짠맛과 콩에서 우러난 아미노산의 감칠맛, 당류의 단맛, 그리고 유기산과 각종 향기 성분들이 조화를 이루는 우리나라 고유의 전통 조미식품이다. 이는 0.6~0.9%의 질소, 1% 내외의 당분과 10% 가량의 고형분, 20% 내외의 소금을 함유하며, 아미노산과 당과의 반응산물인 '멜라닌'과 '멜라노이딘' 성분에 의해 갈색을 띤다. 간장 고유의 맛은 'β-메틸메르캅토프로필알코올'에 의해 생기며, 냄새는 알코올, 알데하이드, 케톤, 휘발성 산, 에스터, 페놀 등의 혼합물로 만들어진다.

우리나라에서는 삼국 시대 이전부터 된장, 간장이 섞인 걸쭉한 두장(豆醬)을 담가 먹다가, 삼국 시대에 간장과 된장을 분리하는 기술이 생긴 것으로 보인다. 4세기에 지어진 고구려의 고분에는 장을 담근 장독대가 그려져 있으며, 중국의 『삼국지』「위서」'오환선비동이전' 고구려 편에 "고구려가 장양(贓釀 : 장 담그기, 술 빚기 등의 발효식품 제조)을 잘 한다."는 기록이 있다. 『삼국사기』에도 장(醬), 시(豉, 메주), 해(醢, 젓갈)에 기록이 남아 있다.

고려사의 『식화지』에는 1018년에 거란의 침입으로 굶주림과 추위에 떠는 백성들에게 소금과 장을 나누어 주었다는 기록이 있고, 구휼식품에 쌀, 조 등 곡물과 함께 장이 들어 있어 고려 시대에 이미 장류가 필수 기본식품으로 정착되었다고 추정된다.

간장은 주원료와 제조 방법에 따라 재래식과 개량식으로 구분한다.

'재래식 간장'은 자연곰팡이〔보통 아스퍼질러스(*Aspergillus*) 속 곰팡이〕로 콩 단백질을 분해한 재래식 메주에 소금물을 가해 발효, 숙성시켜 간장과 된장을 동시에 만든다.

'개량식 간장', 즉 '양조간장'은 대두, 탈지대두와 곡류 등에 별도의 누룩균(*Aspergillus oryzae*)을 인위적으로 접종, 배양하여 식염수를 섞어 발효, 숙성시킨 것이다.

'산분해간장'은 '아미노산간장'으로도 불리며, 탈지대두 분말 또는 밀 글루텐을 염산(8.0~15.0%)으로 가수분해한 후 알칼리로 중화하여 생산한다. 양조간장에 비해 제조시간 및 원가 절감의 장점이 있으나, 풍미가 상대적으로 열등하다.

간장은 농도에 따라 진간장, 중간장, 묽은간장으로 나뉘는데, 각각 짠맛, 단맛의 정도와 빛깔이 달라 음식별 사용 용도가 다양하다. 담근 햇수가 1~2년인 '묽은간장'은 국을 끓이는 데, '중간장'은 찌개나 나물을 무치는 데, 담근 햇수가 5년 이상인 '진간장'은 열을 가해도 향이 쉽게 사라지지 않으므로 조림, 볶음, 찜 요리 등에 쓰인다.

또한 간장은 다양한 생리활성을 갖는 것으로 알려져 있는데, 또 다른 측면에서 보면 간장을 포함한 대부분의 발효식품 제조 과정에서 자연적으로 '에틸카바메이트(ethyl carbonate) 또는 바이오제닉 아민(biogenic amine)'이라는 발암 물질이 생성된다.

에틸카바메이트란?

에틸카바메이트(ethyl carbamate)는 우레탄으로도 알려져 있으며, 무향의 흰색 결정성 분말이다. 1970년대 식품과 알코올성 음료에 에틸카바메이트가 함유되어 있음을 확인하였고, 세계보건기구 산하 국제암연구소에서 인체발암추정물질 그룹 2A로 분류하였다. 식품의 저장, 숙성 과정 중 생성되는데, 특히 과실주, 발효식품(간장, 치즈, 된장)에서 많이 발견된다. 식품의 저장기간이 길수록, 숙성 온도가 높거나 가열할수록 식품 중 에틸카바메이트 함량이 증가한다.

과일의 씨앗에 함유된 시안화합물이 알코올과 반응하여 이 물질의 발생을 촉진하므로 과실주를 담그기 전 씨를 제거하는 것이 좋다. 주류와 간장류 가운데 매실주, 양조간장, 위스키, 복분자주, 재래간장 순으로 높게 나타나는 것으로 보고되었다. 그러나 우리나라의 현재 에틸카바메이트 일일 노출량은 안전한 수준이고, 식품의 검출량도 낮은 수준이므로 우려할 수준은 아니지만 지속적인 모니터링이 필요하다.

(2) 된장

장(醬)에 대한 기록은 기원전 3세기에 쓰인 중국의 『주례』라는 문헌에 고기로 만든 육장에 대해 기록된 것이 처음이다. 하지만 콩으로 만드는 두장(豆醬)은 우리 조상들이 처음 만들었다고 보는 견해가 많다.

우리나라에서 콩을 재배하기 시작한 시기는 철기 시대 초기였고, 선사 시대부터 만주 지역에서 콩이 생산되어 콩을 보존하기 위해 소금을 넣고 장을 담갔을 것으로 추측된다. 삼국 시대에는 메주를 쑤어 여러 종류의 장을 담고 맑은 장도 떠서 먹었다고 한다.

우리나라 최초의 장에 관한 기록은 『삼국사기』(1145)에 나오는데 신문왕이 왕비를 맞이할 때 "폐백 품목에 쌀, 술, 기름, 장, 꿀, 시, 포, 혜 등을 보냈다"는 내용에서 그 당시 장류가 중요한 필수음식으로 인식됐음을 알 수 있다.

『해동역사』에도 발해에서 된장을 만들었다는 기록이 있으며, 1052년(문종 6)에는 개경의 굶주린 백성 3만 명에게 쌀, 조, 된장을 내렸다는 기록도 있다. 조선 시대에 들어와서는 장 담는 방법에 대한 구체적인 문헌도 등장한다. 『구황보유방』에는 된장의 메주는 콩과 밀을 이용해 만든다는 제조법도 나온다. 콩으로 메주를 쑤는 방법은 『증보산림경제』에서 언급되기 시작해 오늘날까지 된장 제조의 기본이 되고 있다.

된장은 숙성 중 효소작용으로 탄수화물이 당으로 변해 단맛을 내고, 당 일부는 효모에 의해 발효돼 알코올로 변하며, 젖산균에 의해 생성된 유기산이 신맛을 준다. 특히 알코올과 유기산에 의해 생성된 에스터류는 된장 특유의 향미를 내고, 단백질은 펩타이드와 아미노산으로 분해돼 구수한 감칠맛을 주며, 소금으로 짠맛을 줘 다양하고 오묘한 맛을 내게 된다.

『식품공전』에서는 제조법에 따라 '한식된장'과 '된장'으로 분류한다.

한식된장은 "한식메주에 식염수를 가해 발효한 후 여액을 분리하거나 그대로 가공한 것"을 말하며, 된장은 "대두, 쌀, 보리, 밀, 탈지대두 등을 주원료로 하여 제국한 후 식염을 혼합하여 발효, 숙성시킨 것 또는 메주를 식염수에 담가 발효하고 여액을 분리해 가공한 것"으로 정의한다.

즉 곰팡이 종균으로 자연균을 활용하느냐 선별된 종균을 사용해 인위적으로 만드느냐에 따라 전통된장과 개량된장으로 구분하고 있다.

한국 국가표준인 '한국산업규격(KS)'에는 된장 종류를 원료에 따라 두 가지 종으로 구분하는데, '1종'은 콩만을 주원료로 한 것이고, '2종'은 단백질 원료에 전분질 원료를 섞은 것을 말한다. 『식품공전』보다 KS가, 그리고 1종이 2종보다 조단백질, 조지방, 포르몰태질소 함량이 높은 것이 특징이다.

된장은 예전에 식욕을 돋우는 음식인 동시에 소화력이 뛰어나 약처럼 쓰였다고 한다.

민간요법에서는 체했을 때 된장을 묽게 풀어 끓인 국을 먹여 체한 기를 풀었다고 한다. 게다가 된장은 식이섬유가 풍부해 비만과 변비 예방에도 효과적이며, 장의 연동 운동을 촉진시켜 준다.

콩 속의 레시틴은 뇌기능 향상 효과가 있으며, 사포닌은 혈중 콜레스테롤 수치를 낮추고 과산화지질의 형성을 억제해 노화 및 노인성 치매를 예방한다고 한다.

된장은 크게 안전 문제를 일으키는 식품은 아니지만, 결국 다량의 소금 첨가로 인한 나트륨 문제와 콩에서 발생할 수 있는 곰팡이독 문제가 있을 수 있다. 그러나 소금이라는 보존료가 들어 있고, 섭취량이 적은 부재료라 안전 문제는 크게 염려하지 않아도 될 것으로 생각된다.

(3) 청국장

청국장은 주로 가을부터 이른 봄까지 먹는 계절식품인데, 사계절 상용되는 된장, 고추장, 간장, 혼합장과는 달리 시장이 크지 않다.

청국장은 예로부터 콩을 안전하고 맛있게, 영양원으로 활용하기 위해 충분히 가열처리한 후 '고초균'등 미생물이 발효작용을 일으켜 조직을 연화시켜 소화성을 높인 콩 발효식품이다.

오늘날 청국장이라 부르는 명칭의 유래에 대해서는 명확한 기록은 없으나 1766년에 간행된 『증보산림경제』와 1815년 『규합총서』에 '전국장'이라는 명칭이 있고, 그 제법도 소개돼 있어 전시에 필요할 때 빨리 제조, 이용할 수 있어 전국장이란 용어를 사용한 것으로 추정된다. 이후 전국장이 청나라로부터 전래되었다는 의미에서 전국장을 청국장이라고 부르게 된 것이 아닌가 추측된다.

청국장은 전통 대두 발효식품류 중 가장 짧은 2~3일 만에 완성할 수 있으면서도 그 풍미가 독특하다. 청국장은 단백질 섭취량이 비교적 적은 한국인에게 예로부터 단백질의 중요한 공급원이었으며, 된장이나 고추장보다 단백질과 지방함량이 높은 고 영양식품이다.

청국장은 미생물의 활동으로 새로운 영양소를 생성하며, 혈전용해능, 혈압 및 지질대사 개선 효과, 항암 효과 등 생체조절기능이 있다. 청국장 발효는 고초균(*Bacillus subtilis*)에 의해 이루어지는데, 이 균은 장내 부패균의 활동을 약화시키며 병원균을 억제하고 유해 물질을 흡착, 배설시키는 작용을 한다고 한다.

청국장이 발효되면서 생성되는 끈적끈적한 성분은 폴리글루탐산(polyglutamic acid)이라는 단백질과 프락탄(fructan, levan)이라는 다당류가 결합된 물질이다. 특히, 발효 중 비타민 K가 생성되는데 이는 혈액을 응고시키는 단백질의 합성에 필요하고 뼈 형성에 관여한다. 청국장은 원료인 콩이 갖는 영양소 이외에도 인체의 건강증진을 위한 생리활성 물질이라고 알려진 식이섬유, 인지질, 아이소플라본, 페놀, 사포닌 등이 들어 있어 동맥경화, 심장병, 당뇨병 예방 효과, 노인성치매 예방 효과, 항암 효과, 골다공증 억제 등의 성인병 예방 효과가 있다고 한다.

청국장으로 조리할 때 나는 독특한 냄새는 청국장의 발효 과정 중 생기는 휘발성 물질과 암모니아 성분에 기인한다. 이 냄새는 식생활과 주거문화가 급격히 서구화되고 있는 현대에 어린이와 신세대가 싫어하는 경우가 많아 청국장의 소비를 늘이는 데 큰 걸림돌이 되고 있다.

따라서 청국장의 소비 증대를 위해서는 첫째, 소비자의 입맛에 맞는 다양하고 대중화된 제품개발이 필요하다. 현대 식생활에 어울릴 수 있도록 향과 맛의 개선, 기호성 향상, 기능성이 높은 식품으로 개발해야 한다.

둘째, 품질과 안전성 확보를 위한 청국장 대량 생산 시스템을 갖춰야 한다. 전통적으로 청국장을 가정에서 소규모로 만들어 먹는 경우가 많았는데, 최근 들어 일부 대기업에서 청국장을 표준화된 공정으로 제조해 품질이 균일한 제품이 시판되고 있다.

세계에서 청국장을 가장 많이 섭취하는 나라는 일본인데 우리나라와는 섭취 형태가 다르다. 우리나라는 보통 찌개 형태로 섭취하는 반면, 일본은 청국장 자체를 섭취하는 것이 보통이다. 청국장(일본의 나토)의 섭취가 일본인의 장수에 기여한다는 것은 많은 연구에서 보고된 바 있다. 미국 식약처에서도 콩을 건강식품으로 발표하는 등 콩 발효식품의 가치가 새삼 중요하게 부각되고 있어 콩 단백질을 이용한 청국장을 우리나라를 대표하는 브랜드의 미래식품으로 고려해 볼 가치가 있다.

(4) 고추장

고추는 열대 아메리카가가 원산지로 미국 남부에서 아르헨티나 사이에 주로 분포한다. 멕시코에서는 기원전 6500년경 유적에서 고추로 추정되는 것이 출토되었으며, 페루에서는 기원전 1세기경 유적에서 인디언의 옷에 그려진 고추 모양이 발견된 적이 있다. 이 고추는 콜럼버스가 아메리카 대륙에서 발견해 에스파냐로 가져가 다양한 이름으로 유럽에 전파시켰다고 한다.

인도에는 1542년에 소개됐으며, 16세기에 동양으로 전파된 후 17세기경에는 동남아시아에서 많은 품종이 재배되기 시작하였다. 명조 말기에 중국에 전파되었고, 일본에는 1542년 포르투갈인이 담배와 함께 전파하였다는 남방도입설과 임진왜란 때 한국에 왔던 장수 가토 기요마사[加藤清正]가 일본으로 가져갔다는 북방도입설이 있다. 1614년(광해군 6) 『지봉유설』에 '고추(만초)'가 일본에서 전래된 '왜개자(倭芥子)'라는 기록이 있는 것으로 보아, 일본을 거쳐 한국에 전해진 것으로 주장하는 학자들도 있고, 1850년대 이재위의 『몽유』에는 오랑캐가 고추를 전래했다는 내용과 홍만선의 『산림경제』(1715년)에 고추의 재배지, 재배법, 품종별 특징 등이 기술돼 있는 것으로 보아 이 시기에 종자가 중국에서 도입되면서 지역 특성에 맞는 재래종이 분화된 것으로 추정하는 학설도 있다. 한편, 한국식품연구원장을 지낸 권대영 박사는 고추장은 적어도 1,000년은 되었고 고추는 이보다도 훨씬 전부터 존재했다고 주장한다. 고추는 일본과 중국 양쪽 모두에서 다양한 품종이 우리나라로 들어왔고, 교잡을 통해 오늘에 이르렀다고 추정된다.

장류 중 가장 뒤늦게 먹기 시작한 고추장은 고추가 도입되면서 정착된 것으로 보인다. 현재 고추장의 제조법으로는 종균을 이용해 코지를 만든 다음, 공장에서 대량 생산되는 '공장형 고추장'과 야생미생물에 의해 자연 발효된 메주를 이용해 생산하는 '전통고추장'으로 구분된다. 고추장 발효에 관여하는 발효균은 고초균과 효모인데, 고추장 보관 시 끓어오르는 이유는 바로 효모가 알코올 발효와 동시에 이산화탄소를 만들기 때문이다.

고추장은 콩으로부터 단백질과 구수한 맛을 얻고, 찹쌀, 멥쌀, 보리쌀 등 곡물에서 당질과 단맛을 얻으며, 고춧가루에서 색과 매운맛, 간장과 소금에서 짠맛을 얻는다.

고추의 매운맛은 입 안과 위를 자극해 체액 분비를 촉진하며, 식욕 증진 및 혈액순환 촉진작용이 있어 향신료, 건위제, 외용약 등으로 쓰이기도 하며 식용색소나 보존료 용도로 쓰이기도 한다. 또한 고추장의 매운맛을 내는 '캡사이신(capsaicin)' 성분은 체지방 감소와 항암 효과가 있다고 한다.

반면 고추장의 안전성 문제로는 곰팡이독과 과량의 소금에서 기인한 건강상 문제가 있다. 간암을 유발하는 곰팡이독인 '아플라톡신'이 고추장에서 검출된 보고가 있다. 그러나 고추장의 섭취량과 고추장에 오염된 위해 요소들의 검출 수준으로 볼 때 인체에 대한 위험성은 우려할 수준은 아닌 것으로 추정된다. 그럼에도 불구하고 고추장의 안전성에 대해 항상 주의를 기울일 필요가 있다.

4) 두유

(1) 두유의 역사

오늘날 두유(豆乳, soymilk)라고 부르는 조선시대 두즙(豆汁)은 직접적으로 두부(豆腐)와 별개의 식품일지라도 두부를 만드는 중간 공정을 거쳐 얻어진 것이므로 식용 기원은 두부와 무관하다고 보기는 어렵다. 그러나 이처럼 두부 공정 중 두즙이 필연적으로 두부 제조 공정을 거치면서 만들어졌다 하더라도, 두부와 무관하게 처음부터 두죽(豆粥) 또는 콩국 등 두부 이외의 음식을 조리하기 위하여 만든 사례들도 있다. 우리나라에서 두유란 용어가 문헌상으로 출현한 것은 조선조 중기로 볼 수 있다. 이후로도 두즙을 두유라 하였는지 분명치 않으나 오늘날에 근접하는 용어가 이때부터 있었다는 것은 알 수 있다. 조선조 중기에 『증보산림경제(增補山林經濟)』를 통해, 두즙에 대응하는 낱말로 두유, 태즙(太汁), 태포청(太泡靑) 등이 공존하고 있고, 이 호칭 역시 중국의 당(當)대에서 또는 그 이전에 전래된 용어로 추정된다.

우리나라에서 두즙 문화의 개화는 두부 문화와 같은 시기에 시작되었고, 개화 초부터 두부즙 또는 두즙이라 하였고, 이 호칭은 고려 시대까지 계속 이어졌다. 조선조에 들어서서 대두를 태(太)라고 하기 시작하면서부터, 태두(太豆), 태포즙(太泡汁)이라는 용어가 이용되었으며, 조선조 후기에 들어서면서 두유라는 낱말이 공존하기 시작하여 오늘에 이른 것으로 보인다.

두즙의 대표적인 유형은 두즙을 음료로 직접 이용하는 것과 두즙을 얻어 콩죽[豆粥]으로 이용되는 형태이다. 전자는 콩을 삶아서 두즙을 얻는 것이고, 후자는 두즙 조리 공정에서 얻어진 두즙 그 자체와 유사하게 콩을 불려서 곧바로 두즙을 얻는 것이고 보면, 이와 같은 조리법이 언제부터 정립되었는지 분명치 않으나 생황두(生黃豆)가 지니고 있는 소화장애 인자인 항트립신 인자(trypsin inhibitors)들을 미리 제거하고자 하는 과학적 방법이 이미 정착되고 있었다는 점에서 선조들의 지혜를 높이 평가하지 않을 수 없다.

세계적으로 두유가 산업적으로 생산되기 시작한 것은 1910년 중국에서 대두유가공회사가 설립되면서부터이며, 1940년대 이후 홍콩과 싱가포르에 두유의 대량 생산 설비가 갖춰지면서 근대화가 시작되었다. 우리나라에서는 1973년 ㈜정식품이 설립되면서 두유의 대량 생산 시대가 시작되었다고 볼 수 있다. 우리나라 두유 시장은 2021년 기준 2,630억 원인데, 주요 두유 제조업체로는 정식품, 삼육두유, 연세우유, 롯데푸드, 일동후디스, 빙그레 등이 있다.

(2) 일반적 특성

두유에는 양질의 단백질뿐만 아니라 불포화지방산이 풍부하고, 콜레스테롤과 유당이 없으며 철분, 칼슘, 인, 아연, 구리, 망간 등의 무기질과 비타민 B_6, 나이아신, 엽산이 비교적 많이 함유되어 있어, 식사 대용으로도 이용이 가능하다. 두유는 콩을 침지, 마쇄하여 수용 성분을 추출하거나, 분리대두 단백질을 물에 분산시켜 다른 성분들과 같이 안정화시켜 만든 음료로서 우유와 외관이 비슷하다. 두부, 콩치즈 등을 제조하는 중간 원료이기도 하다. 주로 동남아시아 지역에서 많이 소비되고 있는데, 국내에서만 수천억 원의 시장을 형성하고 있다. 단순두유, 조제두유, 대두음료 형태의 제품이 일반적이다.

두유는 단백질, 지방, 탄수화물, 무기질, 비타민과 같은 필수 영양소가 풍부하게 함유되어 있고, 소화율도 높고 우유에 비해 단백질 함량이 높으면서 열량은 더 낮다. 우유에 알레르기가 있는 유아나 유당 불내증이 있는 성인에게는 훌륭한 우유 대체음료이다. 콩 속에 존재하는 리폭시제네이스(lipoxygenase)는 콩을 마쇄하는 단계에서 콩 속의 불포화지방산을 산화시켜 2-펜틸푸란(2-penthylfuran), 헥산알(hexanal), 펜탄알(pentanal) 등을 생성하여 콩 비린내를 유발하게 된다. 따라서 두유에서 콩 비린내가 나지 않도록 하기 위해서는 적절한 시점에서 콩에 함유된 리폭시제네이스를 불활성화시키는 것이 중요하다. 상업적인 공정에서는 증자 과정 및 콩을 열수(80°C 이상, 10분 이상)와 함께 마쇄하는 단계에서 리폭시제네이스가 불활성화된다.

(3) 두유의 제조 과정

두유의 일반적인 제조 공정은 원료 콩의 탈피(껍질 제거), 열수에 침지, 마쇄, 영양 성분 첨가(비타민 A, D, 칼슘, 철분 등), 기타 기호 성분 첨가(호두, 검은깨, 아몬드, 녹차 등), 멸균, 탈기, 균질, 냉각, 충전, 포장, 보관 및 출고 등으로 이루어진다. 콩 껍질에는 두유의 맛과 풍미를 저하시키는 성분이 함유되어 있어 콩을 정선한 후 껍질을 완전히 제거하는 것이 필요하다. 열처리는 콩에 함유된 콩 비린내 원인인 리폭시제네이스와 단백질 소화 억제 물질인 트립신 저해제(Kunitz & Bowman-Birk trypsin inhibitors)를 불활성화시키는 것이 주요 목적이다. 두유는 방부제 첨가 없이 상온에서 장기간 보관이 가능하도록 초고온 순간살균(135~150°C, 3~10초)을 실시한다.

두유의 일반적인 제조 공정은 다음과 같다.

① 원료 : 주원료인 콩의 입고 및 보관

② 정선 : 콩의 불순물 제거

③ 건조 : 가열 팽창시켜 탈피가 용이하며, 관능을 높이기 위하여 수분 제거

④ 반할 : 건조된 콩을 반으로 쪼갬

⑤ 증자(증기로 찜) : 트립신 저해제, 리폭시제네이스 불활성화 및 조직을 연화시켜 마쇄가 용이

⑥ 마쇄 : 물과 콩을 일정한 비율로 섞어 곱게 갈아줌

⑦ 원심분리 : 원심력을 이용하여 비지 분리

⑧ 원료 혼합 : 두유 제조에 필요한 원료(당, 영양강화제, 향) 및 분리유액을 혼합

⑨ 열교환 : 필요한 온도에 맞추어서 조절

⑩ 균질 : 유통 및 저장 시 발생할 수 있는 침전물(주로 단백질)과 지방 부유 억제, 유액의 분리 방지, 관능 향상, 소화에 도움을 주기 위하여 지방 입자를 잘게 부숨

⑪ 멸균/냉각 : 일정 온도와 압력에서 열처리(135~150°C, 5~10초), 신선도 유지를 위해 급속 냉각

⑫ 충전(용기에 넣기) : 무균 상태에서 테트라 팩에 두유액을 넣음. 질소를 충전하여 산패 방지

⑬ 검수 : 소비자에게 가기 전 다시 한번 완제품 검사

⑭ 출하 : 냉장차를 이용하여 판매처로 이동

두유의 신비

두유는 유당 불내증이 있거나 유제품 알레르기가 있는 사람들에게 우유 대신 섭취할 수 있는 대안이다. 맛있는 두유를 만들기 위해서는 원료의 선발 방법과 제조공정을 잘 확립해야 한다. 두유는 콩을 물에 불려 빻아 죽 상태로 만든 다음, 혼합물을 끓여서 액체를 추출하여 만든다. 그러나 물에 담그고, 갈고, 끓이는 데 사용되는 방법에 따라 최종 제품의 맛, 질감 및 영양 성분에 큰 영향을 미칠 수 있다. 콩은 단백질, 섬유질, 비타민, 미네랄이 풍부하지만 두유의 영양 성분은 가공 방법에 따라 달라질 수 있다. 예를 들어, 일부 두유 제품은 비타민과 미네랄을 추가로 강화한 반면, 다른 두유 제품에는 영양가에 영향을 줄 수 있는 설탕이나 기타 첨가물이 포함될 수 있다. 두유의 잠재적인 건강상의 이점 또한 수수께끼인데, 일부 연구에서는 두유가 심장질환 및 골다공증과 같은 특정 만성질환의 위험을 줄이는 데 도움이 될 수 있다고 주장하는 반면, 다른 연구에서는 두유가 호르몬 수치나 갑상선 기능에 부정적인 영향을 미칠 수 있다고 주장한다.

5) 두부

(1) 두부의 일반적 특성

두부는 높은 영양과 저렴한 가격, 다양한 식품의 재료로 이용될 수 있고, 언제 어디서나 쉽게 구할 수 있다는 이점 덕분에 꾸준히 한국인의 사랑을 받고 있다. 우리나라 전래 시기는 분명치 않으나 고려 말 또는 그 이전이라는 추측이 지배적이다. 조선 시대에는 우리나라의 두부 만드는 솜씨가 뛰어나서 중국과 일본에서 그 기술을 전수해 갔다고 한다. 체내의 신진 대사와 성장 발육에 꼭 필요한 양질의 단백질과 아미노산, 칼슘, 철분 등 무기질이 풍부하게 함유되어 있는 두부는 맛뿐만 아니라 영양 면에서 더할 수 없이 훌륭한 단백질 식품이다.

콩 단백질인 글리시닌(glycinins)과 알부민(albumins) 등을 응고시켜 만든 두부의 소화율은 볶은 콩의 소화율 약 60%보다 높은 95%에 달한다. 따라서 고기 섭취로 인한 콜레스테롤 증가로 합병증이 우려되는 당뇨병 환자들에게 콩 또는 콩 단백질 섭취를 적극 권장할 만하며, 두부의 원료가 되는 콩 속의 생리활성 성분 덕분에 항암, 골다공증 예방, 고혈압 예방, 콜레스테롤 감소 등의 효능도 기대할 수 있다. 또한 뛰어난 소화흡수율에도 불구하고 열량이 낮아 다이어트 식품으로도 좋은 효과를 발휘한다.

두부는 콩을 물에 충분히 침지하여 물과 함께 마쇄하여 끓인 다음, 여과 또는 압착하여 얻어진 두유에 응고제를 첨가하여 응고시켜 압착한 것이다. 따라서 수분함량(80% 내외)이 높고, 지방산의 불포화도가 높아 지방질의 산패 및 미생물에 의한 변질이 쉽게 일어날 수 있어 저장에 유의해야 한다. 우리나라에서는 보통두부, 순두부, 연두부 등이 주종을 이룬다. 가장 많이 소비되는 보통두부는 특유의 담백한 맛을 나타내며, 비교적 단단하고 탄력성이 있다. 연두부는 조직감이 균일하며 매끄러운 표면을 갖고 있으나, 지나치게 연한 물성을 지닌다. 순두부는 조직감과 형태가 균일하지 않고, 보통두부보다 단단한 정도(경도)가 약하다.

(2) 두부의 제조 과정

일반적으로 두부의 제조 과정은 그림 3-14와 같이 기본적으로 콩에서 두유를 만드는 공정과 두유에서 두부를 만드는 공정으로 나눌 수 있으며, 제품의 종류에 따라 압착 여부나, 응고 시 사용하는 용기와 응고 방식이 다르다. 보통두부의 제조 과정을 단계별로 살펴보면 다음과 같다.

그림 3-14 두부류의 제조 과정

자료 : 한국식품과학회 대두가공이용분과, 두부 제조 과정

① 원료

원료로서 콩은 충분히 세척하여 이물질의 혼입이 없도록 한다. 단백질의 응고로 두부가 형성되기 때문에 콩의 수용성 단백질 함량이 높을수록 높은 수율을 얻을 수 있으며, 오래 저장된 콩보다는 신선하고 물의 흡수속도가 빠른 콩을 사용하는 것이 좋다.

② 침적(침지)

콩을 물에 침지하는 목적은 충분히 물을 흡수하게 함으로써 마쇄를 용이하게 하기 위함이다. 온도가 높으면 물의 흡수가 빠르고, 낮으면 물과 흡수는 늦어진다. 침지시간에 따라 두부의 조직 등 품질에 상당한 차이가 발생한다. 콩이 너무 긴 시간 물에 침지되면 발아를 위한 준비 활동이 시작되고, 콩 성분 물질이 분해될 수 있고, 콩 단백질이 변성되어 응고 상태가 불량하게 된다. 반면에 침지시간이 부족하면 팽윤 상태가 부족하여 단백질 및 고형분의 추출이 어렵고 마쇄 공정이 불충분하게 된다. 물의 양은 콩 중량의 2.2~2.3배 정도면 충분하고, 침지는 보통 여름에는 5~8시간, 겨울에는 14~18시간 실시한다.

③ 마쇄

콩의 마쇄 목적은 세포를 파괴시켜 세포 내에 있는 수용성 물질, 특히 단백질을 최대한으로 추출하고자 하는 것으로 그라인더를 사용하여 미세하게 마쇄할수록 추출률이 높아진다. 다만, 껍질 등 두유가 생기지 않는 부분들을 너무 미세하게 마쇄해 버리면, 나중에 비지를 분리하는 작업이 대단히 어렵게 되고, 비지가 체의 그물눈을 막아 버리는 결과를 초래한다. 최근에는 300 메시(mesh) 정도의 여과망을 채용한 스크루식(screw-type) 여과기가 사용되면서 상당히 미세하게 마쇄할 수 있게 되었다. 마쇄할 때에는 물을 주입하며 진행하는데, 이는 마쇄 중 발열을 방지하고 물에 용해하는 성분을 용출시키기 위함이다. 마쇄 시 물의 첨가량이 높을수록 수용성 물질의 추출률이 높아지나 끓일 때 연료비가 많이 들고 작업하기 불편하므로 콩의 8~10배가 적당하다. 가수량을 적게 하면, 추출률이 저하되고 단백질의 일부가 열변성되어 두유의 수율이 저하된다. 마쇄에 사용되는 물은 침지수와 함께 두부의 맛에 영향을 주고, 특히 칼슘, 마그네슘의 함량이 많은 수질은 단백질의 용출을 방해하여 두유의 수율을 떨어뜨린다.

④ 가열

마쇄한 콩죽을 여과하기 전에 끓이는데 이 가열 과정의 목적은, 살균 목적 외에 콩의 고형분과 단백질의 추출 수율을 높이고, 트립신 저해제와 여러 효소를 불활성화하며, 콩 비린내를 없애는 데 있다. 가열은 100°C 정도가 양호하며, 가열이 지나치면 단백질 변성에 의한 수율 감소와 지방 산패로 인하여 두부 맛이 저하되고 조직이 단단해지므로, 적절한 열처리를 설정하여 이용하는 것이 중요하다. 두유 가열시 생기는 거품을 제거하기 위하여 공장에서는 소포제인 규소수지가 사용되며, 소규모로 가정에서 제조할 때는 식용유를 소량 첨가하기도 한다. 연두부 또는 순두부는 보통두부보다 가수량이 적기 때문에 분쇄된 콩은 상당히 농후하게 되어 과열되는 것에 주의해야 한다. 과열되면 두유에 용출할 단백질이 불용화되어 두부의 수율이 크게 감소된다.

⑤ 여과

가열을 끝낸 마쇄 콩죽에서 비지를 분리해서 두유를 얻는데, 두유를 만드는 방법에는 압착여과법, 진공여과법, 원심분리법 등이 있다. 압착법은 두유를 대부분 회수할 수 있는 장점이 있으나 여과포가 파열되는 경우가 있고, 진공여과법은 미세한 입자가 통과되는 단점이 있다. 콩을 미세하게 마쇄하였을 경우에는 연속작업이 가능한 원심분리법이 효과적이다.

⑥ 응고

응고 과정은 두유에 응고제를 가하여 단백질을 지방과 함께 응고시키는 공정이다. 응고제의 종류, 첨가량, 두유의 농도, 온도 및 점도, 수질(pH, 경도), 교반 방법 등에 따라 두부의 맛, 촉감, 수율 등이 달라질 수 있다. 특히 두유와 응고제를 균일하게 잘 혼합하는 것이 중요하며, 모든 조건이 최적화되었을 때 바람직한 응고 상태가 된다.

가. 응고제

현재 두부용 식품첨가물로 사용되고 있는 응고제는 염화마그네슘($MgCl_2$), 황산칼슘($CaSO_4$), 글루코노델타락톤(gluono-δ-lactone) 등으로 그 특성과 사용 조건은 다음과 같다.

- 염화마그네슘($MgCl_2$) : 염화마그네슘은 해수에서 소금을 채취한 뒤 분리되는 부산물인 간수〔일본에서는 니가리(にがり)로 불림〕의 주성분으로, 콩 본연의 맛을 가장 잘

나타내는 응고제이다. 간수는 오래전부터 사용되었으나 근래에 들어 해양오염 등의 문제로 법적으로 사용이 금지되었고, 간수에서 염화마그네슘을 따로 분리하여 현재 식품첨가물로 사용한다. 염화마그네슘은 황산칼슘이나 글루코노델타락톤과는 달리 두유와 혼합하면 바로 응고가 일어나는 속효성 응고제이다. 일반적으로 속효성 응고제는 유부처럼 보수성이 적은 두부를 제조할 때는 응고작업이 빠르고 쉬우나, 보수성이 큰 두부를 제조할 때는 숙련된 기술이 필요하다. 즉 두부 제조 시 두유와 교반할 때 먼저 응고된 부분이 다시 파쇄되어 단단한 두부가 되는 문제가 생기고, 연두부에서는 두유의 농도가 높기 때문에 충분히 교반해 주어야 하는데 빠른 반응성 때문에 균일하게 응고시키는 데 상당한 어려움이 있다. 그러나 소비자들이 고급의 맛있는 두부를 원하고 있어 반응속도와 맛을 적당히 조절한 혼합제제가 개발되어 현재 사용되고 있다.

- 황산칼슘($CaSO_4$) 수화물과 염화칼슘($CaCl_2$) : 황산칼슘은 보통두부 제조 시 가장 널리 사용되고 있는 응고제이다. 이는 반응속도가 느려 사용하기가 쉽고, 부드럽고 보수성이 좋은 두부가 만들어지며, 무엇보다 값이 저렴하다는 것이 큰 장점이다. 황산칼슘의 용해도는 물 100 mL에 약 0.26 g 정도로 낮은 편이고, 온도에 의한 편차도 적다. 두유 중에 황산칼슘 현탁액을 투입하고 교반하면 황산칼슘은 두유 중에서 서서히 순차적으로 녹아 칼슘이온이 단백질과 결합하여 응고하므로, 보수력과 수율이 좋은 부드러운 두부가 제조된다. 용해속도는 황산칼슘 결정의 질, 결정의 입도분포에 따라 크게 달라진다. 황산칼슘이 과잉 사용된 두부는 찌개 등을 끓일 때 열을 받으면 재응고되어, 매우 딱딱한 두부가 되므로 가능하면 최저 필요량으로 부드러운 두부를 만들어야 한다.

  염화칼슘은 물에 잘 녹아 작업하기에 편리하고 응고가 신속히 일어나는 장점이 있으나, 두부를 만들었을 때 보수력이 낮아 수율이 떨어지며 두부의 조직감이 거칠고 단단한 것이 단점이다. 염화칼슘을 사용할 때는 세 번으로 나눠서 조용히 가하여 교반한다.

- 글루코노델타락톤(GDL, $C_6H_{10}O_6$) : 포도당을 발효하여 제조하는 GDL은 황산칼슘과는 달리 두유에 균일하게 용해되어 조금씩 글루콘산으로 전환되고, 두유는 이 산과 반응해서 보수력이 풍부하고, 응고된 단백질의 망상구조가 균일한 부드러운 조

직의 응고물이 된다. 다만, 조직이 너무 연하고 신맛이 약간 나는 단점이 있다. 이 반응은 저온에서는 잘 일어나지 않는다. 따라서 연두부 또는 순두부에는 미리 냉각한 두유에 이 GDL을 가하여 혼합해 두고 이 두유를 연속적으로 다수의 용기에 주입 밀봉하여 열수 중에서 가열하면 보수력이 풍부한 응고물인 연두부 또는 순두부가 된다. GDL의 용해도는 20°C에서 100 mL의 물에 50 g으로 매우 높다. 따라서 황산칼슘은 현탁 상태로밖에 사용할 수 없으나, GDL은 두유 농도에 영향이 없을 정도의 소량의 물에 용해하여 사용할 수 있고, 두유와 혼합하는 시점에서는 산성질이 없어 응고반응 없이 두유와 균일한 혼합이 가능하다. GDL의 응고는 황산칼슘의 응고에 비해 두부의 면이 보다 치밀하다. 두유 중에서 서서히 글루콘산으로 변화하는 과정에서 응고가 일어나기에 황산칼슘보다 느리게 응고반응이 진행되고, 부분적 응고현상이 아닌 전체적인 응고반응으로 더욱 치밀하고 강하게 응고시킨다. 황산칼슘은 첨가량을 증가시켜도 그다지 경도에 변화가 없으나 GDL은 경도가 증가한다. 그러나 과잉의 첨가는 두부 맛에 좋지 않은 영향을 주고 비경제적이기 때문에 적당량의 첨가가 바람직하다.

나. 응고제의 첨가량

첨가량은 두유단백 농도 4~5%에서 염화마그네슘은 전체 두유의 0.25~0.35%, GDL은 0.2~0.3%, 황산칼슘은 0.3~0.4%까지가 표준이다. 황산칼슘의 경우 가열 후 냉각하면 경도가 상당히 높아져 씹을 때 단단한 촉감이 있을 수 있다. 이는 가열 시 미반응의 황산칼슘이 두부 속에서 반응하여 더욱 단단하게 만드는 것이므로 적당량을 사용하여야 하며, 제조 후 물에서 미반응의 황산칼슘이 용해되어 나가도록 충분히 침지하는 것이 좋다. 염화마그네슘을 혼용하였을 경우 이러한 현상을 많이 줄일 수 있다.

다. 두유의 농도

두유의 농도는 추출률에 의해 결정되는데 품종, 계절에 따라 콩의 화학적 조성이 변하므로 달라지게 된다. 농도가 너무 낮으면 두부가 딱딱해지고 물빠짐이 심하게 일어나서 수율이 줄어든다. 응고제의 양을 많이 사용하거나 응고온도가 높은 경우도 이와 같은 경향이 있다. 작업량이 많으면 시간에 쫓겨 두유의 온도가 내려가기 전에 응고작업을 하게 하므로 굳은 두부가 생성된다. 두유의 농도가 높으면 부드럽고 탄력 있는 두부가 되므로 품질이 향상된다. 두부도 딱딱한 것보다는 부드러운 두부를 선호하여 두유의 농도도 계속해 올라가고 있다. 그러나 너무 높으면 저어줄 때 응고된 단백질이 부서지기 쉽다.

라. 수질

응고에 영향을 미치는 수질은 크게 pH와 경도인데, 음용수로 가능한 정도의 수질이라면 큰 영향은 없다. 일반적으로 pH는 6.6~6.8 정도가 두부 제조에 알맞으며, pH가 낮을수록 두부는 딱딱해지고 높을수록 부드러워진다. 경도가 높은 물로는 좋은 두부제품을 만들기 어려운데 이는 물에 포함된 Ca^{2+}, Mg^{2+} 이온이 응고제 역할을 하여 두유의 점도를 높이기 때문이다. 점도가 높은 두유는 응고제와의 혼합 교반에 문제가 있고, 응고제와의 반응도 예민해지기 때문에 역시 좋은 두부를 얻기 어렵다.

⑦ 제품과 부산물

응고된 두부는 압력을 가하여 탈수와 성형을 시키며, 냉수 속에서 3시간 정도 수침시켜 냉각과 함께 과잉의 응고제를 제거하고 소비자 판매단위로 절단하게 된다. 성형할 때의 압력은 두부의 수율, 조직감에 영향을 미친다. 성형상자에 주입하고 나면 압착하는데 자연압, 에어 프레스, 유압 프레스 등이 사용되고 있다. 압착할 때 처음부터 강하게 압착하면 내부의 잉여 응고제가 밖으로 나오면서 표면에 막을 형성하게 된다. 표면에 막이 형성되면 그 다음부터는 압착이 잘 되지 않으므로 성형포에 붙는 문제가 발생한다. 따라서 처음에는 가볍게 압력을 가하고 점차로 압력을 증가시켜야 탄력성 있는 두부가 형성되며 수율도 비교적 높은 것으로 알려져 있다. 이러한 현상은 염화마그네슘 등을 사용하는 고급 두부에서 잘 일어나므로 주의해야 한다. 부산물로서 비지는 가용성 단백질이 대부분 제거되었기 때문에 영양가는 그다지 높지 않으나 맛이 좋은 편이어서 조리를 하여 식용하기도 하지만 대부분 사료로 이용된다.

(3) 두부의 종류

① 보통두부

두유(고형분함량 6~8%)에 응고제를 넣어 응고시킨 응고물을 압착, 성형시켜 수분을 제거한 후 세척, 냉각하여 만든 일반적인 두부제품이다.

② 연두부

냉각된 농후한 두유(고형분함량 9~11%)를 응고제와 함께 구멍이 없는 사각형의 플라스틱 용기에 넣고 탈수하지 않은 채 두유 전부가 응고되게 한 전두부로서 외관이 매끈할 뿐만 아니라 두유의 영양소를 그대로 보유하는 것이 특징이다. 90°C 정도에서는 용기가 변형되는 등의 문제가 발생할 수 있기에 약 85°C에서 35~40분 정도 가열하는 것이 보통이다. 고형물의 농도가 진하여 지나치게 응고되는 경우가 있으므로 가열시간을 너무 길게 하지 않아야 한다. 주로 간식용, 찌개용으로 사용된다.

③ 순두부

농후한 두유를 응고제와 함께 플라스틱 필름용기에 넣고 응고제를 소량의 물에 녹여 함께 넣어 봉한 다음 90°C에서 40분 정도 가열 응고시킨 후 20~30°C로 냉각하면 균일한 젤상의 순두부(포장두부)가 만들어진다. 연두부 또는 순두부에서는 상등액의 제거가 없으므로 그만큼 콩 이용률이 높아지게 된다.

④ 얼림 두부(동결두부)

얼림 두부는 두부를 얇게 썰어 얼린 다음, 탈수 건조하여 풍미와 저장성을 좋게 한 두부 가공품으로 동결두부라고도 한다. 수분이 10% 내외이며 수송하기에 편리하나, 공기에 의한 지방산화로 인하여 보관에 주의해야 한다. 두부를 얼리면 부피가 늘어나고 강한 압력으로 인해 단백질이 수축되며, 수분을 제거하면 조직이 치밀해지고 탄성이 생긴다. 이것이 녹으면 얼었던 물이 빠지면서 작은 구멍이 많이 생기나, 단백질이 원상태로 돌아가지 않고 해면상 조직을 이루게 된다.

⑤ 기름 튀김 두부

기름 튀김 두부는 얇게 썬 생두부에서 수분을 제거한 후 기름에 튀긴 것으로 유부라고도 하며, 주로 유부초밥을 만드는 데 사용된다. 생두부 제조에서 응고 시 가열시간을 약간 짧게 하여 만드는데, 너무 오래 가열하면 튀길 때 기름의 침투가 나빠진다. 얇게 썬 두부는 대나무발 사이에 놓고 압착하여 물을 빼는데, 탈수가 지나치면 제품이 너무 단단해지고, 충분하지 않으면 두부 속의 물로 인하여 기름이 튀어오르나 속이 거친 제품이 된다. 탈수한 두부는 땅콩기름 또는 유채기름을 사용하여 황갈색 표면이 될 때까지 튀기며, 이후 기름을 제거하여 제품을 만든다.

⑥ 유바

유바는 두유를 일정 온도로 계속 가열하여 표면에 형성되는 얇은 막을 건져서 그대로 이용하거나 가공한 것이다. 차를 마실 때 곁들이는 음식으로 즐겨먹던 것으로 일본이나 동남아시아에서 주로 식용한다.

5. 식용유와 마가린

식용유는 유지작물(콩, 목화씨(면실), 옥수수 배아, 카놀라, 잇꽃, 참깨, 들깨, 올리브 등)로부터 생산된다. 먼저 유지작물의 씨앗을 기계적으로 압착하여 기름을 짜고, 이어서 헥산(hexane)을 이용하여 용매 추출법으로 기계적 착유 후에 남은 기름을 추출한다(그림 3-15). 기름을 짜고 남은 찌꺼기를 '탈지박(defatted meal)'이라고 하는데 대부분 사료로 사용된다.

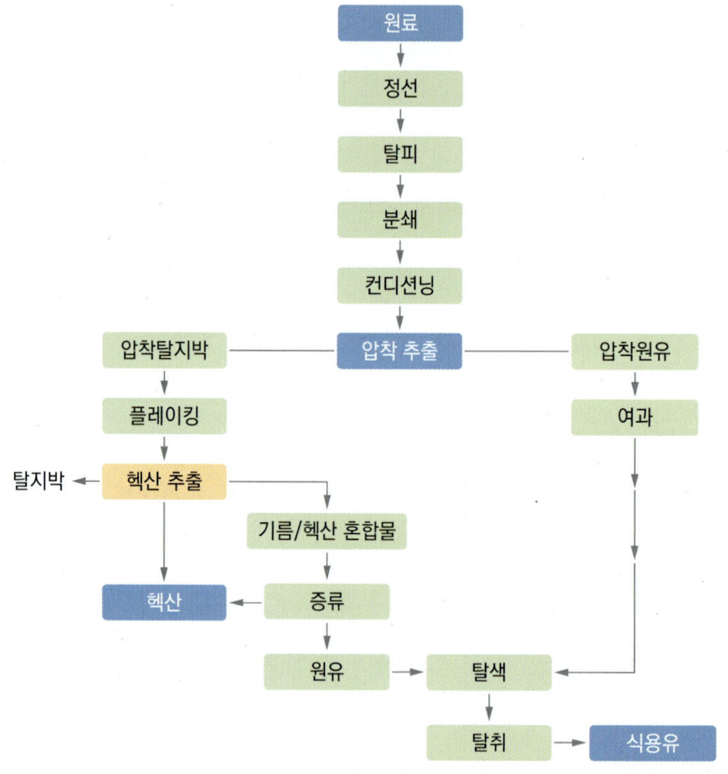

그림 3-15 **원료에서 식용유 추출 공정**

1) 마가린

마가린(margarine)은 버터의 대용품으로 현재 대부분 식물성 유지를 사용하여 만든 유중수적형 에멀션(water in oil emulsion)이다. 식물성 유지를 정제하고 탈취한 후 수소 첨가반응을 거쳐 원하는 물성을 갖도록 한 후에, 우유, 유화제, 비타민 등과 같은 재료를 첨가하여 혼합하고 냉각시켜 연압 및 가염 과정을 거친다. 마가린은 실질적으로 원료만 다를 뿐, 버터와 비슷한 화학적 조성과 물성을 갖도록 만든 것이다. 즉 마가린의 경우에는 비타민 A와 D, 색소, 향미료, 유화제를 첨가한다. 마가린 제조의 핵심 공정은 액상의 식용유에 수소를 첨가시켜 고체 또는 반고체로 만드는 과정인데, 식용유에 수소기체를 촉매(니켈) 등과 함께 서서히 넣어주면 식물성 유지를 구성하는 중성지방의 불포화지방산의 이중결합이 수소 첨가에 의해 포화도가 증가, 즉 포화지방산의 비율이 증가하면서 고체 또는 반고체 형태로 바뀐다(그림 3-16).

수소첨가반응을 거친 유지는 트랜스(trans) 지방이 많이 함유되어 있고, 트랜스(trans) 지방이 동맥경화를 강하게 유발하는 것이 보고되어, 현재는 수소를 첨가한 유지를 사용하기보다는 팜기름(palm oil)이나 코코넛 기름(coconut oil)과 같은 상온에서 고체인 유지와 다른 액체 상태의 유지를 적절히 혼합하거나 에스터 교환반응을 통하여 트랜스

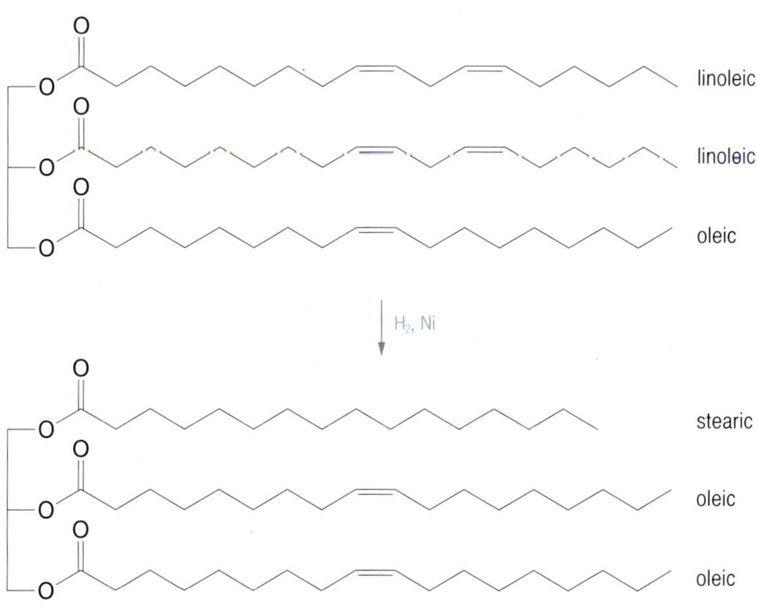

그림 3-16 액체 식용유에 수소를 첨가하여 경화시키는 과정

지방이 적게 함유된 유지를 사용하는 경우가 많다. 또한 마가린의 물성을 다양하게 생산하므로 마가린 제조 공정을 획일적으로 설명하기는 어렵다. 유지의 정제는 앞에서 설명한 유지의 정제 공정을 따르고, 수소첨가반응은 식용유와 촉매제를 혼합하고 진공 상태에서 온도를 올리면서 수소를 불어넣으면 탄소-탄소 사이의 이중결합이 깨지고 대신에 각각의 탄소에 수소가 결합하는 원리를 이용한 것이다. 경화 과정은 수소 첨가량, 반응 온도와 시간, 촉매 등을 조절할 수 있으며, 완전 경화된 제품으로부터 반경화된 제품에 이르기까지 다양한 마가린을 제조할 수 있다. 이후 원료를 혼합하여 버터와 유사한 물성과 향미를 갖도록 하는 공정은 버터 가공 공정에는 포함되지 않으며, 가염과 연압 공정은 버터 제조 공정과 유사하다(그림 3-17).

마가린은 빵을 제조할 때 사용하면 이상적인 조직감을 발현하므로 제과, 제빵에서 자주 사용된다. 더구나 부분적으로 경화된 식용유는 동물성 지방보다 가격이 저렴하고 다양한 물성을 나타내므로 상업적 제빵에 매력적인 원료이다.

마가린의 유래

마가린은 프랑스에서 러불 전쟁에 참여한 군인과 노동자를 위한 값싼 버터 대용품을 제조해 달라는 나폴레옹 3세의 요청에 따라 이폴리트 메시 모이에(Hippolyte Mèges-Mouries)가 처음으로 제조하였다. 우유로 교동(churning)한 소고기 지방(beef tallow)으로 만든 최초의 마가린(올레오마가린으로 불림)은 1869년에 특허로 등록되었다. 이후 네덜란드의 위르겐 회사(Jergen & Co, 현재 유니레버의 자회사)가 메시 모이에로부터 마가린 제조 방법 특허권을 사서 대중화하는 데 기여하였다. 초기 마가린 생산은 소고기에서 분리한 지방(beef tallow) 부족으로 공급이 제한되었으나, 1902년 독일인 빌헬름 노르만이 식용유를 이용하여 수소첨가공법으로 경화시키는 공정을 개발함으로서 문제가 해결되었다. 이 식용유 경화 공정의 발명은 식용유 시장뿐만 아니라 마가린 공급 확대에 크게 기여하였다.

미국의 연방법에 따라 마가린은 지방 함량이 80% 이상, 수분 함량은 16% 이하이어야 한다. 마가린은 다양한 가공식품, 예를 들어 패스트리, 도넛, 케이크, 쿠키 등의 원료로 사용된다. 마가린 발명 100주년이 되는 1969년에는 생산량에서 미국과 유럽에서 버터와 경쟁할 정도로 크게 증가하였다. 2000년 이르러서는 건강에 대한 소비자들의 관심 증가와 경제적 우수성으로 대표적인 식탁용 스프레드가 되었다.

자료: https://en.wikipedia.org/wiki/Margarine; M Vaisey-Genser. Margarine. Developing Food Products for Consumers with Specific Dietary Needs. edited by Steve Osborn and Wayne Morley. Woodhead Publishing, 2016. p3704, Cambridge, UK

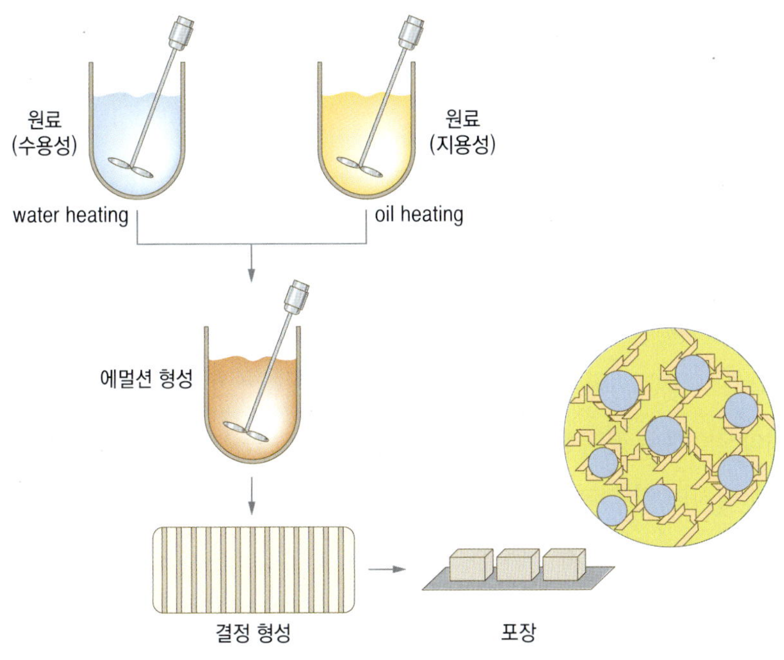

그림 3-17 마가린 제조 과정

자료 : *Food Res Int.* 147:110486, 2021

마가린의 신비

마가린은 식물성 기름으로 만든 인기 있는 버터 대체품이다. 마가린을 만드는 기본 과정은 잘 알려져 있지만 생산, 영양 및 건강에 미치는 영향을 둘러싼 미스터리는 여전히 남아 있다. 마가린을 둘러싼 미스터리 중 하나는 식물성 기름을 수소화하는 데 사용되는 특수한 공정이다. 수소화는 식물성 오일의 불포화지방산에 수소 원자를 첨가하는 과정으로 실온에서 오일을 보다 견고하고 안정적으로 만들 수 있다. 그러나 수소화에 사용되는 특정 조건은 최종 제품의 질감, 풍미 및 영양 성분에 큰 영향을 미칠 수 있다. 또 다른 수수께끼는 마가린의 영양 성분인데, 마가린은 일반적으로 포화지방과 콜레스테롤이 적기 때문에 종종 버터에 대한 더 건강한 대안으로 여겨진다. 그러나 일부 마가린 제품에는 설탕, 인공 향료 및 부정적 영향을 줄 수 있는 기타 첨가물이 포함될 수도 있다. 마가린 섭취가 건강에 미치는 잠재적 영향도 주요 관심사인데, 마가린은 한때 버터에 대한 더 건강한 대안으로 생각되었지만 일부 연구에서는 수소화 과정에서 생성된 트랜스 지방이 심장 건강 및 기타 건강 측면에 부정적인 영향을 미칠 수 있다고 보고하였다.

6. 김치와 피클

침채류는 채소를 주원료로 하여 소금을 사용하거나 장류, 조미료, 주박(술지게미) 및 쌀겨 등을 한 가지 또는 여러 가지 혼합하여 제조하는 염장 발효식품이다.

침채류는 숙성 중에 발효작용, 효소작용, 침투작용 등으로 독특한 맛과 풍미가 생성되며 김치, 단무지, 피클류, 일본식 절임류 등으로 구별한다. 그중에 김치는 우리나라의 고유 식품으로 기원전 2000년부터 제조한 식품이다. 주원료에 따라 배추김치, 무김치, 오이김치 등으로 분류되며 우리나라에는 31종의 김치류가 있고, 부재료의 종류에 따라 수백 가지의 김치류로 분류한다.

우리나라 김치는 발효 과정을 거쳐 제조된다는 면에서 일본의 '기무치'와는 구별되며, 2001년 세계보건기구산하 Codex Alimentarius는 한국의 김치에 대한 제조 기준을 공표하였다. 또한 2013년에는 남한과 북한의 김치를 담는 김장 문화가 유네스코 세계무형문화유산으로 등록되었다

김치의 예술성은 발효 과정에 있다. 채소를 소금에 절여, 조직이 연하게 된 이후, 고춧가루, 양파, 파, 생강즙, 생선액젓(멸치, 새우, 까나리, 밴댕이 등의 젓갈 또는 액젓), 설탕 등의 부원료를 첨가하고 용기에 담아두면 발효가 시작되는데, 주로 유산균이 증식하게 된다. 발효 과정에서 김치의 독특한 맛을 내는 각종 유기산, 풍미, 향기 성분 들이 생성되는데, 이들이 적정 비율로 발생하게 되면 맛있는 김치가 된다.

1) 배추김치

배추김치의 주요 제조 공정은 그림 3-18과 같다.

① 원료 처리 및 절임

선별한 원료 배추를 깨끗이 씻은 다음 적당한 크기로 쪼개어 소금물에 담가 절이기를 한다. 절임은 10% 정도의 소금물에 16~20시간 정도 실시한다. 이때 염도는 3% 정도가 적당하다.

배추를 절임하는 목적은 배추에 알맞은 소금 농도를 맞춰주고 부드럽게 하여 부재료의 혼합을 쉽게 하며, 일부 수분을 제거하고 소금에 의해 세포기능을 정지시키는 것이다. 배추를 절일 때 소금 농도가 너무 높으면 삼투작용으로 배추로부터 수분이 지나치

그림 3-18 김장용 김치 제조 과정

자료 : https://www.rda.go.kr/upload/org/bus/ebooks/kimchi/coding/part3/part3_0202.jsp

게 제거되어 김치가 질겨진다.

② 양념 넣기

절인 배추를 물에 씻고 물기를 어느 정도 제거한 다음 부재료를 배추 사이사이에 알맞게 넣어준다. 양념 넣기는 지방과 계절에 따라 다르며 김치의 종류와 김치의 맛이 결정된다.

③ 담금 및 숙성

양념 넣기를 마친 배추를 용기에 담는다. 이때 다양한 용기를 이용하는데 김장용 김치는 질그릇 장독에 넣는 것이 전통 방식으로 널리 이용되었다. 숙성, 즉 발효 과정은 김치의 맛을 결정하는 가장 중요한 공정으로 젖산 발효에 의한 숙성기간, 숙성 상태를 일정하게 유지하는 기간, 산패와 연부 현상이 일어나는 기간 등으로 구분한다. 물론 김치의 맛은 소금의 농도, 부재료의 종류와 양, 숙성 온도 및 기간에 따라 결정되며 생성된 유기산과 이산화탄소가 향미를 부여하게 된다. 최적 발효 조건으로는 소금 농도 3%, 숙성온도 5~20°C, 산도 0.6~0.8%, pH 4.2 등이다. 숙성 과정 중 당분은 젖산 등으로 변하여 신선한 맛을 주며 젖산균에 의해 비타민 B군과 C가 증가한다.

소금의 농도가 낮으면 *Leuconostoc mesenteroides*와 *Streptococcus* 균이 발효 초기에 많이 증식하고, 소금 농도가 높으면 *Lactobacillus brevis*와 *L. plantarum* 등의 증식이

잘된다.

온도가 낮으면 숙성 및 발효 속도가 늦어지고, 온도가 높으면 빨라지지만 저온에서 숙성하면 김치 맛이 좋아진다. 김치에서 숙성온도와 미생물은 밀접하게 연결되어 있는데 저온에서는 *Leuconostocs* 속이 잘 증식하는 반면, *Pediococcus* 속은 잘 증식 못하나 고온에서는 이와 반대이다.

부재료인 양념을 미리 젖산 발효한 후 첨가하면 발효기간을 단축할 수 있고 균일한 제품을 얻을 수 있다. 김치의 발효 및 저장 중 혐기성 세균은 50일까지 급격한 증가를 보이는 반면, 호기성 세균은 초기에 증가하다가 곧 생육이 억제되어 그 수가 감소하며, 저장 후기에는 호기성 세균이 다시 급증한다. 이는 피막 형성 효모(산막효모)가 증식하여 젖산을 분해하기 때문이다.

김치 발효균 중 *Leuconostoc mesenteroides*는 초기에 많이 번식하는 이상 젖산 발효균으로 젖산과 이산화탄소를 생성하여 김치를 산성화하고 혐기 상태로 만들어 호기성 잡균의 증식을 억제하여 준다. 또한 *Streptococcus*는 발효 초기, *Pediococcus*는 중기에 활발히 증식하고, *Lactobaccillus*는 후기에 생육한다.

김치 중의 유기산은 채소에 함유된 효소와 숙성에 관여하는 각종 미생물들이 분비하는 효소들이 채소 및 기타 재료의 여러 성분에 작용하여 만들어지므로 원료의 종류, 온도, 시간 및 소금 농도에 따라 생성량이 달라진다.

김치 중 휘발성 유기산은 총산 중 20~44%를 차지하고 비휘발성 유기산인 젖산 함량은 50~67%이다. 발효 과정 중 생성되는 젖산은 미생물의 증식을 억제하고, 소금으로 인한 짠맛을 부드럽게 해주는 작용을 한다. 소금 농도가 낮고 저온에서 숙성시킨 김치는 휘발성 유기산인 아세트산과 이산화탄소를 많이 생성하고 김치의 맛을 더 좋게 한다.

비휘발성 유기산으로서 젖산(lactic acid), 구연산(citric acid), 말산(malic acid), 석신산(succinic acid), 옥살산(oxalic acid), 푸마르산(fumaric acid) 등이 있으며 짠 김치에는 발효가 억제되어 젖산과 석신산이 적고 시트르산은 많다. 완숙 김치에는 휘발성 유기산으로 폼산(formic acid)과 아세트산(acetic acid)이 많다. 또한 김치의 pH가 4.2보다 산성으로 되면 산패가 일어나기도 한다.

김치의 신비

김치는 일반적으로 배추 또는 무와 양념과 조미료의 혼합물로 만든 한국 전통 요리이다. 김치를 만드는 기본적인 과정은 잘 알려져 있지만 김치의 생산, 풍미 및 건강상의 이점을 둘러싼 몇 가지 미스터리와 복잡성이 여전히 존재한다.

김치의 발효 과정에서 사용되는 유산균은 최종 제품의 맛, 식감, 영양 성분에 큰 영향을 미칠 수 있으며, 특히, 발효 온도와 시간, 발효에 관여하는 박테리아의 종류는 모두 김치의 최종 풍미와 품질에 영향을 미칠 수 있다.

김치의 또 다른 신비는 사용되는 향신료와 조미료의 배합인데, 마늘, 생강, 고춧가루와 같은 김치에 사용되는 많은 전통적인 재료는 잘 알려져 있지만 사용되는 구체적인 조합과 양은 지역과 만드는 사람에 따라 크게 다를 수 있다. 김치의 영양 성분도 미스터리다. 김치는 비타민과 미네랄 함량이 높고 유익한 프로바이오틱스 박테리아가 풍부한 것으로 알려져 있다.

마지막으로, 김치 섭취의 잠재적인 건강상의 이점은 여전히 연구 중이며 논쟁의 대상이다. 일부 연구에 따르면 김치에는 항염증 및 항산화 특성이 있을 뿐만 아니라 장 건강 및 면역 기능에 이점이 있을 수 있다고 보고하였으나 김치 섭취가 건강에 미치는 영향을 완전히 이해하려면 더 많은 연구가 필요하다.

2) 피클

피클(pickle)은 채소나 과일을 소금물 속에서 장기간 젖산세균으로 발효시켜 발효성 당을 제거한 다음, 식초, 향신료 등으로 조미하거나 또는 소금, 식초, 향신료 등을 넣어 절인 것을 총칭한다. 사용되는 원료에 따라 오이 피클, 양파 피클, 토마토 피클 등이 있으며 맛에 따라 신맛이 강한 신 피클, 단맛이 가미된 단 피클, 향신료인 딜(dill)과 함께 발효시킨 딜 피클 등이 있다.

피클이 김치와 다른 점은 비교적 고농도의 소금물에서 장기간 발효시켜 발효성 당을 제거하여 저장성을 높이는 점, 발효된 것을 씻고 조미하여 살균하는 점 등이다. 피클의 제조에는 자연 발효법과 조절 발효법이 있는데, 여기에서는 조절 발효법을 중심으로 설명하기로 한다.

(1) 조절된 발효법에 의한 오이피클 제조

자연 발효법에 의하여 피클을 제조할 때는 연부현상, 부풀림 등이 생기므로 이를 해결하기 위하여 발효 환경을 인위적으로 조절한 발효법을 적용하고 있다. 이것은 오이를 염소로 살균하고 스타터로 젖산균을 접종하여 발효시킴으로써 불필요한 미생물의 증식과 가스 발생을 억제하는 방법이다. 오이피클의 제조 공정은 다음과 같다.

① 원료 오이 및 세척

크고 녹색의 미숙한 오이를 사용한다. 냉장 보관한 오이를 사용할 경우에는 따뜻한 물에 담아 온도를 26~30°C로 평형화시킨 후 솔이 달린 세척기로 세척한다.

② 절이기

소금물이 담긴 탱크에 오이를 넣는다. 무게 비율로 소금물 40%와 오이 60%를 사용한다. 오이 위에 나무판자로 된 격자형 뚜껑을 덮고 그 위에 무거운 나무토막을 눌러 고정시킨다. 나무뚜껑은 많은 틈이 있어서 발효로 생긴 가스가 잘 빠져나갈 수 있도록 한다.

③ 소금물 교체 및 염소 소독

절임에 사용한 소금물을 배출한 다음, 80 ppm의 염소를 함유한 6.6% 소금물을 나무뚜껑보다 15 cm 더 높게 가하고, 온도는 26~30°C로 유지시킨다. 염소의 첨가로 오이에 오염된 초기 세균들은 사멸된다. 요즘은 원료 오이를 철저히 세척하고 염소 소독 공정을 생략하기도 한다.

④ 산 첨가

염소가 함유된 소금물 위에 아세트산을 조심스럽게 첨가한다. 아세트산의 첨가는 오이와 소금물의 평형이 이루어질 동안 대장균의 증식을 억제한다. 아세트산은 오이와 소금물을 합한 양 1갤론(3.78 L)당 6 mL의 비율로 첨가하여 평형이 이루어졌을 때 아세트산 농도 0.16%, pH 2.8 정도가 되도록 한다.

⑤ 소금 첨가

초기의 소금물 농도를 유지하기 위하여 소금을 첨가한다. 이것은 오이에 함유된 수분이 배출되어 소금물의 염도가 낮아지는 것을 보충하기 위한 것이다. 6.6%의 소금 농도가 되게 하기 위해서는 소금물 45 kg에 대하여 2.7 kg의 소금이 필요하다.

⑥ 아세트산염의 첨가

아세트산염을 두 번째의 소금 첨가 2~3시간 후에 0.5%의 비율로 첨가한다. 오이와 소금물을 합한 양 3.78 L당 18.8 g을 사용한다. 이것은 소금물의 완충력을 높여서 젖산균이 발효성 당을 모두 이용하도록 하기 위한 것이다. 그렇지 않으면 후에 효모가 지나치게 많은 이산화탄소를 생산하여 부풀림을 일으킬 수 있기 때문이다.

⑦ 젖산균 스타터의 접종

소금물에 담근 후 18~24시간 후, 그리고 아세트산염을 첨가하고 적어도 2~3시간 후에 젖산균 스타터를 접종한다. 일반적으로 *L. plantarum*과 *P. cerevisiae*의 두 균종을 사용하지만, *L. plantarum*만을 사용하는 경우도 있다. 스타터로 사용되는 젖산균은 24~30°C, 6~8°C의 소금 농도에서 발효를 잘 수행하고, 이산화탄소를 적게 생산하여야 한다.

⑧ 발효 및 가스 배출

발효온도를 24~30°C로 유지하면서 질소기체를 발효액에 불어넣어 이산화탄소의 배출을 촉진시킨다. 이산화탄소는 미생물에 의한 발효와 오이의 호흡작용에 의해서도 생산되므로 오이를 소금물에 담근 직후부터 질소가스로 이산화탄소를 씻어내는 것이 좋다. 이러한 작업은 피클의 부풀림을 줄이고, 소금물이 부풀어 올라 넘치는 것을 방지하기 위한 것이다. 스타터 접종으로 젖산 발효가 왕성하게 일어나서 10~12일 내에 단순당이 모두 소진되고 발효가 완료된다. 숙성이 너무 지나치게 되면 산막효모가 표면에 발생하고 젖산이 이들 효모에 의해 소모되면서 악취를 발생하기도 하며 연부(부패)현상을 일으키기도 한다.

⑨ 수세 및 제품화

발효된 오이를 물에 담가 씻고, 식초, 향신료 등으로 조미한 후 살균하여 제품화한다.

3) 기타

침채류의 숙성에서 김치류, 장아찌류, 술 찌꺼기류 등으로 구분할 수 있는데 김치류는 발효작용에 의해 숙성, 발효되는 배추 김치류 이외에 깍두기, 동치미 등의 침채류도 있고, 그밖에 장아찌류에는 과일·채소 장아찌, 단무지 등이 있다.

일본식 침채류에는 기무치, 염교절임, 오이절임 등이 있다. 기무치(kimuchi)는 발효 과정 없이 아세트산이나 젖산을 입맛에 맞게 적당량 첨가하여 김치와 유사한 형태이지만 발효로 인한 깊고 다양한 맛을 느낄 수 없는 점이 우리 김치 제품과 다르다.

서양에서 널리 애용되고 있는 침채류로 피클 외에 양배추를 소금에 절여 젖산 발효시킨 사워크라우트(sauerkraut) 등도 있다.

단원정리

1. 가공밥류의 종류로 알파미, 동결건조미, 팽화미, 레토르트밥, 무균포장밥, 냉동밥과 통조림밥 등의 형태로 흰밥, 팥밥, 볶음밥류, 초밥, 주먹밥 등 다양한 즉석밥 제품이 시장에 등장하고 있다.

2. 과자와 빵류는 밀가루나 곡물가루에 각종 재료를 반죽하여 발효하거나 팽창제를 넣어 굽거나 쪄서 만든 제품으로 재료의 혼합에 따라 다양한 제품을 제조할 수 있다.

3. 제과 제빵에서 밀가루 품질은 제품을 구성하는 가장 중요한 요소로서 용도에 따라 사용하는 밀가루의 종류와 품질이 다른데, 이는 밀가루의 글루텐 양과 질 그리고 회분의 함량에 의해 결정된다.

4. 빵 제조에 사용되는 원료로 밀가루 외에 효모, 반죽개량제, 감미료, 소금, 유지류, 화학 팽창제가 있다.

5. 식빵의 일반적인 원료 배합은 밀가루 분량에 물 60~70%, 효모 1~2%, 소금 1~2% 등으로 배합하며, 필요에 따라 설탕, 우유, 버터, 달걀, 개량제 등도 혼합한다.

6. 카스텔라는 일본 전통 과자류의 하나로 16세기 포르투갈 상인들에 의해서 일본에 들어오게 되었다. 일본 카스텔라는 제빵용 밀가루를 사용하고 버터나 베이킹파우더를 사용하지 않으며, 조직면에서 탄력성이 강하고 부드러우면서 졸깃한 감촉이 있고, 표면이 진한 어두운 색깔을 띤다. 반면 타이완 카스텔라는 촉촉하면서 아주 부드러운 조직감을 나타내는 것이 특징이다.

7. 면은 보통 밀가루를 주원료로 물과 소금을 넣고 반죽하여 제조하는데, 제조 방법에 따라 소면, 압면, 절면, 납면, 하분 등으로 나뉜다.

8. 라면은 소맥분과 달걀로 면을 뽑고 삶고 튀겨서 향신료 등 첨가물을 넣어 만든 식품이다. 즉석라면은 밀가루만 사용하면 면의 쫄깃한 맛이 다소 부족하므로 전분을 밀가루에 일정량 섞어서 면질이 쫄깃하고 밀가루에 비하여 감자전분의 호화(익는 과정)가 빨리 되는 특성을 이용하여 전체적으로 조리시간을 단축시킨 것이다.

9. 파스타는 이탈리아의 대표 음식으로 밀가루와 물, 달걀을 혼합하고 면대 또는 다양한 모양으로 만들어 삶거나 구워 만드는데, 그 모양이 다양하기로 유명하며, 보통은 익스트루터의 다이(dies)의 모양에 따라 제조되는 파스타의 모양이 결정된다.

10. 콩은 일반적으로 단백질 36%, 지방질 20%, 탄수화물 30%, 그리고 회분 5%, 수분 9% 정도의 일반 성분을 함유하고 있다. 콩은 장류(된장, 고추장, 간장, 청국장)와 두유와 두부의 원료로 사용되며, 두부는 두유를 제조하여 그 안에 들어 있는 글리시닌(glycinins)과 알부민(albumins) 등을 응고제로 응고시키고 압착하여 만든다.

11. 마가린은 버터의 대용품으로 현재 대부분 식물성 유지를 사용하여 만든 유중수적형 에멀션(water in oil emulsion)이다.

12. 김치의 예술성은 발효 과정에 있다. 채소를 소금에 절여 조직이 연하게 된 이후, 고춧가루, 양파, 파, 생강즙, 생선액젓(멸치, 새우, 까나리, 밴댕이 등의 젓갈 또는 액젓), 설탕 등의 부원료를 첨가하고 용기에 담아두면 발효가 시작되는데, 주로 유산균이 증식하게 된다. 발효 과정에서 김치의 독특한 맛을 내는 각종 유기산, 풍미, 향기 성분 들이 생성되는데, 이들이 적정 비율로 발생하게 되면 맛있는 김치가 된다.

참고문헌

노봉수, 김석신, 장판식, 이현규, 박원종, 송경빈, 이의섭, 이수복, 황금택, 민세철, 심재훈. **실무를 위한 식품가공저장학**. 수학사. 2021

박원종, 이승기, 김윤한, 김종국, 윤광섭, 이진만, 최성희, 허상선, 강복희. **기초가 탄탄한 식품가공학**. 수학사. 2020

박종대. 쌀 자원의 편의식 밥류 제품의 가공적성 연구. **식품과학과 산업** 49, 71-9. 2016

하상도, 김태민. **과학과 역사로 풀어본 진짜 식품이야기**. 좋은땅. 2018

한국콩박물관건립추진위원회. **콩**. 고려대학교출판부. 2005

호정기. **라면의 올바른 이해**. 분자세포생물학뉴스레터. 2013.10.

Silva TJ, Barrera-Arellano D, Ribeiro APB. Margarines: Historical approach, technological aspects, nutritional profile, and global trends. *Food Res Int. 147*, 110486. Sep, 2021

https://en.wikipedia.org

https://ich.unesco.org/en/RL/kimjang-making-and-sharing-kimchi-in-the-republic-of-korea-00881

https://sakeassociation.org/2021/01/sake-essentials-milling

https://www.fao.org/faostat/en/#data/QCL

식품의 예술 · CHAPTER 4

동물성 식품

1. 육류를 이용한 가공식품
2. 우유 가공식품
3. 마요네즈
4. 마시멜로

동물성 식품은 양질의 단백질과 각종 비타민, 무기질의 우수한 공급원으로 우리 식생활에서 중요한 위치를 차지하고 있다. 고기에 함유된 지방은 사람들이 좋아하는 맛과 텍스처를 제공한다. 고기는 염지, 훈연, 발효 등을 거쳐 다양한 제품으로 가공되는데, 그 가운데서도 햄과 소시지는 고기의 저장성과 기호성을 획기적으로 증가시킨 제품으로, 고기를 분쇄하는 방식이나 육질에 따라 풍미와 조직감이 상당히 다르다. 특히 훈연과 염지 과정을 통하여 인체에 치명적인 혐기성 독소 생성균인 보툴리누스균(*Clostridium botulinum*)을 거의 완벽하게 제어하면서 육색소(붉은색)를 유지하고, 독특한 풍미를 갖도록 한다는 측면에서 과학을 넘어 예술적 가치가 있다고 할 수 있다.

햄과 소시지 만들기는 수세기 동안 사용되어 온 전통적인 육류 보존 방법이다. 이러한 육류 제품을 만드는 기본 과정은 잘 알려져 있지만 생산, 풍미 및 건강에 미치는 영향을 둘러싼 몇 가지 미스터리와 복잡성이 여전히 존재한다. 햄과 소시지 제조를 둘러싼 미스터리 중 하나는 고기를 염지하고 훈제하는 데 사용되는 방법이다. 숙성 과정에는 고기에 소금과 다른 재료를 첨가하는 과정이 포함되며, 훈연은 풍미를 더하고 고기를 보존하는 데 도움이 된다. 그러나 사용된 특정 재료, 방법 및 장비는 최종 제품의 풍미와 질감에 큰 영향을 미칠 수 있다. 햄과 소시지의 최종 제품에 영향을 미치는 인자로 가장 중요한 것은 고기의 품질이다. 고기 이외에도 제조 과정에서 추가된 재료는 최종 제품의 영양 성분과 건강에 큰 영향을 미칠 수 있다. 예를 들어, 낮은 품질의 고기를 사용하거나 과도한 양의 소금이나 아질산과 같은 방부제를 첨가하면 건강에 부정적인 영향을 미칠 수 있다.

본 단원에서는 육가공제품 외에도 아이스크림, 요구르트, 치즈와 같은 유가공제품, 달걀 가공제품 일종인 마요네즈, 젤라틴을 이용해서 만드는 마시멜로 등의 가공에 숨겨진 식품과학의 비밀을 설명한다.

1. 육류를 이용한 가공식품

1) 햄과 소시지

고기를 훈연(smoking)하여 만드는 소시지, 햄, 훈제연어는 향과 보존성이 좋아 고대로부터 제조되어 왔다. 훈연은 화학보존료가 보급되기 시작한 20세기 중반부터 퇴조하기 시작하였으나, 최근 자연식품과 웰빙의 분위기에 힘입어 다시 관심을 받기 시작하였다. 그러나 연기 속에 함유된 벤조피렌(benzo(a)pyrene), 벤즈안트라신(benz(a)anthracene) 등 발암성 물질이 부각되면서 안전성 논란이 지속되고 있다.

식품의 저장 방법이 발달되기 전 소, 돼지, 양 등 가축을 도축하고 남은 고기는 육포, 소시지, 햄, 염지육, 훈연육, 발효육 등의 형태로 보존했었다. 이 중 소시지와 햄은 보존 목적 이외에도 살코기를 제대로 사 먹지 못했던 가난한 서민들이 골, 혀, 귀, 코, 내장, 피, 비계 등 버려지던 부산물을 고기와 섞어 먹던 것에서 유래됐다고 한다. 냉장, 냉동

고가 없던 시절 더운 날씨에 이들 고기와 부산물로 제조한 식품들은 저장이 거의 불가능하였는데 훈연 방법이 이러한 문제들을 어느 정도 해결해 주었다.

(1) 햄

햄(ham)은 돼지고기의 뒤 넓적다리 살로 만든 것이며, 소시지는 소나 돼지의 내장과 고기를 양념과 함께 갈아 케이싱(casing)에 채운 가공식품이다. 돼지고기는 부위별로 앞다리(picnic), 등심(loin), 안심(tender loin), 뒷다리(ham), 삼겹살(belly), 갈비(rib), 사태살(hind shank), 목심(shoulder butt), 갈매기살(midrib) 등으로 나눈다(그림 4-1).

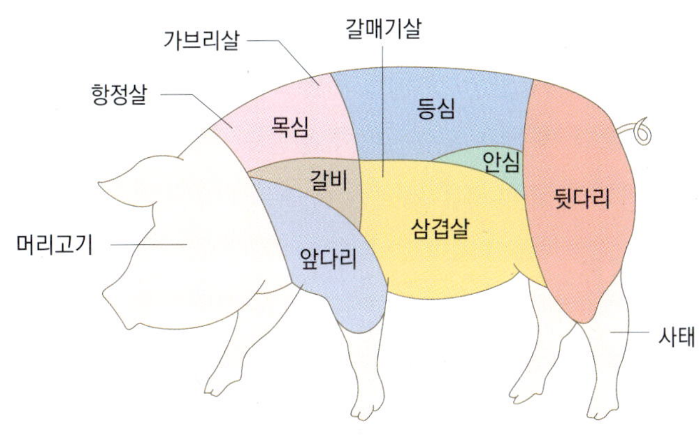

그림 4-1 돼지고기 부위별 명칭

원래 뒷다리 부위를 사용해 가공한 제품을 햄이라고 하는데, 현재는 돼지고기를 소금에 절인 후 훈연 과정을 거쳐 만든 가공육 제품을 모두 햄이라고 부른다. 햄은 훈연 과정에서 연기 속에 포함된 알데하이드류나 페놀류가 고기 속에 침투해 방부 효과가 증가되는 동시에 독특한 풍미를 가지게 된다.

그리스에서는 기원전 10세기경부터 고기를 보관하기 위해 훈연하거나 소금에 절여 왔다는 기록이 있다. 햄은 우선 돼지고기를 적당한 크기로 자른 다음 피를 제거하고 염지 과정(curing), 즉 소금과 소량의 아질산염(KNO_2 또는 $NaNO_2$)으로 표면을 문지른 후, 5°C 정도의 저온에서 약 5일간 숙성시킨 후 소금에 절여 훈연하여 만든다. 염지 방법은 건염법과 습염법이 있는데, 건염법은 고기에 염을 골고루 도포하고 일정 기간 온도가 조절되는 어두운 곳에 걸어 건조시키는 방법이며, 건조 기간은 짧게는 8개월에서 길게는 2년까지 걸린다. 염지에 사용되는 아질산염은 세균 증식을 방지하고 고기의 육색소와 화학 반응하여 진한 붉은색을 유지하도록 하는 특징을 가지고 있어 거의 필수적인 원료로 여겨진다. 그러나 고기에서 유래된 아미노산과 아질산이 반응하여 생성되는 나이트로사민(nitrosamine)이 발암 물질로 분류됨에 따라 대부분의 나라에서 잔유량에 대한 규정이 설정되어 있다.

우리나라에서는 법적으로 발색제로 허용되어 있으며, 미국 등지에서는 보툴리늄 독소(Botulinum toxin)을 생산하는 *Clostridium botulinum*균 생장을 억제하는 보존료로서도 사용된다.

습염법은 고기를 염용액에 3~14일 동안 담가 염지를 하거나 염용액을 고기 내부로 주사하는 방법으로 염지 기간이 단축되며, 최종 제품의 무게와 부피가 증가하는 특징을 나타낸다. 염지가 끝난 제품은 훈연실에서 훈연을 거치게 되는데 다양한 연기 성분이 고기로 침투하면서 고유의 풍미를 갖게 되며, 저장성도 향상된다.

① 제조 방법별 햄 종류

'본레스햄(boneless ham)'이나 '로스트햄(roast ham)'의 경우는 덩어리 고기를 면포로 싸고 면사로 묶어서, 원통형의 금속제 망에 넣어서 훈연하는 반면 '프레스햄(press ham, canned meat, 스팸)'용의 고기는 잘게 갈아서 조미료, 식품첨가물, 향신료, 녹말 등을 섞어서 반죽한 다음, 이것을 케이싱에 넣고 그 양 끝을 묶은 후 끈으로 감아서 훈연을 한다. 훈연은 나무의 연기를 쐬는 것인데 최근에는 가공된 연기추출물을 고기에 섞어 풍미를 갖게 해 훈연 과정을 하지 않는 경우도 있다. 훈연이 끝난 햄은 70°C에서 2~3시간 가열하여 고기 속에 유해미생물을 살균한 후 포장하여 제품으로 만든다.

② 절단 방법별 햄 종류

절단 방법에 따라 쇼트컷과 롱컷이 있다. 그 밖에 고기 부위별 햄의 종류를 살펴보면, 이탈리아나 스위스 명품인 '생햄'은 소금을 뿌린 아기돼지의 뒤 넓적다리 살을 추운 곳에 달아매어 만든 것이다. '본레스햄'은 돼지의 뒤 넓적다리에서 뼈를 빼고, 셀로판이나 헝겊으로 원통형으로 감아서 가공한 것인데, 훈연하지 않고 만든 것을 '보일드햄'이라고 한다. 이 밖에 구운고기로 만든 '로스트햄', 어깨살로 만든 '숄더햄', 삼겹살로 만든 '벨리햄', 고기 부스러기로 만든 '락스햄' 등이 있다.

우리가 가장 흔히 먹는 '프레스햄(스팸)'은 일본에서 만들기 시작한 독특한 제품으로, 돼지고기 외에 소고기, 양고기, 토끼고기, 닭고기 등을 섞어서 만들기 때문에 저렴한 반면 첨가물이 많이 들어가 육류 특유의 풍미를 느끼지 못한다.

(2) 소시지

소시지(sausage)는 돼지고기나 소고기를 곱게 갈아 동물의 창자 또는 인공케이싱에 채운 가공식품이다. 최근에는 닭고기, 칠면조 고기, 양고기, 생선살 등 여러 육류가 사용되기도 한다. 소시지는 고대 그리스와 로마제국 시대에 이미 유행한 것으로 추정된다. 한편, 소시지라는 용어는 15세기 중반에 탄생되었다.

삶은 그대로의 소시지를 '도메스틱 소시지'라 하고 이를 훈연하여 수분을 제거한 것을 '드라이 소시지'라 한다. 케이싱 재료로는 처음에는 양창자를 사용했으나 점차 돼지창자가 사용되기 시작하였고, 현재에는 젤라틴(콜라겐)이나 셀룰로스 또는 플라스틱으로 된 인공 케이싱이 많이 사용된다.

소시지 종류는 분류 방법에 따라 다양한데, 가장 단순한 분류법으로 도메스틱 소시지와 드라이 소시지로 나눌 수 있다. 우리가 흔히 먹는 비엔나 소시지, 볼로냐 소시지, 프랑크푸르트 소시지, 리오나 소시지 등은 모두 수분이 많은 도메스틱 소시지에 속한다. 그리고 드라이 소시지로는 살라미, 세르벌라, 모르타델라, 페페로니 등이 있다(표 4-1).

소시지의 분류 방법은 국가에 따라 다양하며, 다음의 분류는 영어권 국가들이 사용하는 분류 방법이다.

- 조리된 소시지(cooked sausage) : 생고기를 완전히 익혀 만든 것으로 조리 즉시 섭취하거나 냉장 보관한다. 핫도그, 브라운슈바이저, 간 소시지, 괴타, 스크래플, 키쉬카 등이 있다.
- 조리된 훈연 소시지 : 조리 후 훈연을 거쳐 제조한 것으로 냉장 보관한다. 키엘바사, 모르타델라 등이 있다.
- 생소시지 : 염지가 안 된 고기로 만든 것으로 냉장 보관해야 하며, 식용하기 전에 철저히 조리해야 한다. 이탈리안 포크 소시지, 시스콘마카라, 브렉퍼스트 소시지(breakfast sausage) 등이 있다.

표 4-1 소시지의 종류

소시지의 종류	특징	사진
컨트리 소시지 (Fresh country sausage)	• 대표적인 미국의 브렉퍼스트(breakfast) 소시지 • 돈육을 마일드하게 조미함	
서머 소시지 (Summer sausage)	• 미국형 소시지로 보통 돈육과 우육을 혼합 • 염지를 거치므로 냉장과 가열 조리가 필수적이 아님	
살라미(Salami)	• 미국형 소시지로 염지하여 제조 • 발효, 숙성 과정을 거침	
페퍼로니(Pepperoni)	• 살라미 형태의 한 종류 • 대표적인 미국 소시지 • 돈육, 우육 또는 혼합육으로 제조 • 피자 토핑에 주로 사용	
볼로냐 소시지 (Bologna sausage)	• 곱게 간 돈육, 우육 또는 혼합육을 사용 • 이탈리아 볼로냐 지방이 원산지 • 저가의 대량 생산된 런치육부터 고급 제품(레바논 볼로냐, 반건조 발효 소시지)까지 다양함	
훈제 소시지 (Smoked sausage)	• 마일드하게 조미된 소시지로 훈연 직전 가열 조리함	
프랑크푸르트 소시지 (Frankfurter sausage)	• 미국에서 가장 인기 있는 핫도그 소시지의 하나로서 보통 돈육과 우육을 혼합하여 제조 • 독일 푸랑크푸르트에서 시작되었으며, 20세기 초 미국에 도입됨	
이탈리안 소시지 (Italian sausage)	• 돈육과 회향, 아니스, 마늘과 같은 향신료가 첨가된 소시지 • 미국에서는 마일드한 제품이 일반적이며, 단맛이 있거나 고춧가루가 첨가되기도 함	
부라트부르스트 (Bratwurst)	• 후추, 흰 후추, 로즈마리, 고수, 육두구와 같은 시즈닝이 첨가됨 • 'brat'는 곱게 간 고기를 의미하고, 'wurst'는 소시지를 의미함	
란트재거(Landjäger)	• 반건조, 발효한 독일식 소시지 • 조리 없이 바로 먹을 수 있어 사냥꾼, 병사들의 식량으로 사용되었음	

자료 : https://en.wikipedia.org/wiki/List_of_sausages

아질산염의 위해성 논란

식품산업에서는 '아질산염(Nitrite, NO_2)'을 '아질산나트륨' 또는 '아질산칼륨'으로 부르며, 이것은 질산나트륨을 가열하고 금속 철(Fe)로 환원시켜 제조한다. 식품첨가물, 의약품 및 염료 제조에 사용되며, 햄, 소시지, 이크라(ikura) 등의 육류 제품에서 색소를 고정시키기 위해 사용된다. 이것은 가열 조리 후 선홍색을 유지하는 데 도움이 되는 것으로 알려져 있다. 아질산염은 우리나라에서는 법적으로 발색제로 사용이 허용되어 있으며, 미국 등에서는 *Clostridium botulinum*균이 생산하는 신경독소 생성을 억제하는 보존료로도 사용된다. 19세기 초 독일에서 잘못 보관된 소시지 식중독으로 인해 200명 이상의 사람들이 사망한 사건 이후에 보존료의 사용이 필요해졌다.

아질산염을 육류 제품에 사용하는 것은 기원전 9세기 경 호메로스의 시에서 최초로 기술되었으며, 고대 로마 시대에도 사용된 기록이 있다. 1581년 독일의 Rumpolt가 쓴 '소시지 제조법'에는 염지의 발색에 대한 서술이 포함되어 있으며, 1758년 독일 과학잡지에는 염지 이론이 소개되었다. 이후 1891년 Polenska의 아질산염 작용 기작이 발표되면서 본격적으로 연구되었다.

아질산나트륨과 질산나트륨은 국제기구인 JECFA(FAO/WHO 합동식품첨가물전문가위원회)에서 안전성을 평가하여, 일일섭취허용량(ADI)을 설정하였다. 이것은 CODEX(국제식품규격위원회), EU, 미국 및 일본 등 국제적으로 사용되고 있는 식품첨가물이다. 우리나라는 식육가공품(포장육, 식육추출가공품, 식용우지, 식용돈지 제외) 및 고래고기제품 kg당 최대 0.07 g까지 아질산나트륨(sodium nitrite) 사용을 허용하고 있으며, 어육소시지에는 0.05 g, 명란젓 및 연어알젓에는 0.005 g까지 허용되고 있다. 아질산염은 육류의 '아민(amine)'과 반응하여 '나이트로사민(nitrosamine)'이라는 발암성 물질을 생성하므로, 미국 농무성(USDA)에서는 아질산나트륨의 사용량을 줄이도록 권고하고 있다. 아질산염이 체내에 흡수되면 혈액 내 적혈구 산소 운반 능력을 저하시켜 산소 부족 증세를 일으키며, 0.3 g 이상 섭취 시 중독을 유발하고 심하면 사망할 수 있다. 반수치사량(LD_{50})은 쥐의 체중 kg당 180 mg이며, 농약인 DDT(150 mg/kg)와 비슷한 독성을 갖고 있으며, 니코틴(24 mg/kg), 청산가리(10 mg)에 비해 약 10배 정도 독성이 약하다고 한다.

2005년 한국보건산업진흥원의 위해성 평가 결과, 국민들은 평균적으로 ADI 대비 6.8%의 아질산염을 섭취하고 있는 것으로 나타났다. 대부분의 국민들은 안전한 수준으로 섭취하고 있지만, 극단적으로 과다하게 매 끼니 육제품을 섭취하는 경우에는 일일섭취허용량(ADI)을 초과해 위험할 수 있다. 따라서 취약 집단인 어린이 및 노약자가 아질산이 함유된 가공 식품을 과다 섭취하는 경우, 첨가물의 위험에 심각하게 노출될 수 있으므로 주의해야 한다. 정부는 식품첨가물 및 식품의 위생을 확보하기 위해 식품 섭취 정보 제공, 다양한 제품 개발 및 저감화를 위한 기술 개발을 유도하는 노력을 계속해야 한다. 한편, 소비자는 가공식품을 구입할 때 주의 깊게 표시사항을 살펴보고 반드시 아질산염의 첨가량을 확인하는 것이 필요하다. 아질산염은 가능한 한 섭취하지 않는 것이 좋으므로, 아질산을 첨가하지 않은 식품을 섭취하거나 대체재를 사용한 제품을 선택하는 것이 권장된다.

자료 : 아질산염 안전성 논란의 허(虛)와 실(實)-하상도의 식품 바로보기. 식품음료신문. 2021.03.02

- 생 훈연 소시지 : 훈연과 염지를 거친 생소시지로 먹기 전에 냉장이나, 조리 과정이 필요 없다. 빵에 발라먹는 스프레드형 메트부르스트(Mettwurst), 테부르스트(Teewurst) 등이 있다.
- 건조 소시지 : 발효와 건조 과정을 거친 염지 소시지이다. 일부는 건조 전에 훈연을 하기도 한다. 보통 익히지 않고 먹으며, 장기 보관이 가능하다. 대표적인 제품으로 살라미(salami), 수쿡(Sucuk), 랜드재거(Landjager), 서머 소시지(summer sausage) 등이 있다.
- 벌크 소시지 : 케이싱에 넣지 않은 상태의 소시지 고기를 의미하며, 생고기를 향신료를 넣고 갈아서 만든다.
- 비건 소시지 : 콩 단백질 또는 두부를 베이스로 하여 향신료를 넣어 만든 소시지다.

2. 우유 가공식품

1) 아이스크림

아이스크림은 다양한 향과 색깔을 가진 동결 유제품으로 디저트로 이용되기도 하고, 파이 또는 초콜릿 등과 같이 섭취하기도 한다.

아이스크림은 향이 첨가된 얼음이나 얼음물로부터 진화된 것으로 보이는데, 로마제국과 중국이 가장 먼저 아이스크림을 식용한 기록이 있다. 13세기 마르코 폴로는 중국(원나라)에서 스노우 콘과 유사한 빙수 제조 방법을 들여온 것으로 알려져 있다. 1674년 프랑스에서는 향이 첨가된 얼음 제품에 대한 기록이 처음으로 등장하였으며, 중동에서는 아이스크림이 18세기 중반 이미 대중화된 것으로 알려져 있다. 1718년 영국에서 아이스크림에 대한 제조법이 처음 발표되었으며, 미국에는 1700년대 아이스크림이 도입되었는데, 초창기 가정에서 직접 제조하다가 1851년 제이콥 퍼셀(Jacob Fussel)이 볼티모어에 최초의 아이스크림 공장을 건립하면서 상업적 생산이 시작되었다.

아이스크림 소다(탄산음료 위에 아이스크림을 올린 것)가 1874년 미국인 로버트 그린에 의해 발명되고, 선대(sundae) 아이스크림(소프트 아이스크림에 딸기나 초콜릿 시럽을 뿌린 후 체리나 과자를 얹어서 먹는 아이스크림)도 19세기 말에 등장하였다. 한편, 아이스크림 콘은

1888년 아그네스 마샬이 지은 요리책(Mrs. A.B. Marshall's Book of Cookery)에서 처음 언급되었으나, 아이스크림이 본격적으로 보급되기 시작한 것은 냉장고가 널리 보급된 1900년대 중반부터이다. 미국 내 초기 점포로 하워드 존슨(Howard Johnson's), 배스킨 라빈스(Baskin-Robbins) 등이 유명하고, 1980년대에는 부드러우면서도 점성이 높은 프리미엄 브랜드 제품(Ben & Jerry's, Chocolate Shoppe Ice Cream Company, Häagen-Dazs)이 등장하였다.

(1) 아이스크림의 예술성 및 제조 방법

아이스크림은 원유와 유가공품을 주원료로 사용하여 여기에 감미료, 향료, 안정제 등의 부원료를 혼합하여 얼려서 만든 냉동 혼합물이다. 비교적 높은 지방함량으로 부드러운 조직감과 풍미를 갖게 된다. 일반적인 아이스크림 제조 과정은 그림 4-2와 같다. 즉 원료(우유 또는 유제품, 설탕, 향료, 안정제 등)를 탱크에 넣고 잘 섞어 준 다음 믹스를 70°C에서 30분 또는 85~90°C에서 15~20초간 살균한 후, 균질 과정을 거쳐 아이스크림 믹스 내 지방구 입자를 잘게 잘라 아이스크림이 부드러운 조직을 갖도록 한다. 이후 신속하게 3~5°C로 냉각하여 6시간 정도 숙성을 시킨다. 이것을 -20°C의 동결기(freezer)에 넣어 세게 교반하여 아이스크림 원료 믹스 중에 공기가 포집되도록 하면서 1차 동결 과정을 거친다. 그다음 고속냉동터널(quick freezing tunnel)에서 2차 냉동을 거치면 아이스크림이 완성된다.

식품으로서의 아이스크림의 특징은 부드러운 조직인데, 이러한 특성을 결정하는 요인은 아이스크림 내 공기의 비율(오버런), 안정제, 유화제, 동결 방법 등이다. 이들 요인들이 적절하게 조화를 이룰 때, 기호성이 높은 아이스크림이 만들어진다. 예를 들어, 1차 동결 과정에서 아이스크림 믹스에 공기가 작은 기포로 혼입되어 부피가 증가하게 되며, 조직은 치밀해지고 아이스크림의 조직이 부드럽게 된다. 공기에 의한 원료 재료의 증가율을 오버런(overrun)이라고 하며, 80~100%가 가장 좋다.

$$\text{오버런(\%)} = \frac{\text{아이스크림의 용적} - \text{원료재료의 용적}}{\text{원료재료의 용적}} \times 100$$

또한 안정제는 아이스크림의 점성을 높이고 다양한 조직감을 구현하는 데 도움을 주며, 향기 성분을 안정적으로 유지하는 데 기여한다. 구체적으로 아이스크림 제조 시 얼음결정 성장 속도를 저하시켜 얼음 입자가 생기도록 하며, 공기 입자 크기를 감소시키며, 아이스크림이 녹는 속도를 느리게 한다. 무엇보다도 아이스크림의 부드러운 조직감을 구현하는 데 도움을 주기도 하고, 상온에서 아이스크림이 녹는 속도에도 영향을 준다. 대표적인 안정제로 구아검, 로커스트콩검, 카라기난, 카복시메틸셀룰로스, 잔탄검, 아라비아검 등이 있다.

한편, 유화제는 동일 분자 내에 친수성 그룹과 친유성 그룹이 동시에 존재하는 분자로서 상(phase)들 간 발생하는 표면장력을 낮추는데, 아이스크림 제조 시 유지방과 수용성 성분이 잘 섞이도록 하는 역할을 하여, 궁극적으로 아이스크림의 열 안정성, 보디감, 크림성, 기포 안정성을 증가시키고 아이스크림이 상온에서 잘 녹지 않도록 한다.

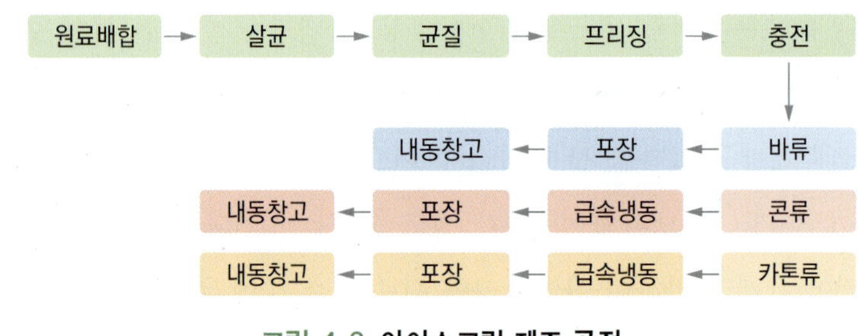

그림 4-2 아이스크림 제조 공정

(2) 아이스크림의 특성

아이스크림은 냉동 제품이라 저장성과 안전성이 매우 뛰어나다. 아이스크림의 조성을 보면 유지방이 10% 이상, 무지유고형분이 6~10%, 감미료가 12~16%, 안정제 및 유화제가 0.2~0.5%, 수분이 55~64%로 이루어져 있다.

오랫동안 얼려뒀다가 먹어도 안전성에는 문제가 없는 식품이다. 그래서 유통 시 제조일자만 표시하고 유통기한이 따로 없다. 물론 유지방이 많아 장기간 보관 시 산패가 일어나지만, 이는 품질의 문제지 안전 문제는 아니다. 아이스크림은 높은 열량과 당 함량으로 비만이나 심혈관계 질환의 위험인자로 여겨진다. 또한 아이스크림 제조에 사용되는 유화제 또는 안정제(카복시메틸셀룰로스, 폴리솔베이트-80)가 염증성 대장염을 유발하거나 체중 증가, 기타 대사질환을 유발할 수 있다는 동물실험 결과가 발표된 바가 있다.

2) 크림

우유를 방치하게 되면 지방층이 위로 떠오르는데 이것이 크림(cream)이다. 크림의 분리는 원심분리기를 이용하며, 분리된 크림은 다른 형태의 크림으로 가공하거나 버터, 아이스크림, 제과 등의 제조 원료로 사용된다. 크림은 물속에 지방구가 분산되어 있는 형태로 수중유적형(oil in water) 에멀션이다.

크림은 노란색을 띠는 경우가 많은데, 이는 젖소가 먹는 조사료에 함유된 카로티노이드 성분에 의한 것이다. 다음은 미국에서 시판되는 크림의 종류이다.

(1) 커피크림(라이트크림)

유지방이 18~30% 정도이고 라이트크림 또는 식용크림이라고도 하며, 커피의 풍미를 온화하게 하여 쓴맛을 없애고 색을 연하게 한다.

(2) 발효크림(fermented cream)

우유지방 30~36%인 크림을 74~82°C에서 30분 동안 살균 처리 후 젖산균으로 발효시켜 균일화한 것으로 사워 크림(sour cream)이라고도 한다. 과일, 치즈 향신료 등을 사용하여 제품화한다.

(3) 휘핑크림(whipping cream)

우유지방 30~36%인 연한 휘핑크림과 36% 이상의 진한 휘핑크림이 있으며, 소스, 수프, 케이크나 디저트 등에 이용된다.

(4) 하프 앤 하프(half & half)

우유지방 10.5~18%로 시리얼용 크림이다. 커피크림과 우유를 50 : 50으로 혼합하여 만든다.

(5) 업소용 크림(manufacture's cream)

유지방 함량이 40% 이상이며, 상업용 또는 전문가용으로 사용된다.

3) 버터

버터는 원래 우유에 함유된 크림을 교동(churning)이라는 과정을 거쳐 만드는데, 유지방을 적절한 조건으로 교동하면 크림(수중유적형)과는 완전히 다른 유중수적형 지방이 만들어지고 이는 제빵을 비롯하여 다양한 식품의 제조에 활용된다.

(1) 버터 가공

버터는 우유에서 크림을 분리하여 이를 발효, 숙성, 우유교반, 분리세척, 연압 및 가열을 통하여 최종 제품이 만들어진다. 즉 크림(수중유적형, o/w)이 상(相)전환되어 유중수적형(w/o)으로 유화된 반고체 상태의 제품이다. 버터는 근본적으로 유지방이며, 크림을 사용하여 만들어 소금을 첨가하는 것이 일반적이다. 미생물을 사용하여 발효시켜 신맛이 나도록 만들기도 하며, 소금을 첨가하지 않는 경우도 있다. 일반적인 버터 제조 공정은 그림 4-3과 같다.

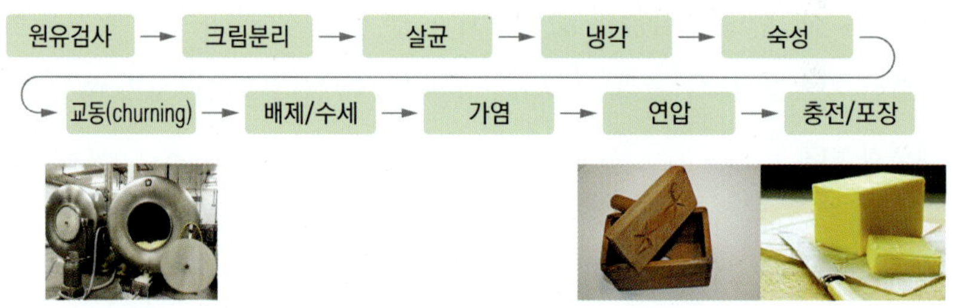

그림 4-3 버터 제조 공정

① 원료

원료는 우유 이외에 다양한 포유류 젖을 사용할 수 있다. 먼저 우유에서 크림을 분리한다. 크림은 이미 분리한 것을 사용할 수도 있다. 크림은 pH가 6.6 이상으로 산패되지 않고 이미나 이취가 없어야 한다. 크림은 85°C 이상에서 살균하여 지방 가수분해효소를 불활성화시키고 미생물(지표미생물 : 소 결핵균, *Mycobacterium bovis*)을 사멸한다.

② 발효

발효 공정은 유럽에서 주로 수행하는데, 미생물 배양액을 첨가하여 젖당을 젖산으로 발효시키고 향미가 풍부해지도록 한다. 주로 사용하는 미생물은 *Lactococcus lactis* subsp. *lactis*, *Lactococcus lactis* subsp. *cremoris*, *Lactococcus lactis* subsp. *lactis* biovar. *diacetylactis*, *Leuconostoc mesenteroides* subsp. *cremoris* 등이다. 크림이 21°C에서 pH 5.5가 되도록 한 후에 13°C에서 pH 4.6 정도가 되도록 한다. 대부분의 향미는 pH 5.5와 4.6 사이에서 발달한다. 온도가 낮을수록 향미가 더 많이 발달한다. 발효시켜 만든 버터는 일반적으로 세척하지 않고 가염하지도 않는다. 미생물 배양액을 첨가한 후에는 12시간 정도 21°C를 유지해 준다.

③ 숙성

크림을 5~8°C에 보관하여 유지방이 결정화하도록 하여 우유 교반이 잘되고 적절한 질감을 갖도록 해준다. 보통 숙성을 마치면 열교환기를 이용하여 원하는 온도로 올려 펌프를 사용하여 우유 교반 탱크로 옮긴다. 냉각시킬 때 냉각속도가 빠르면 결정이 작고 많이 생긴다. 냉각속도가 느리면 결정의 수가 적고 결정의 크기가 크다. 냉각을 강하게 할수록 단단해져서 우유 교반이나 연압 작업 중에 액체 상태의 유지가 덜 녹아 나온다.

단단한 지방으로 구성된 버터를 얻기 위해서는 8°C로 신속히 냉각시켜 약 2시간 동안 둔다. 이때 작은 결정이 많이 생성되어 이 결정 표면에 비교적 많은 양의 액체 상태의 유지가 달라붙는다. 그 후에 20~22°C로 가열하여 최소 2시간 동안 둔다. 이때 많은 양의 결정이 녹고 단단한 지방 결정만 남아 커진다. 그 후에 온도를 약 16°C로 낮춘다. 이때 녹는점이 18°C 이상인 유지가 단단한 지방 결정에 붙게 되고 녹는점이 낮은 유지방은 우유 교반과 연압 과정에서 빠져나가게 된다. 보다 연한 버터를 얻기 위해서는 가열 온도를 낮춰 단단한 지방 결정에 액체 유지가 더 많이 달라붙도록 한다.

④ 교반

크림을 교반하면 버터 알갱이가 생기고 점점 커져서 덩어리가 된다. 이 공정을 통하여 반고체 상태의 버터와 액체 상태인 버터밀크로 분리된다.

버터는 크게 첫째, 유지방 함량이 25~35%인 크림을 사용하여 만드는 전통적 회분식 교동, 둘째, 유지방 함량이 30~50%인 크림을 사용하여 연속적으로 만드는 연속식 부유 교동 방법, 셋째, 약 55°C에서 유지방 함량이 약 35%인 크림으로부터 유지방 함량이 약 82%인 크림을 분리하여 수중유적형(o/w) 유화 상태인 것을 유중수적형(w/o) 상태의 버터를 만들고 버터밀크를 제거하는 공정이 없는 농축 방법, 넷째, 마가린 만드는 방법과 유사하게 버터유에 물과 단백질, 젖당, 무기질, 산, 비타민, 소금 등을 첨가하여 유화시켜 만드는 무수 유지방 공정 등 크게 4가지 방법이 있는데, 첫 번째와 두 번째 방법이 교동이 필요한 방법이다.

교동 작업의 적정 온도는 주로 사용하는 지방의 녹는점에 영향을 받는다. 여름에는 7~10°C이고, 겨울에는 10~13°C이다. 교동 온도가 너무 높으면 질감이 너무 연하고 기름기가 많은 제품이 생산되며, 교동 온도가 너무 낮으면 부스러지기 쉽고 끈적거리는 버터가 생산된다.

⑤ 버터밀크 분리 및 세척

버터가 일정 크기가 되면 교동을 멈추고 버터밀크를 분리해 낸다. 버터밀크를 분리한 후에 물이 작은 방울로 지방에 고루 퍼져 있도록 유화 작업을 한다. 교동 후에 남아 있는 버터밀크를 제거하기 위해서 버터를 세척하였으나 현재는 이 작업을 거의 하지 않는다.

⑥ 가염 및 연압

맛을 내고 저장성을 높이기 위하여 소금을 첨가한다. 또한 연압 작업은 유화가 잘 되도록 해주는 작업으로 이것을 통하여 버터의 질감이 좋아진다. 소금을 첨가할 때는 회분식의 경우에 1~3%의 소금을 버터 표면에 뿌린다. 연속식의 경우에는 10% 정도의 소금물에 버터가 잠기도록 하여 가염한다.

가염 후에는 버터를 연압하는 데 연압 공정이 버터의 향미와 품질, 외양, 색깔 등에 중요한 영향을 미치게 된다. 연압 공정을 통하여 버터 입자와, 물, 소금이 고루 섞이게 되고 지방은 구형인 상태에서 연속 상태로 되며, 물은 더욱 작은 방울 형태로 되어 버터 지방에 고루 분포하게 된다. 따라서 연압 공정 중에 수분함량을 잘 조절해야 한다.

⑦ 포장 및 저장

버터는 모양을 만들어 왁스 종이로 싸 차가운 장소에 보관한다. 버터를 냉각하면 버터가 결정화하여 단단해진다. 포장용기에 산화방지제를 코팅하면 산화방지제가 조금씩 유출되어 유지 가공품에 사용하는 산화방지제 양을 절약할 수 있다.

4) 발효유

발효유는 원유 또는 유가공품을 젖산균, 효모로 발효시킨 제품으로 젖산균의 생육으로 인해 유해균이나 병원균의 증식이 억제되어 보존성이 있으며 장내에서 소화흡수를 도우며 정장작용을 한다. 발효유에는 요구르트, 살균 젖산균 음료와 같은 젖산 발효유와 젖산 세균과 효모를 사용하여 만든 쿠미스(kumis : 말젖을 발효한 제품), 케피르(kefir : 염소젖을 발효한 제품)와 같은 알코올 발효유가 있다.

(1) 요구르트

불가리아 지방에서 오래전부터 이용해 온 음료로 탈지유를 1/2로 농축하고 설탕 8%를 섞어 80°C에서 30분간 살균한 후 냉각하여 2% 정도의 스타터를 넣고 30~37°C에서 12~24시간 동안 발효시켜 만든다.

요구르트 제조에 이용되는 대표적인 유산균은 *Lactobacillus delbrueckii* subsp. *bulgaricus*, *Lactococcus lactis*, *Lactobacillus species*, *Streptococcus thermophilus*, *Bifidobacterium species*, *Leuconostoc species* 등이다.

(2) 케피르

케피르는 코카서스 지방에서 처음 만들어진 발효유로 우유 또는 산양유 등을 원료로 발효시켜서 만든 제품으로 1%의 산도와 1%의 알코올을 함유하고 있다.

(3) 쿠미스

쿠미스는 시베리아 지방에서 마유를 원료로 하여 제조하는 발효유로서 젖당이 마유에 많이 들어 있어서 알코올 발효에 적당하다.

요구르트의 신비

요구르트와 같은 우유를 발효한 제품은 인류 역사에서 우연히 발견된 가공식품이지만 발효유가 되는 과정은 적절한 온도 조건에서 미생물에 의해 이루어진다. 그 과정은 대부분 인간이 조절하고 표준화하여 과학에 가깝다고 할 수 있으나, 발효유 제조 과정에서 만들어지는 다양한 풍미와 조직감은 과학으로만 설명하기 힘들며 예술적인 측면을 포함하고 있다.

5) 치즈

치즈는 가장 오래된 유제품 중의 하나로 우유 또는 탈지유에 레닛(rennet) 또는 젖산균 효소로 응고시켜 얻은 커드(curd)를 굳혀서 세균이나 곰팡이 등을 이용하여 숙성시켜 만든 것이다. 구체적으로는 우유에는 카세인 단백질이 주류를 이루는데, 그중 카파-카세인(κ-casein) 단백질이 우유가 물에 분산되어 존재하는 데 중요한 역할을 한다. 그런데 단백질 분해 효소의 일종인 렌넷(레닌, 카이모신) 같은 단백질 분해 효소를 첨가하면 카파-카세인이 분해되면서 우유단백질이 불안정하게 되어 침전하게 된다. 이렇게 침전된 우유단백질을 커드라고 하고, 액상의 우유 성분을 유청(whey)이라고 한다.

치즈는 세계적으로 1,000여 종 이상 존재하며, 원료 우유나 발효 차이에 따라서 표 4-2와 같이 구분할 수 있다. 치즈의 숙성 과정 중 사용되는 다양한 종류의 세균이나 곰팡이에 의해 단백질이 분해되어 아미노산과 펩타이드가 생성되어 특유의 향미와 질감이 형성되며, 지방질의 화학적 변화로 지방산과 락톤, 알코올, 케톤, 알데하이드, 에스터 등의 다양한 화합물들이 숙성치즈의 독특한 향미를 형성한다.

치즈는 휴대 간편성이 좋고 유통기한이 길며 지방, 단백질, 칼슘 및 인산 함량이 높은 영양가가 우수한 식품이다. 파미산 치즈와 같은 경질치즈가 브리 치즈와 같은 연질치즈보다 저장성이 좋다.

치즈의 신비

우유를 응고시킨 다음 커드만을 수집하여 압착하고 이를 오랜 기간 발효, 숙성해서 만드는 치즈는 제조 방법에 따라 그 종류가 무궁무진하며, 앞으로도 창의적으로 다양화하는 것이 가능한 식품이다. 제조 방법에 따라 풍미와 조직이 너무나 다양하게 형성될 수 있어 과학적 지식, 제조 기술뿐만 아니라 예술적 직관이 요구되는 식품이다.

가공치즈는 종류가 다르거나 숙성 기간이 서로 다른 자연치즈를 원료로 사용하여 분쇄하고 섞은 후, 가열 성형한 것으로 품질이 균일하고 모양과 무게를 자유롭게 할 수 있으며, 이용률이 높고 경제적인 제품이다. 치즈의 일반적인 제조법은 다음과 같다.

표 4-2 치즈의 종류

치즈 종류	특성	사진
아메리칸치즈 (American cheese)	• 천연치즈와 여러 가지 원료들을 혼합하여 제조 • 조직이 크림 같고, 부드러움	
블루치즈 (Blue cheese)	• 반경질 치즈 • 페니실륨 곰팡이로 숙성한 치즈 • 푸른색 반점이 있음 • 독특한 풍미	
브리치즈 (Brie cheese)	• 흰색의 부드러운 연질 치즈 • 페니실륨 곰팡이로 숙성한 치즈 • 디저트용으로 사용	
카망베르치즈 (Camembert cheese)	• 맛이 연하고, 단단하며 부스러지기 쉬운 연질 치즈 • 페니실륨 곰팡이로 숙성한 치즈 • 숙성되면서 부드러워짐 • 풍부한 버터향	
체더치즈 (Cheddar cheese)*	• 가장 대표적인 경질 치즈 • 풍미가 크림 향부터 찌르는 향까지 다양함 • 색깔은 흰색~노란색 • 숙성되면서 건조하고 부스러지기 쉬운 조직으로 변함	
콜비치즈 (Colby cheese)	• 체더치즈처럼 보이나 더 부드럽고, 향이 부드러운 경질 치즈 • 다른 치즈와 혼합하여 몬테레이 잭이나 콜비 잭 치즈 제조에 이용	
코티지치즈 (Cottage cheese)	• 비숙성 연질 치즈 • 커드를 유청과 분리하여 바로 제조 • 압착을 하지 않아 크림처럼 부드럽고 뭉글뭉글함	
크림치즈 (Cream cheese)	• 우유에 크림을 첨가하여 제조 • 퍼짐성이 좋으며 풍미는 가볍고 자극적이지 않음	
에멘탈치즈 (Emmental cheese)	• 대표적인 스위스 경질 치즈 • '치즈 눈'이라고 하는 구멍이 있음 • 단맛이 나며 톡 쏘는 향이 있음	

(계속)

치즈 종류	특성	사진
고다치즈 (Gouda cheese)	• 반경질 치즈와 경질 치즈의 중간 • 부드러운 풍미	
림버거치즈 (Limburger cheese)	• 자극적인 향 • 마일드한 풍미를 갖는 반경질 치즈 • 숙성되면서 부드러워짐	
몬테레이 잭 치즈 (Monterey Jack cheese)	• 마일드한 버터 향 • 잘 녹음 • 햄버거와 잘 어울림	
모차렐라치즈 (Mozzarella cheese)	• 비발효 치즈 • 잘 늘어나며, 잘 녹음 • 피자에 많이 이용	
파르메산치즈 (Parmesan cheese)	• 경질 치즈 • 부스러지는 조직 • 과일과 견과류 풍미 • 파스타, 수프 등에 이용	
리코타치즈 (Ricotta cheese)	• 카티지치즈보다 더 부드러운 연질 치즈 • 밝은색이며 라자냐, 치즈케이크 등에 주로 사용	
스위스치즈 (Swiss cheese)	• 에멘탈을 포함하여 여러 종류의 스위스 치즈를 일컫는 용어 • 치즈에 구멍이 있고, 연한 노랑색 • 과일, 채소와 잘 어울리며, 샌드위치에 많이 사용됨	

*체더치즈 제공 과정은 그림 4-4 참조

자료 : https://en.wikipedia.org/wiki/List_of_cheeses

(1) 치즈 제조 공정

① 원료유 살균

좋은 품질의 제품을 만들기 위해 알코올 시험, 발효시험 및 항생 물질 검출시험을 거친 우유를 저온살균이나 순간고온살균을 이용하여 처리한다. 살균 과정 중에 가용성 칼슘이 열에 의해 일부 불용성으로 변화되는데 이는 레닛의 응고작용을 저하시키고 숙성을 지연시키므로 0.01%의 염화칼슘을 첨가하는 것이 좋다.

② 스타터 및 레닛 첨가

살균우유를 냉각한 후 치즈 응고통에 넣고 탈지유에 순수 배양된 *Lactococcus lactis* subsp. *lactis*, *L. lactis* subsp. *cremoris*, *Streptococcus thermophilus*, *Lactobacillus bulgaricus* 등의 젖산균을 스타터로 사용하여 1~2% 정도 접종한다. 30°C에서 약 1시간 유지하면서 산도가 0.18~0.22%에 이르도록 발효한다. 발효된 우유에 응고효소인 레닛을 첨가하여 커드를 생성시킨다.

카이모신 효소

레닛(rennet)에 존재하는 레닌(renin) 또는 카이모신(chymosin)이라고도 불리는 효소는 치즈 제조에 필수적인데, 보통 송아지의 위(제4위)에서 채취하여 사용한다. 오늘날에는 카이모신 효소를 유전자 재조합 기술을 이용하여 미생물에서 생산하는 경우가 많다.

③ 절단

응고 시작 후 30~40분 정도 이후 커드 절단기를 이용하여 1~2 cm^3 크기의 정육면체 형태로 절단한다.

④ 가온

절단된 커드를 방치하면 가라앉아 다시 덩어리가 되므로 이를 방지하기 위하여 커드 레이크로 저으면서 서서히 온도를 올린다. 커드에서 수분이 빠져나가 오므라들어 부드러우면서 탄력이 있는 콩알 정도의 크기가 된다. 연질 치즈는 31°C 부근에서 경질 치즈는 37~38°C로 가온한다.

⑤ **유청(whey) 제거**

커드가 적당히 굳어지면 커드 배트의 마개를 열어 유청을 빼내어 커드 입자만 남긴다.

⑥ **압착 및 성형**

유청은 치즈 틀에 넣어 압착기로 압착하여 유청을 제거하는 동시에 일정한 크기와 모양을 갖도록 성형을 동시에 진행한다. 한편, 치즈의 풍미를 향상시키고, 이상발효를 방지하기 위하여 유청을 최대한 제거하는 게 좋으며, 이를 위하여 가염 처리를 하는데, 이렇게 하면 단단한 조직도 얻을 수 있다.

⑦ **숙성 및 포장**

5~15°C의 온도의 숙성실에서 경질 치즈는 85~90%의 습도로, 연질 치즈는 95% 습도에서 숙성을 한다. 경질 치즈는 10°C에서 6개월 이상, 연질 치즈는 3~8주 사이에 완성이 된다. 숙성 중 치즈를 이루는 주성분인 단백질과 지방이 분해되고 화학작용을 일으켜 독특한 풍미를 부여하게 된다. 숙성 후 파라핀 종이, 황산지, 플라스틱 필름 등을 이용하여 포장한다.

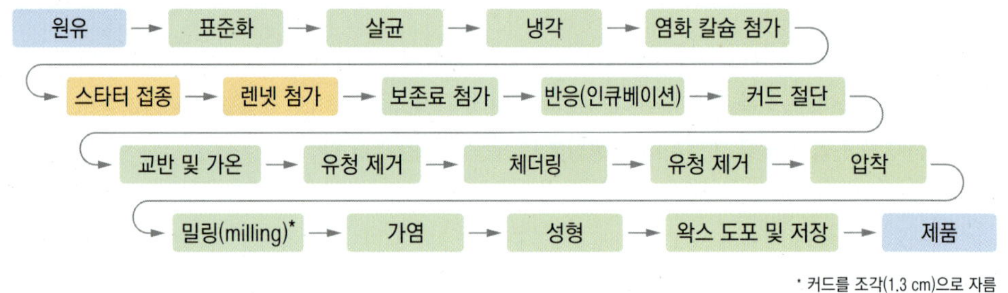

그림 4-4 체더치즈 제조 공정

3. 마요네즈

1) 제조 공정

마요네즈는 달걀노른자와 식물성 기름, 그리고 식초(또는 레몬 즙)를 섞어 만드는데 오일을 60~90% 사용하므로 지방함량이 높은 고열량 식품이며, 공기가 들어 있어 촉감이 부드러운 반고체로 발림성이 좋아 샌드위치, 햄버거에 사용하거나 샐러드, 프렌치프

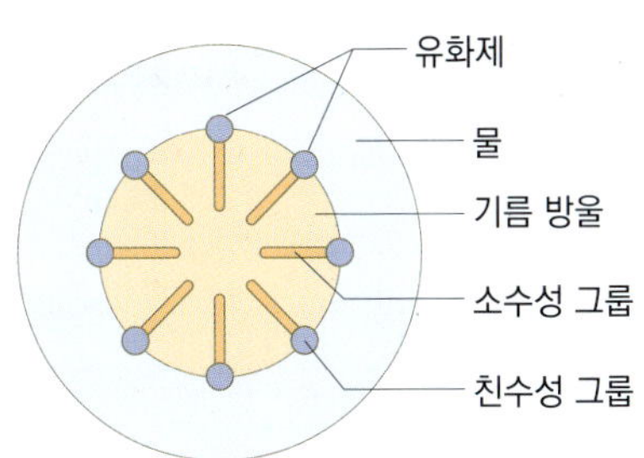

그림 4-5 마요네즈의 내부 미세 구조

라이 등의 소스로 사용한다. 마요네즈 제조에 사용되는 난황에는 레시틴, 저밀도 지단백, 인단백질이 함유되어 있어 자그만 입자를 형성하며, 서로 응집하여 큰 입자가 형성되는 것을 억제한다(그림 4-5).

마요네즈는 오일 중에 수분이 잘 분산된 일종의 유중수적형 에멀션인데 주로 달걀이 유화제로 사용되지만 달걀에 대한 알레르기가 있는 사람이나 비건들을 위하여 달걀이 포함되지 않은 제품도 상품화되어 있다. 에멀션의 화학적 안정성은 지방을 구성하는 지방산 조성에 의해 영향을 받는데 불포화도가 높을수록 산패나 에멀션의 안정성이 교란될 가능성이 높아진다.

마요네즈 제조에 사용되는 식물성 기름으로는 해바라기씨유, 콩기름, 옥수수기름 등이 대표적이며, 이들은 불포화도가 높아 제품의 저장성 감소나 산패 우려가 항상 문제가 된다. 따라서 산패 과정을 억제하고 저장성을 높이기 위해 항산화제의 사용이 제안되고 있는데, 이들 항산화제는 관능적 기호성, 풍미 등에 영향을 미칠 수 있어 주의해서 사용해야 한다. 최근에는 항산화제를 사용하는 대신, 재조합 기술로 만든 중쇄지방을 이용한 마요네즈 제조에 관심이 모아지고 있다(Jadhav Harsh B., *ACS Food Sci & Biotechnol.*, 2022, 2, 359-367). 한편, 마요네즈는 산도와 지방함량이 높은 편이어서 미생물에 의한 변질이 잘 안 된다. 대표적인 마요네즈 제공 과정은 그림 4-6과 같다.

마요네즈는 1756년 프랑스 요리사 리슐리외 공작의 요리사가 발명한 것으로 알려져 있으며, 마요네즈라는 용어는 1806년 처음으로 프랑스 요리 용어로 사용되기 시작하였다. 그러나 오늘날 우리가 먹는 형태의 마요네즈는 1815년 비로소 영어 명칭으로 공식 인정되었다. 미국에서는 1900년대 초반에 유행되기 시작하였으며, 일본에서는 1987년 이후에 인기를 끌기 시작하였다.

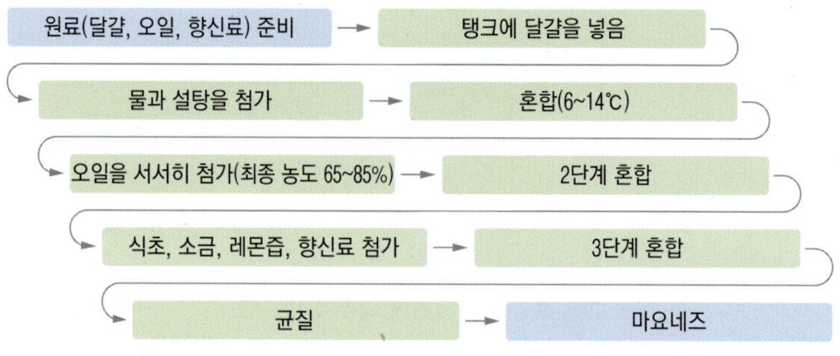

그림 4-6 **마요네즈 제조 공정**

마요네즈 가공의 신비

달걀을 용기에 넣고 휘핑하면서 식용유를 서서히 가하면 순간적으로 흰색의 마요네즈가 만들어진다. 달걀 내 단백질, 레시틴 등의 유화 기능이 달걀의 수용성 성분과 식용유의 지방 성분을 섞이게 하는 동시에 두 성분이 특정 비율에 도달하면 수중유적형에서 유중수적형으로 바뀌면서 마요네즈의 흰색이 나타난다. 그러나 이런 현상을 과학적으로 완전하게 설명하기는 힘들다.

4. 마시멜로

마시멜로(marshmallow)는 설탕, 물엿, 젤라틴으로 제조하는데, 물성은 부드러우면서도 고체 형태이며, 보통 제과에서 내용물로 사용된다. 마시멜로는 단맛이 강하고, 폭신하면서 점성과 씹힘성을 갖는 독특한 과자류의 하나이다.

19세기 프랑스 요리사들에 의해 처음으로 오늘날의 마시멜로와 유사한 제품이 만들어졌는데, 그 당시에는 난백 또는 젤라틴, 변성 옥수수 전분을 이용하여 마시멜로를 만들었다고 한다. 1940년대 말 그리스계 미국 제빵사 알렉스 두마크(Alex Doumak)에 의해 익스트루전 공법이 개발되면서 마시멜로를 대량 생산하는 것이 가능하게 되었다.

1) 제조 원리 및 방법

마시멜로에 사용되는 젤라틴 단백질이 뜨거운 설탕용액 또는 물엿과 함께 휘핑되는 과정에서 공기를 포집하며, 겔을 형성하는 역할을 한다. 마시멜로가 갖는 독특한 조직감은 다른 단백질로는 구현하기 힘들다.

마시멜로의 상업적 제조 방법은 우선 고온에서 가열하여 높은 농도의 설탕액을 만든 다음, 뜨거운 상태에서 젤라틴을 넣고 고속으로 휘핑(whipping)하면 공기가 들어가면서 흰색의 마시멜로가 만들어진다. 이때 젤라틴이 녹는점보다 높은 온도를 유지하는 것이 중요하다. 일단 마시멜로가 만들어지면 익스트루더(extruder)에 넣어 원하는 모양으로 사출시킨다(그림 4-7).

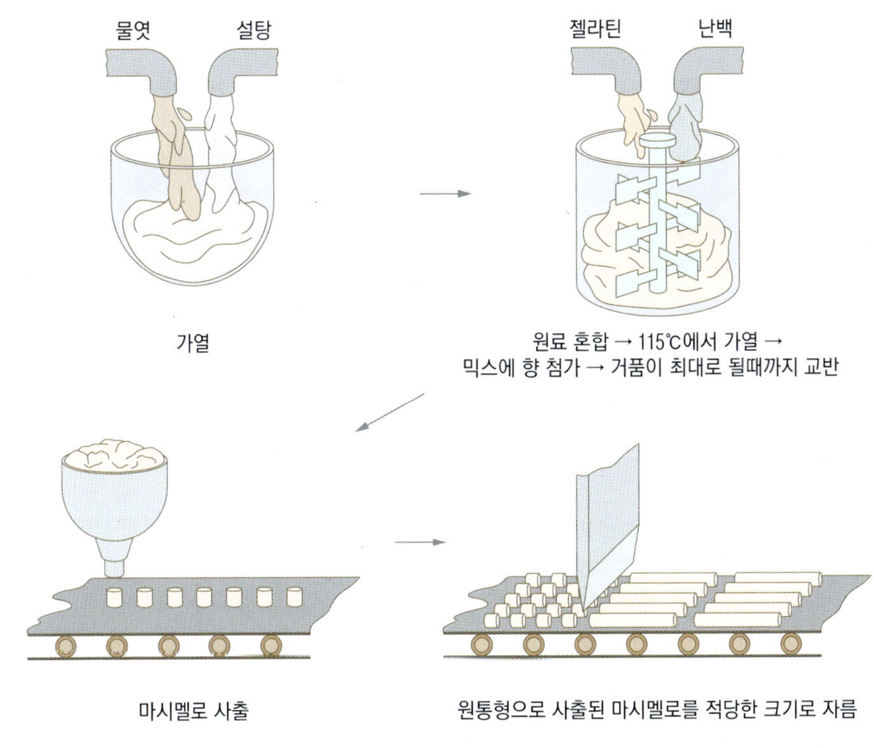

그림 4-7 마시멜로 제조 과정

자료 : http://www.madehow.com/Volume-3/Marshmallow.html

마시멜로는 요리와 베이킹에 다양한 방법으로 사용된다. 대표적으로 아이스크림, 핫 코코아, 마시멜로 프로스팅, 마시멜로 팝콘 등의 제조에 이용된다(그림 4-8).

그림 4-8 마시멜로를 이용한 제품 종류

젤라틴은 무엇인가?

동물 단백질 가운데 가장 많은 비중을 차지하는 것이 콜라겐인데, 주로 피부, 관절 부위에 함유되어 있다. 젤라틴은 바로 이 콜라겐 단백질로부터 만들어지는데 무색 또는 연한 노란색, 무미, 투명한 것이 특징이다. 식품, 음료, 의약품, 비타민 캡슐, 인화필름, 종이, 화장품 등에서 겔화제로 사용된다. 보통 가축의 피부, 뼈, 결합조직 또는 생선에서 얻은 콜라겐을 부분적으로 가수분해하여 펩타이드와 단백질이 혼합된 상태가 젤라틴이다. 물을 잘 흡수하여 겔이 된다.

자료 : https://en.wikipedia.org

단원정리

1. 고기를 훈연(smoking)하면 풍미와 저장성이 증가되는데 대표적으로 소시지, 햄, 연어는 향과 보존성이 좋아 고대로부터 제조되어 왔다.

2. 훈연 육제품을 제조할 때 사용하는 아질산염은 육류의 '아민(amine)'과 반응하여 '나이트로사민(nitrosamine)'이라는 발암성 물질을 만든다고 알려져 있으며, 미국 농무성(USDA)에서는 사용량을 줄이도록 권고하고 있다.

3. 아이스크림은 원유와 유가공품을 주원료로 사용하여 여기에 감미료, 향료, 안정제 등의 부원료를 혼합하여 얼려서 만든 냉동 혼합물이다. 비교적 높은 지방함량으로 부드러운 조직감과 풍미를 갖게 된다.

4. 아이스크림에서 공기에 의한 원료 재료의 증가율을 오버런(overrun)이라고 하며 80~100%가 가장 좋다.

5. 버터는 우유에서 크림을 분리하여 이를 발효, 숙성, 우유 교반, 분리세척, 연압 및 가열을 통하여 최종 제품이 만들어진다. 즉 크림(수중유적형, o/w)이 상(相)전환되어 유중수적형(w/o)으로 유화된 반고체 상태의 제품이다.

6. 치즈는 가장 오래된 유제품 중의 하나로, 우유 또는 탈지유에 레닛(rennet) 또는 젖산균 효소로 응고시켜 얻은 커드(curd)를 굳혀서 세균이나 곰팡이 등을 이용하여 숙성시켜 만든 것이다.

7. 마요네즈는 달걀노른자와 식물성 기름, 그리고 식초(또는 레몬 즙)를 섞어 만드는데 오일을 60~90% 사용하므로 지방함량이 높은 고열량 식품이며, 공기가 들어 있어 촉감이 부드러운 반고체로 발림성이 좋아 샌드위치, 햄버거에 사용하거나 샐러드, 프렌치프라이 등의 소스로 사용한다

8. 마시멜로에 사용되는 젤라틴 단백질이 뜨거운 설탕용액 또는 물엿과 함께 휘핑되는 과정에서 공기를 포집하며, 겔을 형성하는 역할을 한다. 마시멜로가 갖는 독특한 조직감은 다른 단백질로는 구현하기 힘들다.

참고문헌

노봉수, 김석신, 장판식, 이현규, 박원종, 송경빈, 이의섭, 이수복, 황금택, 민세철, 심재훈. **실무를 위한 식품가공저장학**. 수학사. 2021

박원종, 이승기, 김윤한, 김종국, 윤광섭, 이진만, 최성희, 허상선, 강복희. **기초가 탄탄한 식품가공학**. 수학사. 2020

하상도, 김태민. **과학과 역사로 풀어본 진짜 식품이야기**. 좋은땅. 2018

ADAPA S, SCHMIDT KA, JEON IJ, HERALD TJ and FLORES RA. MECHANISMS OF ICE CRYSTALLIZATION AND RECRYSTALLIZATION IN ICE CREAM: A REVIEW. *Food Rev. Int. 16*(3), 259-271. 2000

Eva Ungure, Evita Straumite, Sandra Muizniece-Brasava, and Lija Dukaisk. CONSUMER ATTITUDE AND SENSORY EVALUATION OF MARSHMALLOW. *PROCEEDINGS OF THE LATVIAN ACADEMY OF SCIENCES*. Section B, 67, 442-447. 2013

https://en.wikipedia.org

사진 출처

그림 4-8 (왼쪽에서부터)

위 https://www.justscent.com/products/lavender-marshmallow-fragrance-oil-20100.aspx

https://www.rd.com/article/what-are-marshmallows-made-of/

https://www.pxfuel.com/ko/photos

가운데 https://www.hamptonpopcorn.com/collections/candy-delivery/products/marshmallow-twists

https://www.chocolab.com.au/products/chocolate-dipped-marshmallow-stick/CC0

https://en.wikipedia.org/wiki/Choco_pie

아래 https://www.thespruceeats.com/chocolate-dipped-marshmallows-521078

https://www.delish.com/food-news/a27182786/chocolate-stuffed-marshmallows-stuffed-puffs/

https://www.errenskitchen.com/no-churn-chocolate-chip-marshmallow-ice-cream/

식품의 예술 · CHAPTER 5

생선을 가공한 식품

1. 연제품
2. 통조림

생선은 양질의 단백질과 오메가-3 지방산을 풍부하게 함유하고 있어 우수한 식품 원료로 여겨지고 있다. 대표적인 생선 가공 방법으로 훈연, 통조림, 냉동, 수리미 제조 등을 들 수 있다. 수리미(surimi)는 일본에서 시작된 해산물 가공품의 일종으로 현재 전 세계에서 소비되고 있다.

수리미 제조의 비밀은 값이 싼 생선을 다양한 요리에 사용할 수 있는 고가의 다목적 제품으로 바꾸는 복잡한 과정에 있다. 수리미는 가치가 낮은 생선을 선택하여 세척한 다음 뼈, 껍질 및 기타 부산물을 제거하고 육질 부분만 채취한 후 여러 번 세척하여 남아 있는 불순물과 부패를 유발할 수 있는 효소를 제거한다. 그런 다음 다진 생선을 소금, 설탕 및 달걀흰자, 옥수수 전분 및 향료와 같은 기타 재료와 혼합하여 반죽을 만들고, 찬물에 반복적으로 세척 과정을 거치는데, 이 과정에서 남아 있는 불순물이 제거되고 연육의 식감과 풍미가 향상된다. 세척 과정에서 어육의 단백질이 변성되고 혼합물이 끈적거리고 탄력성이 증가된다. 이렇게 만들어진 수리미는 맛이 밋밋하고 게살과 같이 단단한 식감이 있으며, 막대, 공 또는 시트와 같은 다양한 형태로 성형할 수 있다.

수리미의 특징은 다양한 제품으로 가공이 가능하다는 것이다. 스시 롤, 샐러드, 수프와 같은 요리에서 게나 랍스터 대신 사용하여 비용을 절감할 수 있고, 조미료와 향신료를 사용하여 다양한 맛을 낼 수 있다.

1. 연제품

게맛살은 게에서 육질 부분을 채취해서 만든다고 생각하기 쉬운데, 사실은 일반 생선육(명태살 등)을 이용하여 소금과 기타 성분을 첨가하여 고기풀을 만든 다음, 그걸 길쭉한 모양의 게살 모양으로 가공한 것이다. 즉 게맛살을 포함하여 어묵, 생선소시지 등은 고기풀로부터 만들어진다.

보통 게맛살, 어묵 등을 일컫는 수리미(surimi)라는 용어는 생선육으로부터 제조한 고기풀을 일컫는 일본식 용어다. 연제품(surimi-based products)은 일본에서 처음 개발되었는데, 일본식 이름은 가마보코(kamaboko, 蒲鉾)이며, 어묵, 게맛살, 유사 소시지, 유사 새우, 유사 전복 등 다양한 형태로 가공된다.

수리미는 원래 중국 푸젠성 음식인 Gēng(갱, 羹)이 원조로 추정되고 있다. 갱은 걸쭉한 수프인데 조리에 생선볼(fish ball)이 들어간다. 일본에서는 1115년에 가마보코가 개발되었는데, 일본 북부에서 어획되는 알라스카 명태(Alaska pollock)가 고단백질이어서 수리미 제조에 적합하며, 이를 이용하여 제조한 수리미가 다양한 제품[치쿠와(竹輪), 한펜(半片), 사츠마아게(薩摩揚げ)]에 응용되고 있다(그림 5-1). 제2차 세계대전 이후 기계를 이용한 수리미 가공이 본격적으로 시작되었다.

<table>
<tr><th>1100</th><th>1500</th><th>1600</th><th>1700</th><th>1800</th><th>1900</th><th>2000</th><th></th></tr>
<tr><td rowspan="6">우케(UKE)
(1336)</td><td colspan="2">한펜(Hannpen, 1548)</td><td colspan="3"></td><td>한펜
(Hannpen)</td><td rowspan="4">삶기</td></tr>
<tr><td colspan="2">시노 츠미레
(Shino-Tsumire, 1580)</td><td colspan="3"></td><td>우오 소멘
(Uo-somen)</td></tr>
<tr><td colspan="2">츠미레(Tsumire, 1580)</td><td colspan="3"></td><td>츠미레
(Tsumire)</td></tr>
<tr><td colspan="2" rowspan="3">신죠(Shinjyo, 1580)</td><td colspan="3">니카마보코(Nikamaboko, 1798)</td><td>수지(Suji)</td></tr>
<tr><td colspan="3">나루토 가마보코(Naruto kamaboko, 1823))</td><td>나루토마키
(Narutomaki)</td><td rowspan="2">찌기</td></tr>
<tr><td colspan="3">무시 가마보코(Mushi kamaboko, 1823)</td><td>가마보코
(Kamaboko)</td></tr>
<tr><td colspan="2" rowspan="3">가마보코
(Kamaboko, 1115)</td><td colspan="4">이타즈케 가마보코(야키)
[tazuke Kamaboko(yaki), 1684]</td><td>야키가마보코
(Yakikamaboko)</td><td rowspan="2">굽기</td></tr>
<tr><td colspan="4">야키 치쿠와(Yaki chikuwa, 1674)</td><td>치쿠와
(Chikuwa)</td></tr>
<tr><td colspan="4">무시 치쿠와(Mushi chikuwa, 1674)</td><td>시로치쿠와
(Shirochikuwa)</td><td>찌기</td></tr>
<tr><td></td><td colspan="2">카스텔라(케익)</td><td colspan="2">카스텔라 가마보코
(Kasutera Kamaboko, 1785)</td><td>수리미노 카스텔라
(Surimino kasutera, 1804)</td><td>다테마키
(Datemaki)</td><td>굽기</td></tr>
<tr><td></td><td>교단(Gyodan,
동남아시아)</td><td>티키아기(Tikiagi,
오키나와)</td><td colspan="3">츠케아게(Tsukeage, 1846)</td><td>사츠마아게
(Satsumaage)</td><td>튀기기</td></tr>
<tr><td colspan="4"></td><td colspan="2">생선소시지(1953)</td><td>생선소시지</td><td>삶기</td></tr>
<tr><td colspan="4"></td><td colspan="2">카니아시(Kaniashi)
(플레이크, 1973, 게살스틱)</td><td>카니카마
(Kanikama)</td><td>찌기</td></tr>
<tr><td colspan="4"></td><td colspan="2">카니아시(스틱, 1975, 게살스틱)</td><td></td><td></td></tr>
</table>

그림 5-1 **수리미 발전 역사**

1945년부터 1950년 사이 많은 양의 명태가 어획되고 이를 활용하기 위해 북해도 연구소에서 새로운 가공 방법을 개발하였는데, 니시야(Nishiya) 연구팀은 수리미 가공 중 소금을 첨가했을 경우 냉동에 의해 발생하는 스펀지 조직을 방지하는 것을 확인하게 되었다. 이후 가염 수리미를 이용하여 생선소시지가 제조되기 시작하였다. 1969년에는 니시타니 요스케가 설탕 또는 솔비톨과 같은 당류가 단백질 변성 없이 수리미의 액토마이오신(actomyosin) 단백질을 안정화하는 것을 발견하였다. 1960년대 초 일본의 수리미

가공 기술 발달하면서 수리미 생산이 급격하게 증가하였다. 1963년에는 홋카이도 정부에 수리미 제조 공정이 특허 출원되었으며, 1960년대 중반에는 선상에서 수리미를 가공하기 시작하였다. 1975년 수리미 생산이 최고조에 도달하였는데, 그 이후 주로 낮은 품질의 잡어를 이용하다 보니 수요가 점차 줄어들게 되었다. 1984년에는 미국 알래스카 코디액 섬(Kodiak island)에 수리미 가공 공장이 설립되었으며, 1995년에는 캐나다에 수리미 공장이 건립되었다. 1990년대 초에서 2000년대 말까지 수리미 원료 가격의 폭등으로 일본의 많은 가마보코 제조 중소기업이 도산하게 되었으며, 수리미 가격 상승 여파로 가공 폐기물 최소화 방법이 강구되었다. 1990년대 중반에는 디캔터 기술이 개발되어 생선살 회수율을 높일 수 있게 되었다.

전 세계에서 생산되는 생선 가운데 2~3백만 톤(전체 수산업 물량의 2~3%)이 수리미와 유사 제품 생산에 이용되고 있다. 미국, 일본이 주요 생산국이지만 태국과 중국도 주요 생산국으로 부상하고 있다. 그 외 리투아니아, 베트남, 칠레, 프랑스, 말레이시아 등도 수리미를 생산하고 있다.

1) 연제품의 제조 원리

일반 어육을 가열하면 단순히 육단백질에서 수분이 분리되고 경화될 뿐 겔(gel)을 형성하지 않으나 어육을 식염과 함께 갈아서 고기풀(surimi paste)을 만든 다음 가열하면 겔이 된다. 이때 겔 형성에 중요한 단백질 성분으로는 어육 단백질의 60~70%를 차지하는 마이오신으로 어육 중에는 액토마이오신으로 존재한다. 액토마이오신은 2~3%의 식염에 녹아 마쇄하면 액토마이오신 분자 내에 음(-)전하가 많아 반발력이 작용하여 분자들이 분산되면서 점성이 높은 졸(sol) 상태의 점성 고기풀이 된다. 이를 특정 모양으로 성형하여 가열하면 액토마이오신 분자가 엉기고 단백질끼리 망상결합을 형성해 탄력성이 높은 겔이 된다.

2) 수리미 제조

수리미(surimi)란 앞서 언급한 바와 같이 생선에서 뼈를 발라낸 살코기를 물로 세척한 후 저장기간을 늘리기 위해 냉동 보호 물질을 섞어 넣어 얼린 어육 덩어리를 말한다. 수리미 가공은 1900년대 초에 일본에서 상품화되었고, 많은 기술 개발과 연구를 통해

1960년대 본격적으로 상업화되면서 급격하게 생산량이 증가하였다. 1960년대 원양어선에서 수리미가 선상 가공되기 시작하면서 생선을 수송하여 육지에서 가공하는 것보다 신선도를 유지하는 데 유리하고 원료육의 품질 보존에 큰 도움이 되었다. 즉 장시간 냉동 저장된 어육을 이용하여 연제품으로 만들면 품질이 열악하게 되지만 어육을 수리미로 만든 후 냉동 저장하면서 수요에 따라 해동하여 연제품을 가공하면 품질에 영향을 미치지 않는다. 수리미 제조 공정은 생선의 필렛(fillet)을 만들어 믹서로 갈고 씻는 과정을 2~3차례 거친 후 탈수하여 냉동변성을 억제하는 적당한 부원료(주로 설탕과 솔비톨)를 첨가해 가볍게 갈아 냉동한다(그림 5-2).

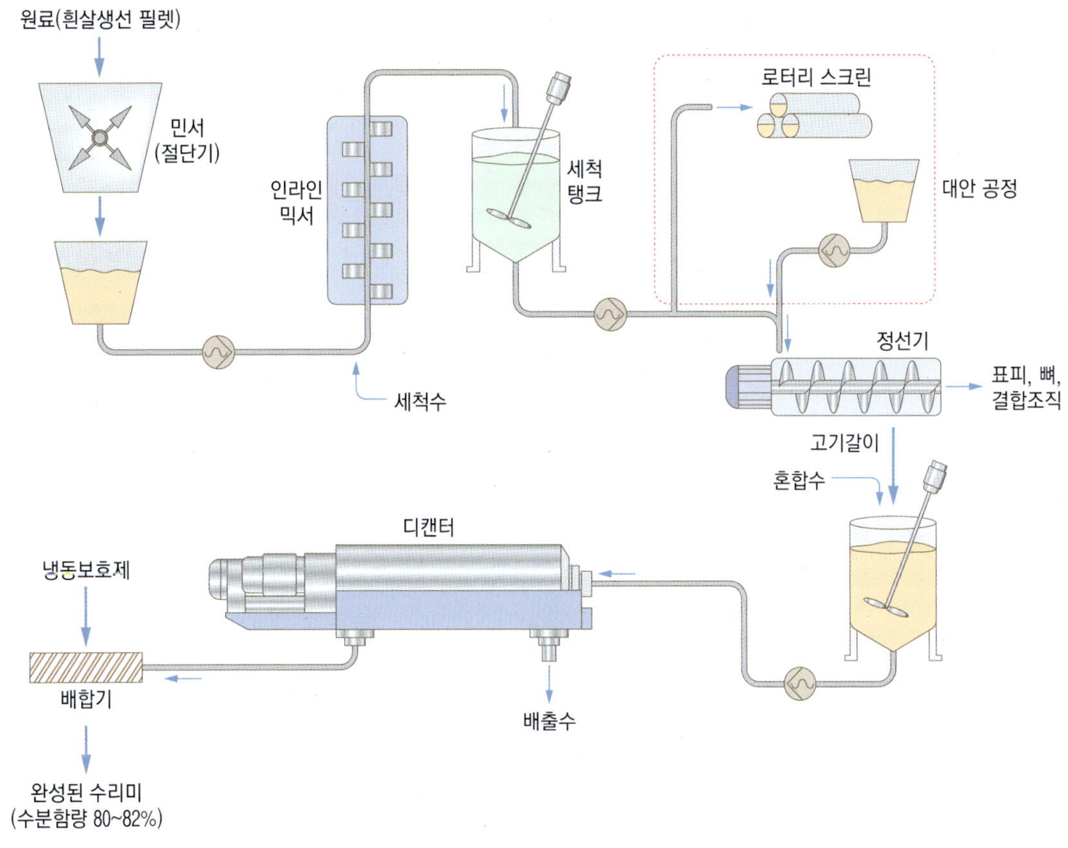

그림 5-2 **수리미 제조 공정**

수리미 제조에 이용되는 생선의 종류

고지방 생선은 미오신 함량이 낮아 원하는 탄력적인 조직형성이 불가능하여 수리미 제조에 부적당하다. 어떤 생선은 난백 또는 감자전분 없이는 수리미 형성이 불가능하여 광우병 발생 이전에는 소의 혈장을 고기풀에 넣어 겔 형성을 유도하기도 하였다. 요즘은 제조사에 따라 수리미 조직 개선을 위해 트랜스글루타미네이스(transglutaminase)를 사용하며, 불법적이지만 보락스(borax)를 수리미나 생선볼에 넣어 탱글탱글한 조직감을 부여하고 제품을 희게 하는 경우도 있다고 한다. 수리미 제조에 이용되는 생선은 다양하며, 명태 종류가 가장 많이 이용되는데, 특히 알라스카 명태 Alaska pollock(학명 *Gadus chalcogrammus*), 대서양 대구 Altlantic cod(학명 *Gadus morhua*), Big-head pennah croaker(학명 *Pennahia macrocephalus*), Bigeyes(학명 *Priacanthus arenatus*), Golden threadfin bream(학명 *Nemipterus virgatus*), Milkfish(학명 *Chanos chanos*), Pacific whiting(학명 *Merluccius productus*), 상어류, 황새치 Swordfish(학명 *Xiphias gladius*), Tilapia, Oreochromis mossambicus, Oreochromis niloticus niloticus, 우럭(Black bass, Smallmouth bass, Largemouth bass, Florida black bass) 등이 이용된다.

3) 냉동 안정성 개선용 첨가제

냉동 보호 물질들로는 여러 종류의 탄수화물, 단백질, 지방질과 무기질들이 있다. 이들의 작용기전은 크게 두 종류로 나눠지는데, 하나는 냉동 시 혹은 냉동 저장 시 변성되는 요인들을 제거하는 '냉동변성방지 기전'과 근육 단백질의 변성을 막고 안정성을 주는 '냉동변성안정 기전'이다. 냉동변성방지 성분들로는 비교적 분자량이 적은 설탕, 당알코올, 유기인산 또는 그들의 염들이다. 냉동변성을 안정화하는 성분들로는 비교적 분자량이 큰 물질들과 무기물들이다.

4) 연제품 탄력에 미치는 요인

연제품에서 탄력성(elasticity)이 중요한 품질 지표다. 제품의 탄력성에 영향을 주는 요인은 매우 광범위하고 다양하다. 특히 가장 중요한 요인은 원료의 신선도, 어종 등이며, 그 외 요인은 다음과 같다.

① 식염 첨가량 : 2.5~3.5% 식염이 맛이나 탄력면에서 적당하다.

② pH : 고기를 갈 때 pH를 6.5~7.0이 되도록 조절하여 근육원섬유 단백질의 용해를 증가시키면 연제품의 탄력성을 증가시킨다.

③ 폴리인산염 : 다염기성 산이므로 소량이라도 이온강도를 높이는 효과가 크고 가수

분해되면 알칼리성이 되므로 pH를 높이는 효과도 커서 단백질 용해를 증가시키나 최근에는 첨가제 사용을 억제하고 있어 사용에 제한적이다.

④ 가열 조건은 젤 탄력에 중요한 영향을 준다. 생선 단백질은 낮은 온도(40°C 이하)에 방치하면 겔화(setting, 저온 겔화)되는 특성이 있으며, 약 60°C에서 가열하면 겔이 약화(gel softening)되는 특징이 있다. 따라서 겔의 탄력을 높이기 위해서는 저온 겔화(setting) 현상을 응용하면 된다. 즉 저온(0~4°C)에서 방치(setting)한 후 가열하면, 바로 가열한 것에 비해서 제품의 탄력성이 크게 증가된다. 또한 60°C 부근에서 장시간 가열하면 탄력이 약해지므로 가능하면 가열 온도가 높고(80°C 이상) 가열 속도가 빠를수록 탄력이 강해진다.

⑤ 첨가제의 종류 및 첨가 순서도 최종 제품의 조직감에 중요한 영향을 미친다. 소금과 냉수를 제일 먼저 넣어 주어 세절되는 동안 근원섬유 단백질(myofibrillar protein)이 변성 없이 쉽게 용해되도록 한다. 그 다음으로 탄력증강제 혹은 증량제를 첨가한다. 탄력증강제 혹은 증량제로는 주로 녹말, 달걀흰자 등을 사용하는데, 적당량 첨가는 맛이나 탄력을 보조하기도 하지만 너무 함량이 높게 되면 품질이 나빠진다. 또한 탄력을 높이기 위해 효소나 산화제를 넣어 주어도 효과가 있다고 알려져 있다.

2. 통조림

통조림은 식품저장 방법의 일종으로 식품을 가공하여 공기가 없는 상태로 밀봉하는 공정을 일컫는다. 저장 기간이 보통 1~5년이며, 냉동 건조된 통조림의 경우, 30년까지 저장이 가능하다. 100년이 넘은 통조림이 식용에 문제없는 경우도 보고된 적이 있다. 생선은 낮은 산도로 미생물 증식이 쉬워서 멸균 과정(116~130°C)이 필수적이다. 멸균의 지표 미생물은 보툴리눔(botulism)의 원인균인 클로스트리듐 보툴리눔균(*Clostridium botulinum*) 또는 신경독소를 생산하지 않는 클로스트리듐 스포로제니스(*Clostridium sporogenes*)이다. 이 미생물의 포자는 100°C 이상에서 사멸하는 것으로 알려져 있다.

클로스트리듐 스포로제니스

클로스트리듐 스포로제니스(*Clostridium sporogenes*)는 그람 양성, 혐기성 간균이고, 주로 토양에 존재한다. 클로스트리듐 보툴리눔과 달리 신경독소를 생성하지 않으며, 동물과 공생한다. 상업적 살균의 지표 미생물로 활용되기도 한다. 이 세균은 인간의 장내에 존재하는데 뇌 조직에서 트립토판을 대사하여 아주 강력한 항산화제인 3-indolepropionic acid(IPA)로 전환시킨다.

1) 통조림 기술의 발명

통조림 기술은 1809년 군용 식품 저장 수단의 일환으로 정부의 요청에 의해 프랑스 제과업자 니콜라스 애퍼트(Nicholas Appert)에 의해 세계 최초로 개발되었다. 통조림의 발명은 식품산업에 큰 획을 그은 사건으로, 발명 당시에는 입구가 넓은 병을 이용하여 병조림하는 방법으로 개발되었다. 즉 식품을 병에 넣고 일정 시간 열을 가하여 멸균을 거친 다음 식용 전까지 밀폐해 두는 방식이었다.

한편, 영국에서는 1810년 초 돈킨(Bryan Donkin)이 주석(tin)으로 만든 캔 통조림 특허를 출원하였는데, 주요 고객은 영국의 해군이었으며, 초기에는 고급 제품으로 고가로 판매되었다. 이후 1820년대에 프랑스에서 정어리 통조림이 제조되었고, 1824년 영국에서 권체기(seamer)가 발명되면서 대량 생산의 수월성이 확보되자 1836년 조셉 콜린 회사는 연간 10만 개의 통조림 생산이 가능해졌다. 미국에서는 1812년 로버트 아야르(Robert Ayars)가 뉴욕에 통조림 가공 공장을 설립하고, 굴, 고기, 과일, 채소 통조림 등을 제조하였다. 우리나라의 경우는 1892년 처음으로 통조림이 도입되었다.

2) 통조림 기술의 의의

통조림 기술은 파스퇴르의 세균설과 살균 방법(pasteurization)이 발표되기 전에 개발되었으므로, 처음에는 식품을 통조림으로 가공하는 것이 어떻게 식품의 장기 보관을 가능하게 하는지 이해하지 못했다. 나중에 프랑스 미생물학자였던 파스퇴르에 의해서 식품의 부패 원인이 미생물이라는 것이 밝혀지면서 통조림 기술은 과학적으로 명확한 근거를 가지고 발전하게 되었다.

초기 통조림 제품은 충분한 열처리를 하지 않거나 포장이 불안전하거나 용기가 손상된 경우 미생물이 증식하고, 독소로 인한 식중독이 빈번하게 발생하였다. 특히, 혐기성 미생물인 *Clostridium botulinum*은 보툴리늄 독소라고 하는 맹독을 생산하는데(LD$_{50}$가 1~3 ng/kg), 지금까지 알려진 가장 강력한 천연 독소로 알려져 있다. 이 독소 생성균은 혐기성균으로 포자를 생성하는데 포자는 열에 강하여 121°C에서 3분 이상 처리해야 사멸되는 것으로 알려져 있다.

3) 통조림 식품의 영양가

통조림 제품은 보통 열처리 조건이 가혹하기 때문에 식품의 조직학적 품질이 낮아지고, 영양소, 특히 열에 약한 비타민류가 상당히 파괴된다. 예를 들어, 비타민 B$_1$은 열에 약하여 잘 파괴되는 반면, 탄수화물, 지방, 단백질, 비타민 A, 베타카로틴, 비타민 D 등은 열에 비교적 안정한 것으로 알려져 있다.

4) 통조림 제조 공정

(1) 선별 및 세척

통조림 제조 목적에 따라 원료를 선택하고 분류하고, 세척하여 불순물 제거하며, 원료가 변질되지 않도록 관리한다.

(2) 데치기

주로 과일, 채소의 경우에 적용되며, 수산물의 경우 열처리를 실시하거나 하지 않을 수 있다. 열처리를 통하여 효소를 불활성화하고 산소를 제거함으로서 식물의 변색, 변질 등을 예방한다. 또한 통조림 제조 후 용액의 혼탁 현상을 낮출 수 있다.

(3) 박피와 제핵

과일 통조림 제조 시 필요한 공정으로 칼, 기계, 산이나 알칼리, 증기, 열탕 등을 이용하여 껍질 부분을 제거하고, 씨가 있는 경우 이를 제거한다.

(4) 충전

원료를 담고 주입액으로 용기를 채우는데 이때 용기 상단에 0.2~0.4 cm 정도의 여유(공극, head space)를 주어야 한다. 또 통조림 용기는 안지름과 높이에 따라 표준 규격이

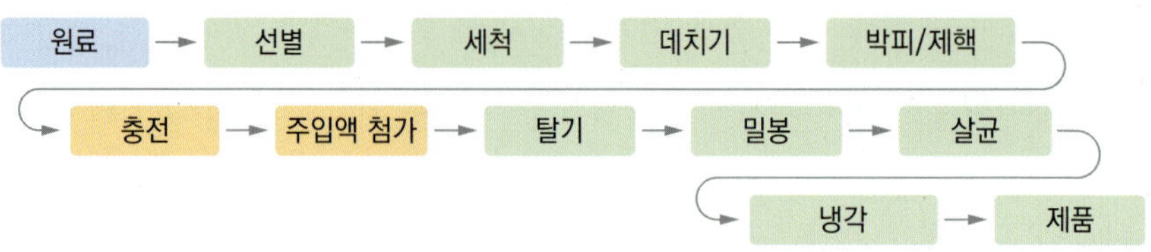

그림 5-3 **통조림 제조 공정**

정해져 있다.

(5) 액체 원료 첨가

과일의 경우는 20~50%의 당액을 첨가하고, 채소의 경우는 15~20%의 소금물을 첨가한다.

(6) 탈기

통조림 제조에서 가장 중요한 공정의 하나로, 공기를 제거하여 내용물이 화학 반응이나 호기성 미생물에 의해 변질되는 것을 억제한다. 산소의 제거는 통조림 저장 중 통의 부식을 방지하는 목적도 있다. 또한 내용물의 색, 향, 맛 변화 방지, 비타민 등 영양소 파괴 방지, 가열살균 중 내용물 팽창에 의한 변형 및 파손 방지 등의 기능을 가지는 매우 중요한 단계이다. 탈기 방법으로는 가열탈기법, 진공탈기법, 증기분사법 등이 있다.

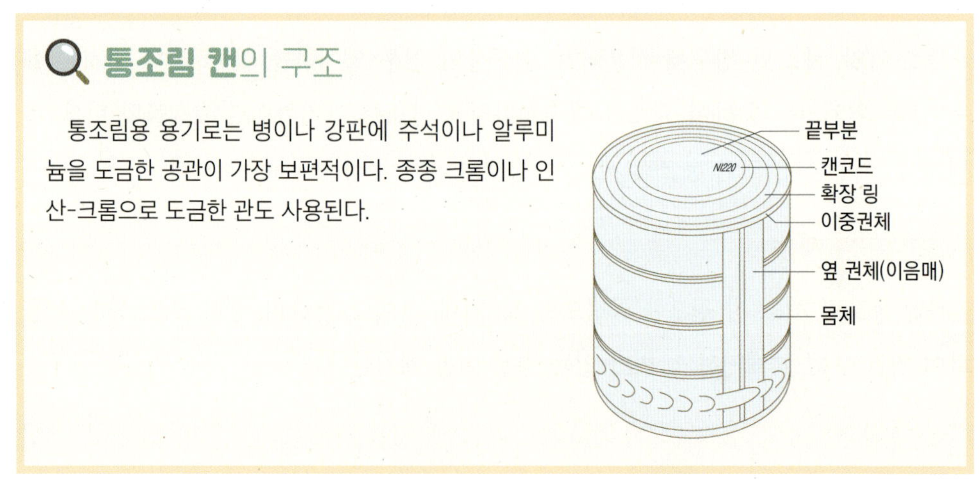

(7) 밀봉

이중밀봉(double seaming)을 실시하는데, 이는 공기를 차단하여 미생물 증식을 억제하는 것이 주요 목적이다. 밀봉은 권체기(seamer)를 이용하여 실시하는데 권체기 종류는 수동식, 반자동식, 진공식 등이 있다. 이 가운데 진공 권체기는 밀봉과 탈기를 한꺼번에 할 수 있는 장치이다.

(8) 살균

열처리는 미생물과 효소의 불활성화가 목적이다. 미생물의 종류, 내용물의 종류, 내용물의 pH, 열전도도 등을 고려하여 살균 조건이 결정된다. 우선 산성 식품(pH 4.6 이하)의 경우에는 가벼운 열처리로 충분하다. 그러나 산도가 낮은 식품(pH 4.6 이상)의 경우는 *C. botulinum*과 포자의 증식을 고려하여 강도 높은 열처리가 필요하다. 보통 레토르트, 증기솥에서 멸균하려고 하는 식품의 중심온도가 105°C(처리온도 116~130°C) 이상 되는 것이 바람직하다.

냉점

통조림 살균 시 사용하는 용어 가운데 냉점(cold point)은 열처리할 때 식품 내부에서 열전달이 가장 늦게 되는 지점, 즉 제품 내 온도가 가장 낮은 지점을 의미한다.

(9) 냉각

살균을 마친 통조림은 내용물의 변질을 막기 위해 신속하게 냉각시켜야 하는데, 보통 차가운 물을 이용한다. 열이 오랫동안 유지되면 과일이나 채소 통조림 제품의 경우 조직이 연화되거나 변색, 미생물 번식 등의 문제가 발생할 가능성이 높다.

단원정리

1. 게맛살을 포함하여 어묵, 생선소시지 등은 일반 생선육(명태살 등)을 이용하여 소금과 기타 성분을 첨가하여 고기풀을 만든 다음, 그걸 길쭉한 모양의 게살 모양으로 가공한다.

2. 수리미는 미국, 일본이 주요 생산국이지만 태국과 중국도 주요 생산국으로 부상하고 있다. 그 외 리투아니아, 베트남, 칠레, 프랑스, 말레이시아 등도 수리미를 생산하고 있다.

3. 통조림은 식품저장 방법의 일종으로 식품을 가공하여 공기가 없는 상태로 밀봉하는 공정을 일컫는다. 저장 기간이 보통 1~5년이며, 냉동 건조된 통조림의 경우 30년까지 저장이 가능하다.

참고문헌

노봉수, 김석신, 장판식, 이현규, 박원종, 송경빈, 이의섭, 이수복, 황금택, 민세철, 심재훈. **실무를 위한 식품가공저장학**. 수학사. 2021

박원종, 이승기, 김윤한, 김종국, 윤광섭, 이진만, 최성희, 허상선, 강복희. **기초가 탄탄한 식품가공학**. 수학사. 2020

Jae W. Park, Hisashi Nozaki, Taneko Suzuki, and Jean-Luc Beliveau. Historical Review of Surimi Technology and Market Developments. *Surimi and Surimi Seafood*. 3rd ed. CRC press, 2013

https://namu.wiki/w/%EC%96%B4%EB%AC%B5

조미료

조미료(condiment)는 음식 맛을 돋우는 데 쓰는 양념의 일종이다. 맛의 성분에 따라 설탕, 꿀 등의 감미료, 소금 등의 함미료, 식초 등의 산미료, 핵산이나 글루탐산 성분이 들어 있는 지미료 등으로 나뉜다. 식초, MSG, 핵산 모두 미생물을 이용한 발효 과정을 통해서 생산되며, 따라서 생산 효율을 높이기 위해 발효 조건의 최적화, 적당한 미생물과 기질의 선택, 공정 최적화 등이 필요하다.

한국에서는 대상과 CJ제일제당이 조미료 업계의 대표적인 주자이며, 가정용 조미료 시장에서는 2세대 조미료가 가장 점유율이 높지만 3, 4세대 조미료도 점유율을 늘려가는 중이다. 업소용 시장에서는 1세대 조미료가 가장 높은 시장점유율을 보이고 있다. 3세대에는 아주 약간의 차이로 산들애(CJ제일제당)가 앞서고, 4세대에서는 연두(샘표식품)가 선전하고 있다. 본 단원에서는 조미료 가운데 식초, MSG, 핵산조미료에 대해서 알아보고자 한다.

1. 식초

식초는 술 또는 알코올을 한 번 더 발효시켜 만든다. 가장 오래된 식초는 BC 1450년경 이스라엘의 지도자 모세가 아랍어로 이름 붙인 '시에히게누스'라 한다. 중국에도 공자 시대 때 이미 '염매'라는 살구식초가 있었다고 한다. 우리나라에도 술이 변해 '초'가 된다는 기록이 있고, 조선시대의 백과사전 격인 『지봉유설』에도 초와 술에 대한 언급이 있는 것으로 보아서 식초의 기원은 술의 역사와 함께해 온 것으로 추측된다.

식초는 법적으로 양조식초와 빙초산 또는 초산을 원료로 만든 합성식초(합성초)를 모두 지칭한다. 따라서 소비자에게는 식초와 빙초산이 헷갈린다. 그 차이를 알아보면 효모를 이용해 당을 알코올로, 즉 술로 만든 후 다시 초산균을 이용해 전통적 발효 방식으로 만든 것은 '양조식초', 석유에서 추출한 초산으로 합성해 만든 것이 '빙초산'이다.

한편, 한국산업규격(KS)에서는 식초를 '곡물식초, 과실식초, 주정식초'의 3종으로만 분류하고 있어 합성식초에는 KS 마크를 부여하지 않는다. 원료에 따라 곡물초와 과실초로 나누면 100% 양조 방식으로 만들어진 식초만을 '양조초'라고 표시할 수 있으며, 영문명인 '비니거'도 양조초에만 허용된다. 비니거는 프랑스어로 포도주(와인)인 '뱅(vin)'과 신맛인 '에그르(aigre)'의 합성어인 '비네그르(vinaigre)'에서 유래하였다. 예전에는 포도주를 초산 발효시킨 '와인식초를 주로 만들어 먹었기 때문에 이렇게 불렀는데, 와인 명산지가 와인식초의 산지이기도 한 것은 이런 연유에서다. 반면에 합성초는 화학적 합성으로 만들어지므로 초산인 빙초산 외에는 어떤 영양 성분이나 향기 성분도 없다. 그중 빙초산은 수분이 적고 순도가 높은 초산을 말하는데, 섭씨 16°C 이하에서는 얼음과 같은 고체 모양이기 때문에 붙여진 이름이다.

『식품공전』에 의하면 식초류는 발효식초와 희석초산으로 나뉘는데, 발효식초는 과실·곡물술덧(주요), 과실주, 과실착즙액, 곡물주, 곡물당화액, 주정 또는 당류 등을 원료로 하여 초산발효하거나 이에 과실착즙액 또는 곡물당화액 등을 혼합하여 숙성하는 등의 공정을 거쳐 제조한 것을 말하며, 이 중 감을 초산발효하여 제조한 것을 감식초라 한다. 희석초산은 빙초산 또는 초산을 주원료로 하여 먹는 물로 희석하는 등의 방법으로 제조한 것을 말한다. 발효식초와 희석초산은 서로 혼합하여서는 아니 되며, 둘 다 총산함량이 초산을 기준으로 4~20%(w/v)(다만, 감식초는 2.6 이상)으로 정해져 있다.

양조식초는 초산, 구연산, 아미노산 등 60여 종의 유기산을 함유하고 있어 식욕 증진, 에너지 발생 및 피로 해소에 도움을 준다. 식초는 비타민, 무기질 등 각종 영양소의 체내 흡수 촉진제 역할을 하며, 체내 잉여 영양소를 분해해 비만을 방지하고 콜레스테롤을 감소시켜 지방간 예방에도 도움이 된다고 한다. 한편, 『식품첨가물공전』에 의하면 빙초산은 초산함량이 99% 이상이며, 초산은 초산함량이 29~31%이다. 이들은 가격이 저렴하고 초산 농도가 높아 피부를 손상시킬 수 있어 사용 시 주의가 필요하다. 즉 빙초산 원액은 접촉 시 화상을 입을 수 있고, 바로 마시면 식도와 위 점막의 손상이 발생한다.

2. 글루탐산나트륨(MSG)

사람의 혀에는 맛난 맛(우마미, umami)를 느끼는 맛 수용체가 있는데, 주로 육수나 발효식품에 들어 있는 글루탐산염이나 핵산에 반응하여 신호를 뇌에 전달하여 맛을 느끼게 한다. 1908년 동경대학의 화학자 이케다 키쿠나에(池田菊苗) 교수는 다시마에서 새로운 맛을 내는 물질인 글루타메이트를 수용성 추출과 결정화 과정을 통해 분리하였고, 우마미(umami)라고 이름 지었다. 그는 당시 과학적으로 설명할 수 없었지만 일본의 가다랑어와 다시마 육수에서 단맛, 신맛, 짠맛, 쓴맛과 다른 특유의 맛을 느꼈다. 이온화된 글루타메이트가 감칠맛의 원인이라는 가정을 증명하기 위해 이케다 교수는 글루탐산의 칼슘, 칼륨, 암모늄, 마그네슘 염 등을 이용하여 많은 연구를 수행하였다. 모든 염은 기타 무기질 덕분에 특정한 금속성 맛에 더하여 감칠맛을 끌어낼 수 있었다. 그중에서도 글루탐산나트륨(MSG, monosodium glutamate)이 가장 용해가 잘되며 맛이 좋고 결정이 쉽게 만들어졌다. 이케다 교수는 이것을 MSG라 명명하고 생산 특허를 출원하였다. 이후 스즈키제약(鈴木製薬)에서 1909년 MSG를 일본어로 맛의 본질을 의미하는 '아지노모토(Ajinomoto)'라는 이름으로 세계 최초로 상업적으로 생산하기 시작하였다. 우리나라에서는 ㈜대상 창업자인 임대홍 회장이 1955년 일본 유학 시절, 1년간 감칠맛을 내는 성분 '글루탐산' 제조 공법을 배워 한국으로 돌아와 '미원'을 출시하여, 1960년대 중반 국내 최초로 발효법에 의한 글루탐산 생산 기술을 개발하였다.

역사적으로 MSG의 상업적 생산에는 4가지 방법이 사용되었다. 첫째는 1908년 이케다 키쿠나에처럼 천연식품(표 6-1)에서 추출하는 방법이다. 이케다는 40 kg의 다시마를 끓여서 겨우 30 g의 MSG를 얻었는데, 이는 원가가 감당하기 어려울 정도의 양이다. 1962년까지는 식물성 단백질을 염산으로 가수분해하는 방법으로 MSG를 만들었다. 맹독성의 염산을 쓰지만 '화학조미료'라고 부르기에는 너무 단순한 방법이었다. 1962년에는 석유화학 원료인 아크릴로나이트릴을 이용한 본격적인 화학적 합성법이 개발되었다. 그러나 쓸모가 없는 D-글루탐산을 분리하는 일이 너무 어려워서 원가를 낮출 수는 없었다. 1970년대부터는 전통식품에서도 많이 사용하는 발효 기술을 이용하기 시작하였다. 즉 사탕수수, 사탕무, 타피오카, 당밀(糖蜜) 등의 탄수화물을 이용하여, L-글루탐산을 생산하는 미생물(*Corynebacterium glutamicum*)을 이용한다.

표 6-1 식품 중 글루탐산 함량

종류	글루탐산 함량(mg/100 g)	종류	글루탐산 함량(mg/100 g)
다시마	1200~3400	멸치	630~1440
김	1380	치즈	300~1680
토마토	150~250	생선소스	620~1380
마늘	110	간장	410~1260
감자	30~100	건조 숙성햄	340
배추	40~90	가리비	140
양파	20~50	보리새우	120
녹차	220~670	게	20~80

자료 : Kurihara, K., Umami the fifth basic taste: history of studies on receptor mechanisms and role as a food flavor, *Biomed Res. Intl*, 2015

MSG의 안전성

MSG의 안전성에 대해서 많은 논란이 있었으나 미국 식약청(FDA)은 MSG를 안전한 식품첨가물(GRAS, generally recognized as safe)로 분류하고 있다. MSG는 가장 풍부한 자연발생 비필수 아미노산인 글루탐산의 나트륨염이다. 그러나 호주와 뉴질랜드의 식품표준에서는 MSG가 대부분의 사람들에게 안전하지만 소수(전체 인구의 1% 미만)의 매우 민감한 사람들은 한 번에 다량의 MSG를 섭취할 경우 두통, 얼얼함, 따끔따끔함, 홍조, 근육 긴장, 일반적인 쇠약과 같은 일시적인 부작용을 나타낼 수 있다고 설명하고 있으며, 일본에서는 MSG의 과잉 섭취가 임산부에게서 녹내장 유발 위험이 있음을 경고하고 있다.

3. 핵산조미료

핵산조미료는 IMP(disodium inosinate)과 GMP(disodium guanylate)의 혼합물로서 MSG와 함께 사용하였을 때 강력한 풍미증진제로 작용한다. 핵산-MSG 복합조미료(MSG 98%, 핵산 2%)는 MSG보다 4배의 풍미증진 효과가 있는 것으로 알려져 있다. 주로 라면, 스낵류, 칩, 크래커, 소스류, 패스트푸드 등에 사용된다. 이론적으로 핵산은 모든 생명체에 함유되어 있으며, 대부분의 식품에도 포함되어 있다. 특히 생선, 육류, 식용 버섯 등에 높은 농도로 존재한다. 상업적인 핵산조미료는 발효를 통하여 생산되는 식품첨가물로 안전성에 대한 논란이 계속되고 있다. 핵산조미료의 안전성과 관련하여 FAO/WHO 식품첨가물 위원회에서는 비교적 안전(ADI not specified)하다고 결론을 내었다.

표 6-2 식품 중 핵산 함량

종류	5′-Inosinate (mg/100 g)	종류	5′-Guanylate (mg/100 g)
가다랑어포	470~800	말린 표고버섯	150
말린 정어리	350~800	팽이버섯	50
방어	410~470	말린 곰보버섯	40
정어리	420	말린 포르치니	10
참치	250~360		
닭	230		
돼지고기	230		
소고기	80		

자료 : Kurihara, K , Umami the fifth basic taste: history of studies on receptor mechanisms and role as a food flavor. *Biomed Res. Intl.* 2015

핵산 자체는 모든 생명체에 존재하며, 조미료로서 핵산은 리보핵산을 효소로 분해하여 제조하기도 하지만 대부분 발효를 통하여 생산한다. 핵산 생산이 많이 되도록 돌연변이되었거나 유전자 조작된 효모 또는 대장균을 이용한다(그림 6-1).

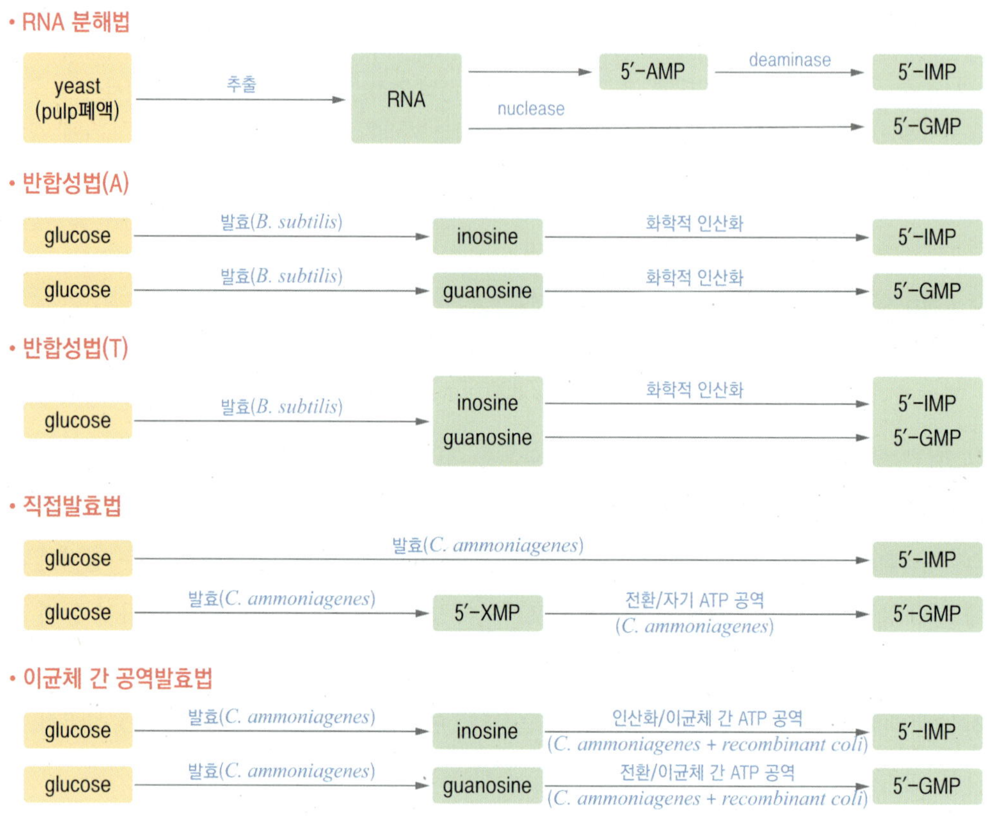

그림 6-1 핵산조미료의 제조 방법

자료 : 임번삼. 우리나라 발효조미료 산업의 발달사. 식품과학과 산업, 2019.3

단원정리

1. 식초는 술 또는 알코올을 한 번 더 발효시켜 만든다. 식초와 빙초산의 차이는 효모를 이용해 당을 알코올로, 즉 술로 만든 후 다시 초산균을 이용해 전통적 발효 방식으로 만든 것은 '양조식초', 석유에서 추출한 초산으로 합성해 만든 것이 '빙초산'이다.

2. 식초는 초산, 구연산, 아미노산 등 60여 종의 유기산을 함유하고 있어 식욕 증진, 에너지 발생 및 피로 해소에 도움을 준다. 비타민, 무기질 등 각종 영양소의 체내 흡수 촉진제 역할을 하며, 체내 잉여 영양소를 분해해 비만을 방지하고 콜레스테롤을 감소시켜 지방간 예방에도 도움이 된다고 한다.

3. 핵산조미료는 IMP(disodium inosinate)와 GMP(disodium guanylate)의 혼합물로서 MSG와 함께 사용하였을 때 강력한 풍미증진제로 작용한다. 핵산-MSG 복합조미료(MSG 98%, 핵산 2%)는 MSG 보다 4배의 풍미 증진 효과가 있는 것으로 알려져 있다.

참고문헌

노봉수, 김석신, 장판식, 이현규, 박원종, 송경빈, 이의섭, 이수복, 황금택, 민세철, 심재훈. **실무를 위한 식품가공저장학**. 수학사. 2021

박원종, 이승기, 김윤한, 김종국, 윤광섭, 이진만, 최성희, 허상선, 강복희. **기초가 탄탄한 식품가공학**, 수학사. 2020

임번삼. 우리나라 발효조미료 산업의 발달사. **식품과학과 산업**, 52, 68-83. 2019

Kurihara, K. Umami the fifth basic taste: history of studies on receptor mechanisms and role as a food flavor. ***Biomed Res. Intl.*** 2015 (https://doi.org/10.1155/2015/189402)

https://namu.wiki

식품의 예술 • CHAPTER 7

기호식품

1. 술
2. 커피
3. 홍차
4. 초콜릿

음식 중에서도 생존을 위해 소비하는 음식이 아닌 맛이나 향기를 느끼기 위해 습관적으로 먹는 것들, 독특한 향미나 성분이 포함되어 기분을 돋우거나 가라앉히고, 때로는 흥분 효과를 내는 식품을 기호식품이라 부른다. 기본적으로 음식 자체로서의 가치보다는 기호성이 중시되므로 생존에 필수적인 식량은 기호식품으로 분류하지 않는다. 대표적인 기호식품으로 술, 커피, 차, 과자, 탄산음료, 빙과류 등이 있다. 술의 제조는 원료 선택부터 발효, 숙성, 병입 공정에 이르기까지 각 단계는 고품질의 제품을 만들기 위해 세심한 주의와 전문성이 필요하다. 술 제조에서 가장 중요한 역할을 하는 것이 효모인데, 전분질 원료, 포도나 다른 과일의 천연 당을 알코올로 전환시킨다. 와인 제조의 경우에는 포도 재배 환경, 즉 테루아가 제품의 품질에 큰 영향을 미치는 것으로 알려져 있다. 테루아는 특정 지역의 토양, 기후, 지리와 같은 요소의 조합을 말하며, 모두 포도의 특성과 최종 제품에 영향을 미칠 수 있다. 술의 숙성 과정 또한 매우 중요한 과정인데, 일부 술은 오크통이나 다른 유형의 나무로 된 용기에서 숙성하여 바닐라 향, 캐러멜 향, 과일 향 등 다양한 풍미와 향을 발현한다. 결론적으로 와인과 기타 술의 품질과 특성을 좌우하는 것은 원료, 발효 및 숙성 과정 사이의 복잡한 상호작용과 제조 기술자의 숙련도와 창의성, 증류 기술 및 전문 지식에 달려 있다. 커피는 커피나무의 열매를 볶아서 만드는데, 커피의 품질은 커피나무 품종과 재배 환경, 가공 방법, 로스팅 및 추출 방법에 의존한다. 특히, 커피 생두의 로스팅 과정은 커피의 풍미와 향에 지대한 영향을 미칠 수 있다. 홍차는 차나무(*Camellia sinensis*)의 잎을 발효시켜 만드는데, 찻잎을 따는 시간, 위조, 유념, 분쇄, 선별, 발효 및 건조 등의 과정을 거쳐 제조하며, 특히 발효 과정은 홍차의 맛, 색상 및 향에 중요한 영향을 미친다. 초콜릿은 카카오나무의 씨앗으로 만들어지며, 초콜릿의 품질에 영향을 미치는 주요 인자는 카카오나무 품종, 발효 과정, 건조 과정, 로스팅 과정 및 콘칭 과정 등이다. 특히, 콘칭 과정은 초콜릿의 질감과 풍미에 큰 영향을 주는 것으로 알려져 있다.

1. 술

1) 술의 역사

곡류, 과일즙, 꿀 등은 수천 년 전부터 알코올을 제조하는 데 사용되었다. 술은 기원전 7000년경 고대 이집트나 중국에서 이미 제조되고 있었다는 증거가 있으며, 인도에서는 쌀로 증류한 수라(sura)라고 하는 알코올음료가 기원전 3000~2000년경에 음용되고 있었다. 이 밖에도 고대 바빌론 제국, 고대 그리스 시대에 술에 대한 기록이 남아 있다.

16세기에는 알코올(스피릿이라고도 불림)이 의료용으로 이용되었다. 18세기 초 영국 의회는 스피릿을 제조할 때 곡류를 사용하는 법률을 통과시켰다. 그 결과 값싼 증류주가 넘쳐나고 알코올 중독이 만연하게 되었다. 19세기에 접어들면서 알코올 섭취를 자제하려는 움직임이 일기 시작하였고, 금주령까지 내려지게 되었다. 1920년대 미국 의회는 술의 제조, 판매, 수출입을 금지하는 법안을 발효하였고, 1933년 금주령이 해제되기까지 유지되었다. 오늘날 미국에는 약 1,500만 명의 알코올 중독자가 있으며, 교통사고의 40%가 음주와 연관된 것으로 알려져 있다.

우리나라에서도 술의 역사는 삼국시대 이전으로 거슬러 올라간다. 『삼국사기』와 『삼국지』「위서」 동의전에 술 제조에 대한 간접적 언급이 등장하지만, 구체적인 제조 방법에 대해서는 기술되어 있지 않다. 고려 시대 발행된 「고려도경」이나 「동국이상국집」 등에는 술의 제조 방법이 대략적으로 기술되어 있다. 특히 원나라가 고려를 지배하던 시기에 개성과 안동에 병참기지가 설치되었는데, 이때 소주 제조법이 중국에서 우리나라로 전수된 것으로 추정된다.

조선시대의 술은 발효주와 증류주로 크게 나누어진다. 순발효주 제조법을 「증보산림경제」를 통하여 정리하면 덧술을 하지 않고 그대로 발효시키는 단양법이 순발효주 전체의 45%이며, 덧술을 한 번하는 이양법이 43%, 두 번 덧술하는 삼양법이 12%이다. 탁주는 개념 자체가 매우 모호한데, 일반적으로 맑은 약주에 비하여 흐린 술을 통틀어 말한다. 쌀누룩이나 가루누룩을 써서 발효시킨 빽빽한 술밑까지 먹는 것이 순탁주이다. 약주에 향기를 주기 위하여 식물의 꽃이나 잎을 이용하는 가향주로는 도화주, 송화주, 송순주, 하엽청, 연엽양, 두견주 등이 있다. 약주를 빚을 때 약재를 미리 넣거나 만들어진 약주에 약재의 성분을 우려내는 기타 재제주(再製酒)로는 구기주, 오가피주 등 다양한 종류가 있다.

근대에 들어서는 북쪽으로부터 중국의 소주가 들어오고, 1876년(고종 13년) 강화도조약이 체결됨에 따라 일본에서 알코올이 수입되고, 일본의 탁주나 청주도 만들어지게 되었는데, 그 가운데 청주는 정종이라는 이름으로 불려졌다. 맥주는 1900년대 접어들면서 수입되기 시작하였다. 1909년 「주세법」이 발표되어 일본은 조선으로부터 주세를 걷기 위하여 술 빚기에 여러 가지 방법으로 통제를 가하였다. 이에 따라 그토록 다채롭던 우리의 누룩이나 술은 매우 단순하게 규격화되면서 전통적인 술은 법적으로 점차 만들지 못하게 되었다. 누룩은 '조국'과 '분국'의 둘로 통제되었고, 이것마저 1927년부터는 곡자제조회사에서 만들게 되어, 우리의 술 제조 방법은 더욱 단순화되었다. 조국은 밀을 세 조각 정도로 낸 것을 원료로 하여 만든 누룩으로서 탁주나 소주 제조에 사용된다. 또 밀가루를 전부 걸러낸 밀기울만으로 누룩을 만들기도 한다. 한편, 분국은 약주나 과하주 제조용으로서 밀가루만으로 만든 것으로 '백국'이라고 한다.

탁주를 만드는 방법은 지역에 따라 다른데, 이것을 크게 나누면 주모를 만들어 찹쌀, 조곡, 물을 버무려 10일 정도 발효시키는 것, 주모를 쓰지 않고 찹쌀, 조곡, 물로 버무려 10일 정도 발효시키는 것, 주모를 쓰지 않고 멥쌀, 조곡, 물로 버무려 5~7일 발효시키는 것, 약주 찌꺼기나 일본식 청주찌꺼기에 물을 부어서 만드는 것 등이 있다.

일제 치하에서는 일본식 청주제조업이 크게 발달하였다. 한편, 고구마 전분을 이용하여 주정(알코올)을 만들기 시작하였는데 대만에서 값싼 알코올이 수입되면서 소주는 알코올에다 재래 소주를 섞어 제조하게 되었다.

1938년경부터 심한 식량 부족으로 술 원료인 쌀이 통제를 받게 되었고, 1940년부터 탁주 이외의 술은 배급제가 실시되었다. 탁주만은 농주로서 특혜를 받았고, 이에 따른 탁주의 밀주도 성행되었다.

광복 후 우리나라는 만성적인 식량 부족 상태에서 해마다 외국의 양곡을 도입해야 했던 실정이었다. 따라서 쌀로 술을 빚을 형편이 못되었다. 쌀을 원료로 하던 막걸리와 약주도 1964년부터 쌀의 사용이 금지됨으로써 밀가루 80%, 옥수수 20% 외 도입 양곡을 섞어 빚게 되었다. 그러다가 1980년대 들어서면서 쌀 생산량이 늘어나 쌀 막걸리와 쌀 약주를 자유롭게 만들게 되었다(여수환 · 정용진, 식품과 산업, 2010).

2) 술의 제조 원리

술을 만든다고 하는 것은 효모(酵母)를 사용해서 알코올 발효(醱酵)를 하는 것이다. 즉 과실 중에 함유되어 있는 당류(포도당, 설탕, 과당 등)나 곡류 중에 함유되어 있는 전분(澱粉)을 당화효소인 아밀레이스(amylase=diastase)로 맥아당으로 전환시키고 여기에 효모(yeast)를 넣고 발효 과정을 거치면 알코올과 탄산가스, 물 등이 만들어진다. 이때, 아밀레이스의 원료로 엿기름[1]이 사용된다.

3) 술의 종류

우리나라 「식품위생법」에 의하면 알코올 음료는 알코올 성분이 1% 이상인 음료를 통

[1] 보리나 밀을 싹 틔워 건조하고 거칠게 부순 가루. 맥아로도 부른다.

에탄올의 생성

과일에는 단순당(포도당, 과당, 설탕 등)이 다량 함유되어 있는 경우가 많은데, 여기에 효모(*Saccharomyces cerevisiae*)를 접종하면 발효 과정이 진행되면서 단순당으로부터 피루브산이 생성되고, 다음 단계로 알코올(에탄올)이 만들어진다. 전분질이 많은 원료(쌀, 보리, 밀, 감자, 고구마, 수수 등)는 아밀레이스라는 효소로 먼저 처리하면 전분이 분해되어 맥아당이 되는데, 여기에 효모를 접종하면 역시 발효가 진행되면서 알코올이 생성된다. 이 과정을 화학 반응식으로 나타내면 그림 7-1과 같다.

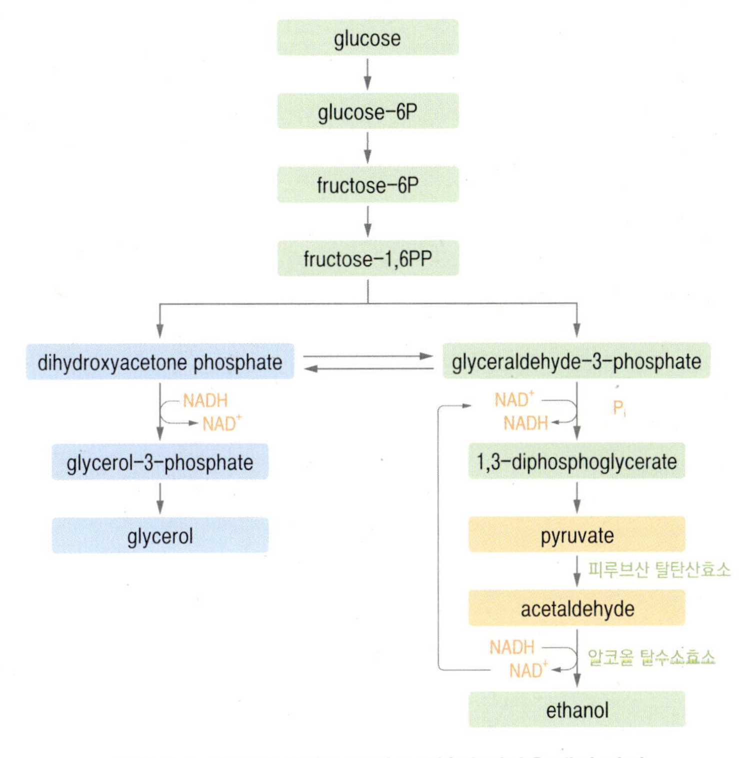

그림 7-1 효모에 의한 포도당으로부터 에탄올 생성 과정

칭한다. 제조법에 따라 양조주, 증류주, 양조주와 증류주에 향료나 색소를 첨가한 혼성주가 있다.

(1) 양조주

알코올 발효액을 그대로 또는 여과하여 음용하는 술로 발효주라고도 한다. 알코올 함량은 낮으나 여러 가지 성분 등이 함유되어 있다.

① 단발효주

원료에 포함되어 있는 당분을 직접 효모로 발효시켜 여과한 술을 가리키며, 과실주, 포도주 등이 여기에 속한다.

② 복발효주

원료에 함유된 전분을 효소로 당화시키고, 당화된 당분을 효모로 발효하여 여과한 술을 일컫는다.

- 단행복발효주 : 당화 후 발효(예 : 맥주)
- 병행복발효주 : 당화와 발효가 동시 진행(예 : 탁주, 약주, 청주)

(2) 증류주

알코올 발효액을 증류하여 알코올 농도를 높인 술로 특유의 향이 강하다(그림 7-2).

알코올의 끓는점은 78.4°C로 물의 끓는점 100°C보다 낮아 술을 가열하면 알코올이 증발하고, 이를 포집하면 원래 술보다 알코올 함량이 높은 술이 만들어지는데 이것을 증류주라고 한다. 증류주는 그대로 음용하거나 원통형의 나무통(예 : 오크통)에서 숙성시킨 후에 섭취한다.

① 소주

주류 또는 주박을 증류하여 제조, 현재 시판 소주는 당밀, 고구마 등을 원료로 발효한 액을 증류하여 주정을 만든 다음 적당한 농도로 희석을 한 희석식 소주이다.

② 위스키

곡물을 원료로 발효한 술을 증류하여 오크통에서 숙성하여 만든다.

③ 브랜디

과일 원료로 발효한 술을 증류하여 오크통에서 숙성한다.

④ 리큐르

증류하여 얻은 알코올에 식물 원료 등을 첨가하여 숙성한다.

⑤ 고량주

중국의 전통 증류주의 하나로 고량을 원료로 제조한 술을 백주라고도 한다. 발아한

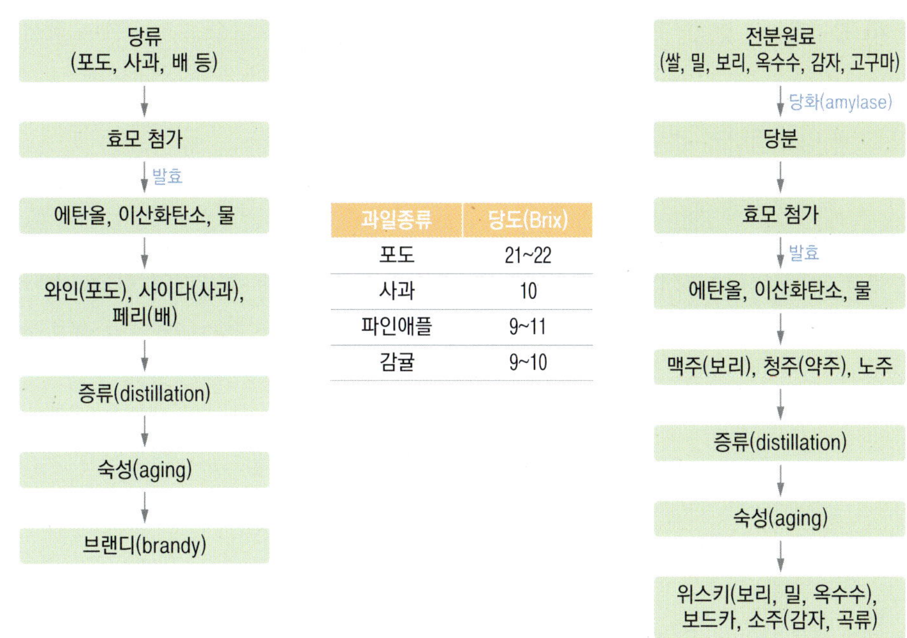

과일종류	당도(Brix)
포도	21~22
사과	10
파인애플	9~11
감귤	9~10

그림 7-2 증류주 제조 공정

고량은 당화효소 활성이 강하며, 다른 곡물에 비해 단백질 함유량이 적어서 숙취가 적다. 중국의 술은 항아리에서 숙성하므로 장기간 숙성해도 색깔의 변화가 없는 것이 특징이다. 특이할 점은 고체 발효를 실시하는데, 원료인 수수를 분쇄하여 왕겨와 섞고 물을 뿌려서 축축하게 적셔 버무린 다음 시루에 넣고 찐다. 왕겨는 반죽을 엉성하게 하여 찔 때 증기가 골고루 잘 통하도록 도와주는 역할을 한다. 술떡을 식힌 다음 표면에 누룩과 효모가루를 뿌리는데 이것은 메주를 띄우는 원리와 동일하다. 효모가 접종된 술떡을 깊이 2~3 m의 갱 속에 묻는데 이는 발효 온도를 적절하게 유지하는 데 좋은 환경을 만들어 주기 위해서이다. 발효 기간은 1주일에서 1개월 정도이고, 각 양조장의 전통이나 비법에 따라 달라진다. 발효시키는 갱을 발효지(醱酵池)라 부르는데 훌륭한 발효지의 벽이나 흙바닥에는 발효가 잘 일어날 수 있도록 도와주는 미생물의 집단이 형성되어 서식한다.

발효가 끝난 술떡은 시루로 옮긴 다음 수증기로 찌는데 이때 증류용 시루 아래에 새로 버무린 술떡이 담긴 시루를 놓는다. 즉 술떡을 찔 때 나오는 증기를 이용하여 고체 상태로 배양해서 증류시킨다. 알코올은 물보다 비등점이 낮기 때문에 이 증기만으로도 충분히 증류할 수 있는 것이다. 여기서 나오는 백주의 알코올 도수는 50~70도로서 바로 원액이 된다. 한 차례의 증류로 이렇게 도수가 높은 술이 증류되어 나오는 것은 중국식 고체 양조법만의 비법이다(오미나라, 중국의 술)

(3) 혼성주

혼성주는 양조주나 증류주에 과실, 향료, 감미료, 약초 등을 첨가하여 침출하거나 증류하여 만든 술이다. 인삼주, 매실주, 오가피주, 진, 각종 칵테일주 등 종류가 매우 다양하다.

『식품공전』에 따른 **주류의 종류**

- 탁주 : 전분질 원료(발아 곡류 제외)와 국, 식물성 원료, 물 등을 원료로 하여 발효시킨 술덧을 혼탁하게 제성*한 것 또는 제성 과정에 탄산가스 등을 첨가한 것을 말한다.
- 약주 : 전분질 원료(발아 곡류 제외)와 국, 식물성 원료, 물 등을 원료로 하여 발효시킨 술덧을 여과하여 제성한 것 또는 발효·제성 과정에 주정 등을 첨가한 것을 말한다.
- 청주 : 곡류 중 쌀(찹쌀 포함), 국, 물을 원료로 하여 발효시킨 술덧을 여과하여 제성한 것 또는 발효·제성 과정에 주정 등을 첨가한 것을 말한다.
- 맥주 : 발아한 곡류, 홉, 전분질 원료, 물 등을 원료로 하여 발효시켜 제성하거나 여과하여 제성한 것 또는 발효·제성 과정에 탄산가스, 주정 등을 혼합한 것을 말한다.
- 과실주 : 과실 또는 과실에 당분을 첨가하여 발효하거나 술덧에 과실즙, 탄산가스, 주류 등을 혼합하고 여과·제성한 것을 말한다.
- 소주 : 전분질 원료(고구마, 옥수수, 보리), 누룩, 물 등을 원료로 발효시켜 연속식 증류 이외의 방법으로 증류한 것 또는 주정을 물로 희석하거나 이에 첨가물 등을 혼합하여 희석한 것을 말한다.
- 위스키 : 발아된 곡류 또는 이에 곡류를 넣고 물 등을 원료로 발효시킨 술덧을 증류하여 나무통에 넣어 저장한 것을 말한다.
- 브랜디 : 과실주(과실주 지게미 포함)를 증류하여 나무통에 저장한 것을 말한다. 숙성 기간은 2~8년 정도이고 도수가 최소 35도이다.
- 증류주 : 고량주(수수 원료, 알코올 함량 40~63도), 럼(당밀, 약 40도), 진(주니퍼 베리), 보드카(곡류, 감자), 데킬라(용설란=블루 아가베, 35~55도) 등과 같이 전분, 당분이 포함된 원료를 발효시켜 증류하거나 증류주를 서로 혼합하여 제조한 것을 말한다.
- 리큐르 : 증류주에 속하는 주류에 당분, 식물성 원료, 추출물 등을 첨가하여 제조한 것을 말한다.

*제성 : 술덧을 가공해서 포장할 수 있는 제품으로 만드는 과정

자료 : https://www.foodsafetykorea.go.kr

2. 커피

1) 커피의 역사

커피의 원산지는 아프리카의 에티오피아로, 커피의 발견에 관해서는 여러 가지 설이 있지만 8~9세기경 에티오피아의 목동 칼디(Kaldi)라는 소년이 발견하였다는 설이 주로 인용되고 있다. 어느 날 방목하여 키우던 염소들이 숲에서 빨간색 열매를 따 먹고 흥분하여 날뛰는 모습을 본 칼디가 자신도 그 열매를 먹어 보았는데 상쾌한 기분이 들고 힘이 솟는 체험을 하게 된다. 이후 이슬람 수도원의 수도승들이 밤에 행해지는 의식 때 잠을 쫓기 위해 사용되는 등 수행에 도움이 되는 열매로 알려지게 되었고, 이렇게 발견된 커피는 11~12세기경 홍해를 통해 아라비아반도의 예멘으로 전파되었다.

커피는 예맨의 항구 도시인 모카에서 홍해 연안을 따라 이집트와 북아프리카로, 거기서 다시 중동으로, 페르시아로 그리고 16세기에 이르러 터키로 전해졌다. 터키에서 다시 이탈리아와 유럽으로 전해졌고, 네덜란드에서 인도 동부와 아메리카로 전해졌다.

아메리카에는 18세기에 카리브해의 섬을 통해서 전래되었다. 프랑스 해군 장교인 가브리엘 드 클리외(Gabriel de Clieu)에 의해 커피나무가 카리브해 마르티니크섬에서 재배되기 시작하였다. 그로부터 50년 후 20,000수에 가까운 커피나무가 재배되고 이 나무들이 1727년 브라질로 옮겨졌는데 1822년 브라질이 독립을 하게 되면서 매우 빠르게 번성하게 되어 오늘날 세계 최고의 커피 생산국이 되었다.

커피는 석유 다음으로 세계에서 두 번째로 많이 거래되는 상품이며, 커피 수출 산업의 가치는 연간 200억 달러 이상으로 무려 2,500만 명의 사람들이 생계를 커피 산업에 의존하고 있다.

2) 커피의 어원

커피(coffee)라는 명칭은 아라비아어 카와(qahwah)에서 유래하였다. 이 말이 터키어 카베(kahve)가 되고, 유럽으로 전해지면서 coffee(영국), café(프랑스), kaffee(독일)로 되었다. 일본에는 네덜란드인이 처음 들여올 때 네덜란드어 koffie에서 '코히'라고 부르게 되었다.

커피에 관한 상식

- 오늘날 약 22.5억 잔의 커피가 매일 소비되고 있다. 한국인은 성인 1인당 350잔으로 세계 평균 130잔에 비해 약 3배가량이다.
- 브라질이 세계에서 가장 많은 커피를 생산하고 있다. 전 세계 커피의 1/3을 브라질이 생산한다.
- 미국인 18세 이상의 54%가 매일 커피를 마신다. 한국은 40% 정도이다.
- 커피는 세계 3위의 음료이다. 2위는 차, 1위는 물이다.
- 커피는 세계 2위의 운송 물품이다. 1위는 석유이다.
- 치사량에 이르는 카페인을 섭취하기 위해서는 커피 100잔을 마셔야 한다.
- 커피는 치매, 뇌손상이나 파킨슨씨병을 줄일 수 있다.
- 커피를 적당량 마시면 심장에 도움이 된다.
- 미국의 뉴욕 시민들은 다른 도시 시민에 비해 7배 이상의 커피를 마신다. 한국은 서울과 지방 도시의 커피 소비량 차이가 거의 없다.
- 커피나무의 카페인은 벌을 유인하여 수정을 하게 하고 다른 곤충들이 커피나무를 갉아먹으면 마비가 되거나 죽게 된다.
- 카푸치노(cappuccino)는 이탈리아의 Capuchin 수도사들이 입는 갈색 수사복에서 유래했다.
- 1976년 한국은 세계 최초로 커피, 설탕, 가루우유가 함께 들어 있는 인스턴트커피 스틱을 만들었다.
- 커피계에서 Q-Grader란 포도주의 소믈리에와 같이 커피의 맛을 보고 평가하는 능력을 가진 사람들로서 전 세계에 약 5,000명이 있는데 그중에 반 이상이 한국인으로, 커피숍을 열고 커피 전문가들을 양성하고 있다.

3) 커피나무

커피나무는 아프리카 원산인 상록수이다. 추위에 약해서 열대-아열대에 걸치는 국가들이 재배하고 있다. 현재까지 알려진 커피나무 수종은 120종이 넘지만 전 세계 커피의 대부분은 주로 3종의 커피나무에서 생산된다. 즉 아라비카(arabica)종이 전체의 60~70%를 차지하고, 로부스타(robusta)종은 30~40%를, 리베리카(liberica)종이 2% 미만을 차지하고 있다.

4) 커피 생산 과정

커피나무에서부터 커피잔에 커피가 담기기까지의 전 과정을 요약하면 다음과 같이 11단계로 구분할 수 있다.

- 커피나무 재배(Planting)

• 커피 열매 수확(Harvesting)
• 커피 생두 가공(Processing)
• 커피 생두 건조(Drying)
• 커피 생두 숙성건조(Resting)
• 커피 생두 까기(Milling)
• 등급 매기기와 분류(Grading and sorting)
• 운송(Exportation)
• 품질 검사(Quality testing)
• 볶기(Roasting)
• 원두 분쇄와 커피 내리기(Grinding and brewing)

(1) 재배

커피 씨앗(볶지 않은 커피콩)은 햇빛에 너무 많이 노출되는 것을 방지하기 위해 그늘진 곳에 줄지어 심는다. 신선한 씨앗은 심고 약 2개월 반 후에 발아하지만 오래된 씨앗은 6개월까지 걸릴 수 있다. 세계 커피의 대부분은 커피콩 벨트로 알려진 곳에서 재배되는데 커피 벨트는 적도를 중심으로 북에서 남으로 약 3,200마일(5,100 km)에 걸쳐 분포한다(그림 7-4). 이 지역에 재배되는 커피는 100종이 넘는 커피 품종이 있음에도 불구하고 세계적으로 커피는 단 3종으로 구성되어 있다.

최상품의 커피콩을 얻기 위해서 커피나무는 가능하면 질소가 풍부한 화산 토양이 있

그림 7-3 커피 씨앗이 커피나무로 자라는 과정

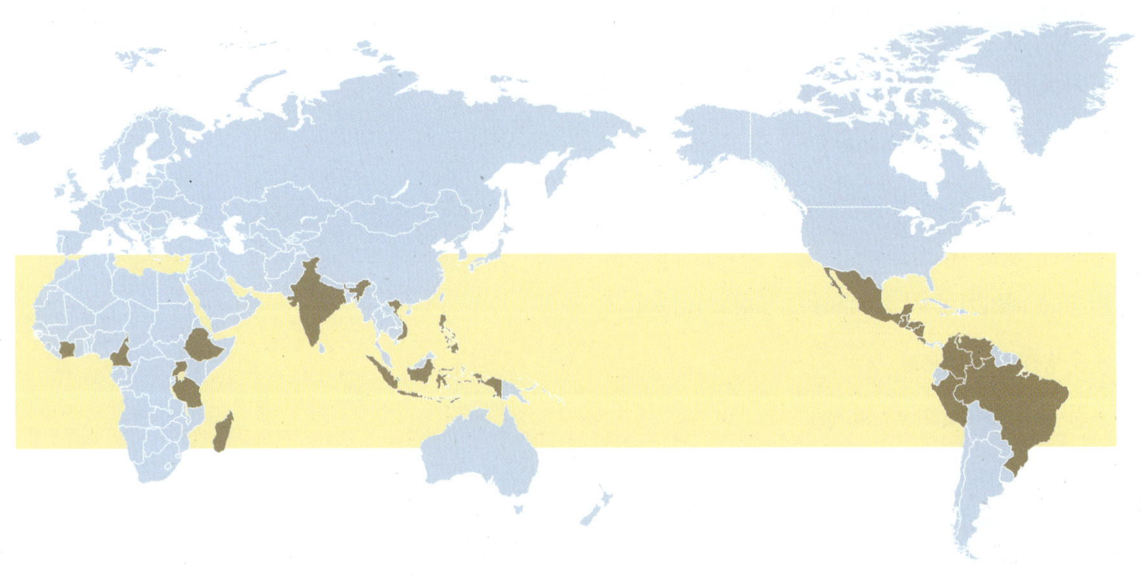

그림 7-4 **커피 벨트(노란색 띠)**

는 언덕이 많은 지역에 심어야 한다. 아라비카는 더 천천히 자라며 생산 비용이 많이 들지만 훨씬 더 우수한 커피를 생산한다. 커피나무는 고원 지역에서 재배하는데 고도가 높을수록 기온이 더 안정적으로 낮게 유지되기 때문이다. 아라비카는 로부스타보다 더 높은 고도인 해발 약 1,000~2,000 m에서 재배되는데 이는 아라비카 재배의 최적 온도인 15~25°C를 제공한다. 반면, 로부스타는 일반적으로 200~600 m의 낮은 고도에서 자라지만 더 낮은 지대에서도 자랄 수 있다. 로부스타는 아라비카보다 더 내병성이 강하며 20~30°C 사이의 더 높은 온도에서 재배된다. 아라비카 커피는 연간 강우량 1,500~2,500 mm가 필요하고 로부스타는 2,000~3,000 mm가 필요하며, 커피를 재배하기 위한 뚜렷한 우기와 커피 체리를 수확하기 위한 건기를 갖는 것이 중요하다.

(2) 수확

커피나무가 성숙해지면 가지를 따라 무리를 지어 열매를 맺기 시작한다. 과일은 일반 체리와 비슷하기 때문에 커피 체리로 알려져 있다. 커피 체리는 처음에는 녹색을 띠다가 익어 수확할 준비가 되면 빨간색, 노란색 또는 주황색으로 변한다.

커피는 주로 커피를 수확하는 사람들(picker)이 손으로 직접 따거나 나무에 달린 커피 체리를 훑듯이 따는 스트리퍼 기계를 사용하여 수확한다. 지형이 광대하면서 비교적 평

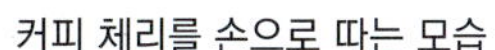
커피 체리를 손으로 따는 모습

완숙, 미완숙 커피 체리가 함께 섞인 바구니

그림 7-5 커피 체리의 수동 수확

평한 브라질과 같은 국가에서는 농업 기계를 사용하여 수확하지만 대부분의 국가에서는 기계 수확이 어려운 언덕이 많은 지역에 커피를 재배하기 때문에 커피 체리를 하나하나 손으로 따는 매우 노동 집약적인 방법을 사용한다(그림 7-5). 평균적으로 피커(picker)는 하루에 45~90 kg의 체리를 채취할 수 있으며, 이는 9~18 kg의 커피 생두의 생산을 의미한다.

커피 스트리퍼를 사용하는 경우에는 커피나무의 가지를 진동을 사용하여 흔들어 체리를 털어낸다. 이것은 시간을 절약해 주지만 기계를 가동하는 데 드는 비용뿐 아니라 덜 익은 커피 체리도 낭비되어 농부의 이익에 영향을 미친다.

덜 익은 체리를 따면 과일의 당분 형성이 완성되지 못하기 때문에 품질이 낮은 커피를 만들게 되고, 이는 다른 훌륭한 원두의 품질을 저하하는 데 큰 영향을 미친다. 완전히 익지 않은 커피 체리에서 얻는 생두는 불쾌할 정도로 신맛이 나며 좋은 커피를 만들기에도 적절치 않다.

(3) 커피 생두 가공

오늘날 가공식품은 부정적인 의미를 내포하고 있다. 그러나 우리가 커피 가공에 대해 말할 때 그것은 로스팅을 위해 준비될 커피 체리 열매에서 콩을 추출하는 공정에 지나지 않는다(그림 7-7). 습식 공정은 물을 사용해야 하지만 건식 공정은 그렇지 않다. 반 세척은 물이 필요하지만 더 적은 양으로 두 가지 방법을 혼합한 것이다. 커피 가공 방법은 농부의 재정 상황, 당해 연도의 강우량 및 습도, 깨끗한 물에 대한 접근성 여부와 같은 요인에 따라 다르다. 이에 따라 아프리카 커피는 물이 부족하므로 자연 가공(건식 가

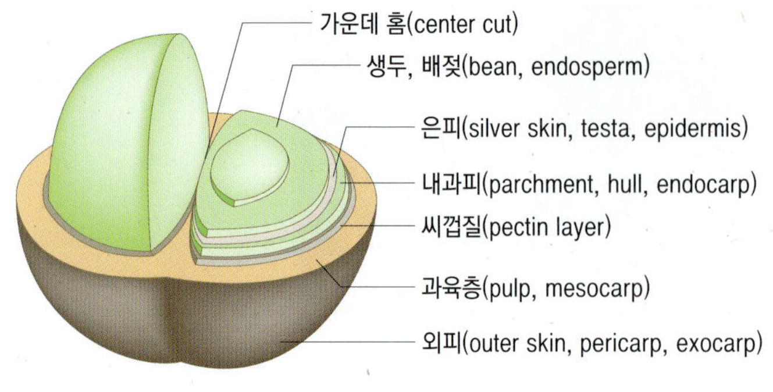

그림 7-6 커피 체리의 내부 구조

그림 7-7 완숙 커피 체리에서 추출한 커피 생두

공)으로 진행한다. 스페셜티 산업에서 워시드 커피(washed coffee)는 커피 산지의 특성을 더 많이 반영하기 때문에 가장 높이 평가된다. 워시드 커피는 또한 좋은 커피의 지표 중 하나인 산도(acidity)가 더 높다. 천연 건조 가공 커피는 더 달고 무거운 경향이 있으며 더 오래된 듯한 베리 과일 향이 나며, 종종 술에 취한 와인과 같은 품질로 묘사된다.

커피 체리는 다음의 세 가지 방법으로 가공된다.

- 습식 공정이라고도 하는 세척 공정
- 건조 공정이라고도 하는 자연 건조
- 허니 가공이라고 하는 반세척 공정

① 세척

커피 가공은 수확과 같은 날에 이루어져야 한다. 커피 체리는 일반적으로 수확 후 8~12시간 이내에 커피 체리의 외부 과일 껍질을 제거한다. 외부 과일층의 제거는 펄프 제거(depulping)로 알려져 있다.

가. 펄프 제거(Depulping)

펄프 제거 공정의 목적은 커피 체리의 외피(outer skin)와 펄프(과육층)를 제거하여 체리 안에 들어 있는 커피 생두를 분리하는 것이다. 펄프 제거는 펄프 제거 기계를 사용하는 기계식 공정과 체리를 물에 1~2일 동안 담가 두는 자연 공정을 통해 펄프 과육을 제거한다.

펄프가 제거된 커피 생두(그림 7-8)는 진동채를 사용하여 펄프가 제거되지 않았거나 부적절하게 펄프화된 체리에서 분리한 후 발효 단계로 진행된다.

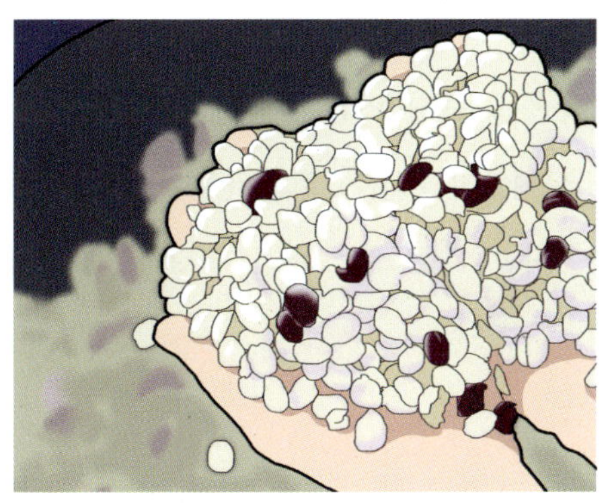

그림 7-8 펄프 제거 후 점액질이 묻어 있는 커피 원두

나. 발효(Fermentation)

세척을 거친 커피 생두의 외부를 덮고 있는 점액질 물질을 발효를 통해 제거한다. 발효 과정은 효소 활성으로 점액질을 분해하여 나중에 세척을 통해 점액질이 더 쉽게 제거될 수 있도록 한다. 발효 과정은 섬세한 작업으로 커피가 과도한 발효로 인해 부정적인 영향을 받지 않도록 지속적인 모니터링이 필요하다.

발효가 완료되면 탱크 내부의 원두를 깨끗한 물로 씻는다. 이어 콩을 휘저어 점액질을 제거하고 다음 단계인 건조 준비를 위해 콩을 깨끗한 상태로 유지하게 한다.

세척 과정에서 물 표면에 떠 있는 불량 콩은 제거해야 하며, 콩에서 제거된 점액질로 인해 물이 탁해지므로 수조 안의 물을 여러 번 갈아 준다.

② 자연 건조

점액층을 씻어낸 커피는 빠르게 건조시켜야 하는데, 자연 건조 과정은 가장 오래된 커피 가공 유형이다. 자연 건조 과정에서 체리의 겉껍질과 펄프의 과육은 콩에서 잘 제거되지 않는다. 대신 자연 건조 과정에서 아직 제거되지 않은 펄프를 그대로 내부의 콩과 함께 건조 및 발효시킨다. 이것은 마치 포도를 건포도로 바꾸는 데 사용되는 것과 동일한 과정이다.

자연 건조 가공 커피는 가장 간단한 가공 형태이며, 노동 집약도가 가장 낮다.

자연 건조 과정은 강우량이 적고 습도가 낮으며, 담수에 대한 접근이 부족한 지역에서 사용된다. 대부분의 다른 라틴 아메리카 국가와 달리 브라질 커피의 90%는 자연 건조로 가공된다.

③ 허니(Honey) 가공

커피 체리에서 외피와 과육을 제거한 뒤 끈적끈적한 점액질 상태로 건조하는 방식으로, 반세척 공정이라고도 한다. 이 공정은 코스타리카와 엘살바도르와 같은 중미 국가에서 인기를 얻고 있다. 허니 커피 공정은 많은 주의가 필요하기 때문에 세척 및 자연건조 공정만큼 일반적이지는 않다.

④ 커피 생두 건조

커피콩은 햇볕에 말리거나 기계로 말릴 수 있다. 대부분의 경우 커피 생두는 수분함량이 11~12%에 이를 때까지 햇볕에 말린다. 이 단계에 도달하면 콩을 기계식 건조기로 옮겨 함량을 10%로 낮춘다. 체리를 말리는 데 사용되는 세 가지 주요 방법은 파티오, 높은 건조대, 기계 건조기이다. 기계로 완전히 건조하는 것은 일반적으로 공간이 협소하거나 습도가 너무 높아 생두를 건조할 수 없을 때만 사용된다.

가. 파티오(Patios)

체리는 8~15 cm 두께로 점토 또는 시멘트 타일로 된 파티오에 줄지어 펼쳐 둔다. 햇빛의 직사열이 타일에 흡수되어 발생하는 복사열이 체리를 건조시킨다. 균일하게 건조시키기 위해 체리를 낮 동안 매시간 뒤집어 주어야 한다.

나. 높은 건조대(Raised beds)

체리를 2.5~5 cm 깊이가 되도록 허리 높이의 망이 있는 받침대 위에 단일층으로 펼쳐 놓는다. 건조는 받침대 위와 아래로 흐르는 공기와 직사광선에 의해 이루어진다.

다. 기계 건조기(Mechanical dryers)

기계 건조기는 수직 및 수평의 두 가지 종류가 있으며, 한 번에 몇 톤의 파치먼트 커피[2]를 건조할 수 있다. 커피의 양이 너무 많아 자연광에서 건조할 공간이 충분하지 않은 대규모 농장이나 강우량이 많은 지역에서도 효과적이다.

(4) 커피 생두 숙성

이제 커피 원두는 파치먼트[2]층이 제거되기 전에 레포사(reposa)로 알려진 휴지기를 거쳐야 한다. 사용되는 보관 방법에 따라 파치먼트에 둘러싸인 커피는 90일 이상 보관

[2] 파치먼트는 커피 생두를 감싸고 있는 속껍질(내과피)을 의미한다.

할 수 있다. 이 방법으로 커피를 쉬게 하면 전체 저장 수명이 향상된다.

올바른 보관을 위해 커피는 빛에 대한 노출이 제한되고 온도가 안정적이며 통풍이 잘 되는 환경에 있어야 한다. 잘못된 보관으로 뜨겁고 습한 공기에 노출된 커피는 제대로 안정화되지 않거나 수분을 재흡수하기 시작한다. 커피콩은 대부분 팔레트에 대량으로 쌓인 황마 자루에 저장된다. 이렇게 쌓인 자루는 커피 주변의 공기 이동을 제한할 수 있다.

또 다른 저장 방법은 대규모 나무 사일로이다. 이 방법을 사용하는 시설은 프로세스를 더 잘 제어하여 더 균일한 제품을 만들 수 있다.

(5) 커피 생두 까기

밀링 공정의 첫 번째 단계는 파치먼트 껍질 벗기기인 훌링(hulling)으로 알려져 있다. 훌링 공정은 커피 원두를 덮고 있는 얇은 껍질층을 제거하기 위한 과정이다. 이 과정은 또한 얇은 껍질층 아래의 은색 껍질(silver skin, 은피)층도 제거한다. 껍질을 벗기는 기계는 마찰을 사용하여 층을 제거하지만 커피콩의 품질에 부정적인 영향을 미치므로 너무 많은 열을 발생시키지 않도록 세심한 주의가 필요하다.

이제 커피 원두의 얇은 파치먼트 껍질층이 제거되었으므로 커피 원두를 둘러싸고 있는 유일한 층은 은색 껍질이다. 커피 생두를 덮고 있는 은색 껍질이 모두 껍질을 벗기는 방식으로 완전히 제거되는 것은 아니므로 일부 농장에서는 연마라고 하는 과정을 통해 커피콩의 은피를 제거한다.

(6) 등급 매기기와 분류

생두는 시각적 결함과 이물질, 균일한 크기 정도로 선별한다. 생두를 분류하는 데 사용되는 방법은 다음과 같다.

① 색깔에 의한 분류

특수 카메라가 장착된 전자 컬러 측정 기계를 사용하여 사전 프로그래밍한 색상 범위와 비교하여, 생두가 색상 범위 밖에 있는 경우 원두가 벨트 라인에서 빠르게 움직이는 동안에도 기계에 내장된 공기총으로 해당 결점 원두를 공기로 쏘아 제거할 수 있다.

② 크기와 무게에 의한 분류

일정한 크기의 구멍이 뚫린 판(screen) 위에 생두를 올려놓고 흔들어 작은 생두는 구멍을 통해 밑으로 빠지고 큰 생두는 스크린 위에 남도록 하는 방식이다. 중량별로 콩을 분류하기 위해서는 에어 제트를 사용하는 공압식 방식으로 무거운 콩과 가벼운 콩을 분류한다.

(7) 수송

커피 생두는 이제 플라스틱으로 코팅된 컨테이너에 대량 배송되거나 황마 또는 사이잘삼(sisal hemp) 자루에 담아 적재된다.

(8) 품질 검사

생두는 이제 커피 커핑(cupping)으로 알려진 과정에서 맛보고 평가된다(그림 7-9). 커핑 과정은 커피의 품질을 테스트하고 평가하기 위해 수행된다. 커핑을 수행하는 사람(cupper)은 커피의 향, 풍미, 단맛, 산도, 쓴맛, 입 안의 느낌 및 전반적인 균형을 평가한다. 이 과정은 품질에 따라 커피의 가격을 결정하고 블렌드 커피의 배합비를 결정하는 중요 역할을 한다.

먼저, 커퍼는 육안으로 생두의 불량 여부를 검사하여 품질을 확인한다. 그런 다음 생두를 작은 배치로 로스팅하고 즉시 갈아서 갓 끓인 물로 내린 커피를 작은 술잔 모양의 커핑 그릇에 담는다. 커피를 4분 동안 식도록 두어 표면에 크러스트를 형성한 떠다니는 커피 찌꺼기를 옆으로 밀어내면서 동시에 커피의 향을 평가한다.

그림 7-9 품질 검사를 위한 커핑 과정

이제 커피를 식히기 위해 10분 정도 더 방치한다. 충분히 식으면 커퍼는 볼록한 큰 스푼을 사용하여 커피를 후루룩 입으로 빨아들이면서 커피 향이 입 안에서 잘 퍼져 음미하기 좋게 만들어 조금씩 시음한다. 커퍼는 보통 와인을 시음할 때와 마찬가지로 미각이 지치지 않도록 바로 뱉어낸다. 이 과정은 커피 시음이 끝나거나 커피가 차가워질 때까지 반복된다. 전문 커퍼는 하루에 수백 개의 커피를 맛볼 수 있다.

(9) 볶기(로스팅)

로스팅 과정은 흙과 짚 같은 뚜렷한 지린내 향이 나는 커피 생두를 우리 모두가 사랑하는 향기로운 갈색 커피 원두로 만들기 위한 과정이다(그림 7-10).

이 과정은 한 번에 1 kg에서 100 kg 이상 무게의 원두를 배치 로스팅할 수 있는 전용 커피 로스팅 기계에서 수행한다. 많은 양의 로스팅을 진행하기 전에 커피 로스터는 먼저 소량을 로스팅하여 원두를 평가하는 샘플 로스팅을 진행한다. 각 로스팅 후에 로스터는 품질을 테스트하기 위해 커핑을 진행한다. 일관된 커피 블렌드를 유지하기 위해서는 엄격한 커핑 과정이 필요하다.

그림 7-10 로스터에서 갓 볶은 커피를 식히기 위해 배출하는 과정

① 로스팅의 단계별 변화

커피콩은 로스터 안에서 260~500°C의 열풍으로 가열되면 대류열과 복사열에 의해 중심온도가 220~240°C까지 단계적으로 상승하며 변화한다(표 7-1). 그리고 볶음 정도에 따라 특유의 향과 맛을 낸다(표 7-2).

표 7-1 로스팅 단계별 커피콩의 변화

커피콩 내부 온도	변화	기타
100~130℃	수분 증발, 맛있어 보이는 노릇노릇한 색으로 변화	흡열 반응(커피콩이 열을 흡수하여 볶아지는 과정)
140℃	커피콩의 탄수화물, 지방, 단백질, 유기산 등이 분해 탄산가스 방출, 조직 팽창	
150℃	커피콩의 중심부가 팽창하면서 1차 팽창음(crack) 발생	
200℃	커피콩이 건열 분해(물기 없는 상태에서 열을 받아 일어나는 화학반응*)되면서 열을 밖으로 발산하면서 조직이 2차로 팽창. 커피 원두의 색상은 옅은 갈색 단계에서 신맛이 강하고 향기와 고소한 맛은 약하다.	발열 반응(건열 분해 반응, 향기 생성)
220~230℃	커피콩은 갈색이며 달콤한 맛과 고소한 맛이 최고에 도달하고, 향기는 짙으며 신맛은 줄어든다. 이때 로스팅을 중단하고 찬공기로 빨리 식힌다.	맛과 향기가 가장 좋아지는 최적의 단계

*갈변반응 : 건열 분해가 진행되는 동안 일어나는 현상으로 당, 유기산, 알데하이드, 지방산 등의 화학반응을 의미하며, 맛과 향기를 구성하는 성분이 생성된다.

② 볶음 정도에 따른 향미의 변화

표 7-2 볶음 정도에 따른 향미

볶음 정도		향미
약한 볶음 (190~215℃)	라이트 로스트(황색)	신맛이 강하고 중후함과 향기는 약하며, 아메리칸 커피에 적합함
	시나몬 로스트(옅은 계피색)	신맛이 강하고 약간의 중후함이 있으며, 아메리칸 커피에 적합함
중간 볶음 (215~230℃)	시티 로스트(옅은 갈색)	신맛과 중후함이 조화로움
	풀시티 로스트(갈색)	중후함과 향기가 최고이지만 신맛은 약하다.
강한 볶음 (230℃)	프렌치 로스트(갈색)	달콤한 맛과 중후함이 강하고 신맛은 약하며, 카페오레나 비엔나커피에 적당함
	이탈리안 로스트(흑갈색)	맛이 아주 강하며, 에스프레소와 카푸치노에 적합함

(10) 커피 분쇄와 커피 내리기

커피 원두 질량의 약 35%가 물에 녹는다. 따라서 물이 풍미를 더 빨리 추출할 수 있도록 커피 내리는 방법에 맞게 원두커피를 적절하게 갈아야 한다. 물이 커피와 접촉하는 시간도 분쇄도를 결정하는 데 영향을 미친다. 예를 들어 에스프레소는 약 30초 이내에 추출이 완료되기 때문에 매우 미세한 분쇄도가 필요하다.

커피 추출장치는 다양한 형태로 제공된다. 가장 일반적인 것은 에스프레소 머신, 퍼콜레이션 브루어, 인퓨전 브루어 및 스토브 탑 브루어 등이다.

에스프레소 머신은 다양한 크기와 종류가 있지만 진정한 에스프레소를 즐기고 싶다면 최고급의 에스프레소 머신이 필수적이다. 아주 곱게 갈은 커피를 탬핑(tamping)하여 포터필터에 압축한 다음 에스프레소 머신에 고정하고 끓는 물의 스팀을 9~10 bar에서 커피 베드를 통과한다. 이 독특한 커피 내리기 방법은 음료 상단에 크레마층이 있는 매

맛있는 에스프레소 만들기

❶ 포타필터를 저울에 올린다.

❷ 뜨거운 물을 그룹헤드에 흘린다.

❸ 포타필터에 곱게 간 커피 18~21 g을 넣는다.

❹ 손으로 커피가루를 골고루 펼친다.

❺ 손으로 탬퍼를 가볍게 누르면서 돌려 표면을 매끄럽게 한다.

❻ 포타필터를 그룹헤드에 끼우고 커피를 추출한다.

❼ 처음에는 천천히 추출하다 30초 이내에 황금빛 액체가 나올 때까지 추출한다.

❽ 따뜻하게 덥힌 데미타세에 에스프레소를 받아야 풍미를 보존할 수 있다.

그림 7-11 에스프레소 추출 방법

우 강한 커피를 생산한다. 에스프레소는 카푸치노, 라떼, 모카, 플랫화이트 등 우리가 사랑하는 카페라떼의 베이스로 사용된다.

이 외에도 프렌치 프레스(French Press), 터키(Turkeya) 커피, 콜드브루(Cold Brew), 핸드드립(Hand Drip) 등 다양한 커피 추출 방법이 있다.

5) 커피의 기능성

커피 소비자들에 대한 메타 분석의 결과, 하루 5잔 미만의 커피 소비는 건강에 이로운 효과가 더 많지만 지속적이고 과량의 커피를 마시게 되면 위암의 위험이 있을 수 있음을 보였다. 커피의 건강기능성은 대부분 블랙커피를 마실 경우를 가정해서 분석하였고 설탕을 첨가하는 경우 설탕으로 인한 간섭 효과가 나타날 수 있다.

(1) 건강기능성과 관련된 커피의 주요 성분

① 카페인(caffeine)

카페인은 신경이완 작용을 하는 아데노신(adenosine)과 구조가 비슷하기 때문에 아데노신 수용체에 결합하여 아데노신의 반대활성(antagonist), 즉 중추신경을 자극하는 효과를 나타내며, 일시적인 혈압 상승, 대사율 증가, 이뇨작용 등을 나타낸다(그림 7-12).

② 클로로겐산(chlorogenic acid)

항산화기능을 나타내는 대표적 폴리페놀 물질이다. 낮은 온도에서 볶은 커피에 많이 포함되어 있다.

③ 카페스톨과 카웨올(cafestol and kahweol)

혈중 콜레스테롤 농도를 올리는 데 관여하는 물질이다. 이 물질은 핸드드립을 할 때

대표적인 커피의 기능성

장기간 커피를 애용하는 경우 다음 질병의 위험을 현저히 낮춰준다.

- 2형 당뇨
- 파킨슨병(Parkinson's Disease)
- 우울증, 자살률
- 심장병과 뇌졸중
- 간경화, 간암, 직장암(항염증)
- 치매(Alzheimer's Disease)
- 담석증

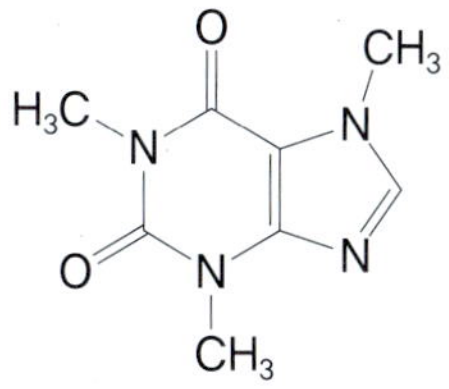

caffeine

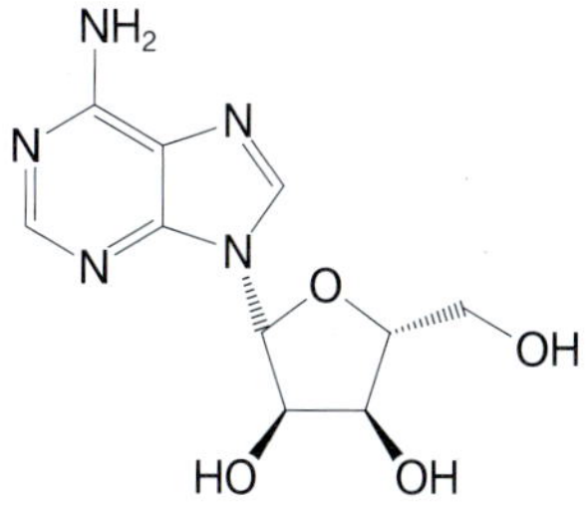

adenosine

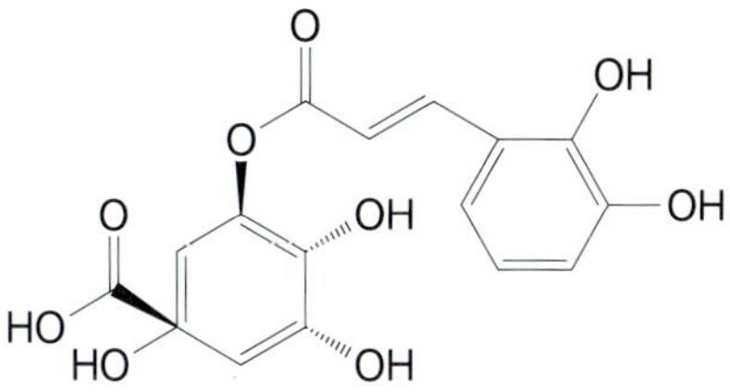

chlorogenic acid

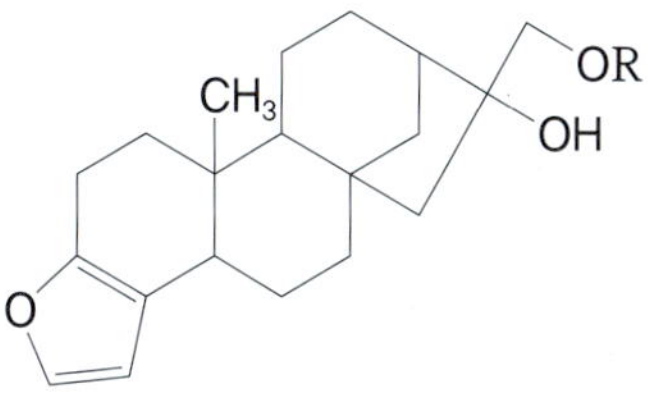

cafestol

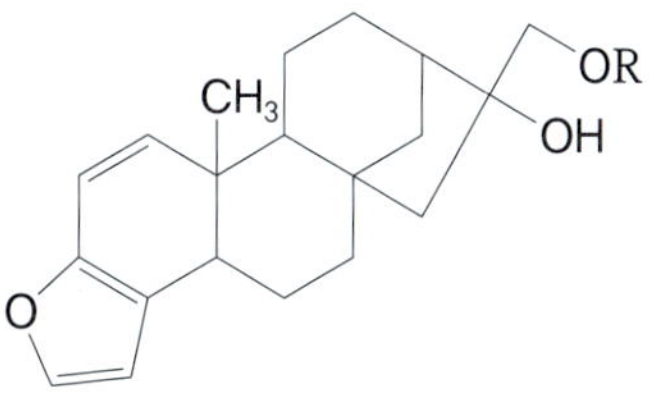

kahweol

그림 7-12 **커피의 기능성 성분**

사용하는 종이필터에 흡착되어 대부분 제거될 수 있다.

(2) 커피의 부작용

블랙커피를 과도하게 마시면 코르티솔이라는 스트레스 호르몬 수치가 높아질 수 있다. 다량의 카페인은 불안과 스트레스를 유발한다. 연구에 따르면 매일 카페인을 1,000 mg 이상 섭취하면 대부분의 사람들에게 신경과민, 초조함 등의 증상이 나타날 수 있다. 그리고 스트레스로 인해 체중이 증가한다는 점에 유의해야 한다. 이 경우 수면지연시간 연장, 야간 각성, 총 수면시간 단축, 깊은 수면시간 감소, 전반적인 수면의 질 저하와 같은 수면 장애를 유발할 수 있다. 숙면을 위해서는 취침 4~6시간 전에 커피를 마시는 것을 피하는 것이 좋다. 또한 과도한 카페인은 위장관을 자극하여 배탈, 메스꺼움 및 설사를 유발할 수 있다. 너무 많은 카페인 섭취는 철, 마그네슘, 칼슘 및 아연을 포함하여 일일 식단에서 특정 미네랄의 영양소 흡수를 억제할 수 있다. 철분 함유 식품이나 보충제를 섭취한 후 1시간 이내에는 블랙커피를 마시지 않는 것도 좋은 방법이다. 임신 중 블랙커피 2잔 이상의 너무 많은 카페인은 아기의 성장과 발달에 장애가 될 수 있다.

커피의 위해성 논쟁

2018년 3월, 로스앤젤레스 대법원의 Elihu Berle 판사는 캘리포니아 주에서 판매되는 모든 커피에는 잠재적인 발암 화학물질인 아크릴아마이드(acrylamide)가 포함되어 있기 때문에 암 경고 라벨을 부착해야 한다고 판결했다.

이 판결의 근거는 쥐에 과량의 아크릴아마이드를 투여했을 때 암이 발생하는 것을 관찰한 실험 결과였다. 그러나 커피에 들어 있는 소량의 아크릴아마이드를 사람이 섭취할 경우 암이 발생한다는 결과는 없다. 오히려 커피 애호가들에 대한 대규모 추적 조사(meta-analysis)의 결과는 커피가 암을 억제한다는 결과들이 속속 나오고 있다. 아크릴아마이드는 우리가 먹는 프렌치프라이, 토스트 빵, 구운 과자, 감자칩 등에도 들어 있다.

그렇다면 하루에 몇 잔 정도까지 커피를 마시면 좋을까?

전 세계적으로 가장 널리 사용되는 향정신성 약물인 카페인은 블랙커피의 주요 약리 활성 화합물이다. 대부분의 건강한 성인이 하루에 최대 400 mg 미만의 카페인(원두커피 3~5잔에 들어 있는 카페인 양) 섭취는 안전하다는 것이 정설이다.

커피를 건강하게 마시는 방법

블랙커피를 마셔보자. 커피에 설탕과 같은 감미료를 넣으면 여분의 에너지를 섭취하게 되어 체중 감량 계획에 차질을 가져올 수 있다. 커피 다이어트를 통해 체중 감량을 원할 경우 커피와 함께 저지방 고섬유질 식사를 하면 효과가 있다. 햄버거를 먹을 때 콜라 대신 블랙커피!! 하루 2~3잔의 블랙커피는 인슐린 감수성을 높이고 조직 손상을 억제하며 염증을 억제함으로써 당뇨병 발병 위험을 줄이는 데 도움이 될 수 있다. 뿐만 아니라, 블랙커피를 운동 전에 마시면 운동 효과를 높일 수 있다.

6) 변화하는 커피 문화

우리는 스타벅스 커피의 탄생과 그 변화를 통하여 전 세계적으로 커피 문화가 어떻게 변화하는지, 그리고 앞으로의 변화를 예측해 볼 수 있다.

1971년 샌프란시스코 대학교(University of San Francisco) 동기인 20대의 제랄드 발드윈(Gerald Baldwin, 당시 영어 교사), 고든 보우커(Gordon Bowker, 당시 작가), 제브 시글(Zev Siegl, 당시 역사 교사)이 자신들이 좋아하는 예술, 맛있는 음식, 좋은 포도주, 그리고 커피를 즐길 수 있는 장소로 가게를 창업하였다.

1982년 뉴욕에서 스웨덴 회사인 햄머플래스트에서 부사장까지 고속 승진하던 하워드 슐츠는 시애틀에 있는 스타벅스(Starbucks)의 매력에 빠져 직장을 옮겨 스타벅스에 취업을 한다. 판매 및 홍보 책임을 맡은 그는 1983년 이탈리아 밀라노에 출장을 갔다가 만난 에스프레소 카페의 분위기에 완전히 매료당하였다. 그는 이 가게가 단순히 원두를 구매하거나 커피를 마시는 공간이 아닌, 지역 주민들이 서로 이름을 부르며 온기 있는 삶을 나누며, 커피점 주인인 바리스타는 커피에 대한 전문성을 가진 환상적인 커피 문화가 있는 곳이라 생각하였다. 하워드 슐츠는 스타벅스의 세 창업자들에게 이러한 커피 사업을 프랜차이즈로 운영해 보자고 설득하였지만 이상이 달라 1985년 스타벅스를 그만둔다.

스타벅스 커피의 변화 전략

- 고객 맞춤형 메뉴 개발
- 고급 커피원두 품질관리 : 블록체인 기술
- 커피 향 관리 : 종업원은 향수 사용 금지
- 매장 사운드 관리로 고급스러운 매장 분위기와 전문적인 음악 제공
- 글로벌 스탠다드 전략으로 전세계 사람들이 스타벅스 커피 러버로 만들기
- 버즈 마케팅 : 이름 부르기(잘못된 이름 쓰기)를 통해 자신들의 이름이 잘못 표기된 것을 SNS에 올리게 될 것을 예상해 자신들의 커피가 많은 사람들의 입에 오르내리게 하기
- 미디어 광고 : 유명 영화의 소품으로 스타벅스 커피 등장(예 : 악마는 프라다를 입는다. 인턴 사원이 커피배달을 맡는데 이때 스타벅스 커피 등장)
- 고급 문화 자극
- 스타벅스 리워드 및 굿즈
- 사이렌 오더(siren order)
- 오토메이션 : AI가 커피 주문 및 제조에 관한 모든 데이터 축적

끈기와 긍정의 화신과도 같았던 하워드 슐츠는 커피점 일지오날레(Il Geonale)를 창업하고 230여 명의 투자자들을 설득한 끝에 몇 사람의 투자를 받아 커피점을 성공적으로 운영한다.

1987년 1대 스타벅스 창업자들이 사업을 포기하고 380만 달러에 스타벅스를 슐츠에게 넘겼으며, 스타벅스는 1세대의 우수한 커피 품질과 소비자 신뢰 중심의 경영에 감성을 더하는 경영으로 오늘날의 세계적 거대 커피 전문점이 되었다.

현재 스타벅스는 일반적인 커피를 마시던 1세대, 고급 커피를 선호하게 되는 2세대, 그리고 고객 맞춤식 커피의 3세대로 변화하는 흐름에 맞게 변화하고 있다.

3. 홍차

1) 홍차의 역사

(1) 차의 기원

중국에서 차를 마시는 관습의 기원은 매우 오래전으로 거슬러 올라간다.

그중에 흥미로운 차의 유래에 대한 전설은 기원 전 2737년 당시 농사의 신으로 알려진 고대 중국의 전설상의 제황 신농(神農)의 이야기가 전해진다. 신농이 늦은 가을 산책을 하다가 차나무(Camellia tree) 아래에서 쉬면서 물을 마시기 위해 물을 끓이던 중 가을바람에 떨어진 나뭇잎이 끓는 물에 들어가 향긋한 냄새와 함께 노르스름한 색으로 변하자 이에 호기심이 생긴 황제가 그 물을 마시니 정신이 맑아지는 듯한 느낌을 받았는데, 이를 계기로 중국에 차가 시작되었다고 한다. 그 후 차는 제사 의식, 식품 또는 약용으로 사용되었다. 수나라(581~618) 때는 차와 쌀, 소금, 향료, 또는 다른 약용 식물을 함께 넣어 약을 만드는 데 사용하다가 당나라(618~907)에 와서야 전국의 음료로 자리 잡게 된다. 이 시절 차는 각성 효과 때문에 오랜 시간 맑은 정신으로 명상을 하고자 하는 불교의 승려들에게 사랑을 받았다.

송나라(960~1279) 시절에는 찻잎을 갈아서 물에 타 먹는 방법이 유행하다가 송나라의 유산을 배격하는 위안 왕조(1279~1368) 때 완전히 사라지게 된다. 그러나 위안 왕조가 끝나자 이 관습은 다시 부활하여 오늘날에 이르고 있으며, 지금도 대부분의 중국인들은 녹차 계열의 차를 마시고 있다.

(2) 홍차의 탄생

유럽에 차가 처음 소개되었을 때 그들이 마셨던 차는 녹차 계열의 차였다.

그렇다면 당시 중국에는 어떤 종류의 차가 있었을까?

중국의 차 종류는 그림 7-13과 같이 발효 정도에 따라 다양하다.

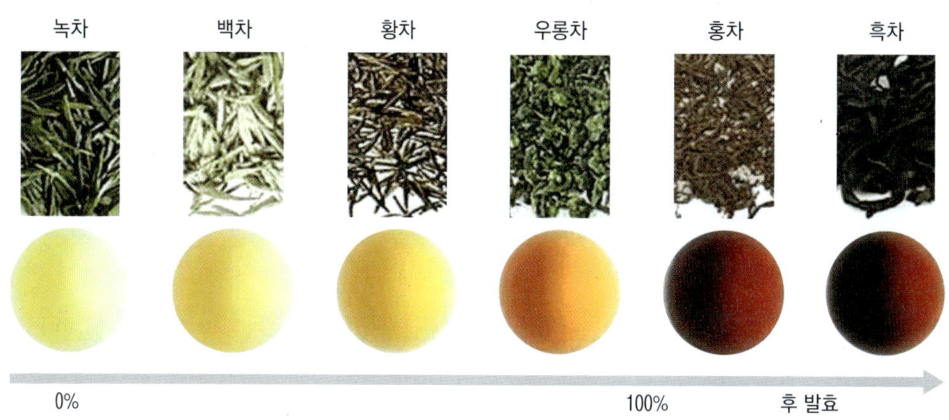

그림 7-13 **발효 정도에 따른 차의 종류**

① 녹차(Green Tea)

전통적으로 녹차는 봄에 찻잎을 따서 가공하는데 갓 수확한 찻잎에서 우린 녹차가 가장 맛있다고 한다. 중국에서 생산하는 차의 70%를 차지하는 녹차는 비발효차이다. 일본은 찻잎 속의 효소 활성을 없애기 위해 잎을 증기로 찌는 데 비해 한국과 중국에서는 생잎을 뜨거운 솥에서 덖어 발효를 멈추게 한다.

② 백차(White Tea)

미생물에 의한 약한 발효로 인해 녹차보다 더 높은 플라보노이드(flavonoid) 함량을 가지고 있어서 항산화, 항균작용과 같은 건강기능성을 나타낸다.

③ 황차(Yellow Tea)

중국 한방에서는 황차를 소화 불량, 식욕 부진, 체중 감소 등의 치료에 사용한다. 발효에 의해 폴리페놀류와 아미노산이 풍부하다고 알려져 있다.

차 생산을 위해 차나무에서 채취한 찻잎

녹차 다원

그림 7-14 **녹차**

자료 : CC BY-SA 3.0, http://www.iyoubj.com/chyg/ywxm/pingsha/2010-08-02/4062_2.html

④ 청차(우롱차, Oolong Tea)

가장 대표적인 중국차이다. 제조법과 발효 정도에 따라 다양한 우롱차가 있지만 가장 잘 알려진 것은 중국 푸젠성의 우이산에서 자란 찻잎으로 만든 대홍포(大紅袍)가 있다. 청차라고 불리는 이유는 제조 직후 잎이 청색을 띠기 때문인데 차를 만들기 위해서는 먼저 생잎을 햇볕에 쬐어 시들게 한 후 큰 바구니에 넣고 흔든다. 이때 찻잎에 미세한 상처가 나면서 발효가 일어난다. 이후 솥에서 덖어 발효를 멈추는데 완성품은 제조자에 따라 복잡한 처리 과정을 거친다.

⑤ 홍차(Black Tea)

서양에서는 글자 그대로 흑차이지만 중국에서는 홍차(red tea)라고 불린다. 발효 정도가 80~100% 진행되면서 산화에 의해 검붉은 차로 변화한다. 생잎을 40% 정도 건조시키고 유념[3]하여 발효를 촉진시킨다. 기원은 푸젠성 우이산 동목촌으로 알려져 있다.

⑥ 흑차(Dark Tea)

일반적으로 차는 유념 및 성형을 거친 후에 훈증을 통해 찻잎에 남아 있는 효소의 작용이나 미생물의 발육을 억제하는데 흑차는 이 과정을 거친 후 2차 발효로 숙성이 수년간 진행되는 동안 국균과 같은 미생물이 생장하며 독특한 색과 향이 생성된다. 보

[3] 찻잎을 양손에 쥐고 비벼서 세포막을 파괴하는 과정을 유념(揉捻)이라 한다. 이 유념 과정 덕분에 나중에 찻물에 찻잎을 넣으면 물에 각종 성분이 쉽게 우러나온다.

이 흑차가 유명하다.

(3) 유럽에 소개된 부의 상징인 차

유럽의 선교사나 상인들이 일본과 중국에 진출하면서 차를 처음 접하게 되는데 그들에게는 "Chia라는 약용식물을 우려낸 뜨거운 음료"로 알려졌다.

16세기 후반 일본에서 경험한 다도는 유럽인들에게 고결한 문화로 여겨졌고 그 내용이 유럽에 전파되고 과장되면서 유럽인들은 차와 부를 찾아 아시아로 진출하게 되었다.

1610년부터 네덜란드는 일본에서 차를 구입해 자국령이던 자바의 반탐으로 옮기고 다시 헤이그로 옮겨 귀족이나 부유층의 인기 있는 기호품이 되었다.

일본의 차와 다기를 보유하는 것은 부의 상징이 되어 손님을 대접할 때 자신의 성공을 과시하는 수단이 되었다. 이때 당시에는 고가였던 설탕과 사프란을 차에 넣는 새로운 방법이 고안되기도 하였고, 뜨거운 차를 찻잔 받침에 조금씩 따라서 후르륵 소리를 내며 마시는 방법이 생겨나기도 하였다.

1600년에 인도에 동인도회사를 세우고 인도의 향신료와 특산품에 관심이 많던 영국이 드디어 1644년 중국과 직무역을 시작하였다. 영국 왕 찰스 2세가 포르투갈 공주 캐서린 브라간자와 결혼하면서 브라간자가 지참금으로 가져온 차와 설탕은 왕실과 귀족층에 차를 전파하는 결과를 낳았다. 영국에는 네덜란드보다 반세기 늦게 차가 보급되어 1657년 런던의 커피하우스인 게러웨이스(Garraways)에서 네덜란드에서 들여온 차를 판매하였다. 1669년 마카오에 동인도회사 상관을 설치하고 중국에서 차를 수입하였는데 이로써 네덜란드를 통한 차 수입이 직수입으로 전환된 것이다. 유럽인들이 처음 수입한 차는 중국인들이 주로 녹차를 마셨던 것과 같이 대부분 녹차였다.

(4) 홍차의 유래

중국의 차 전문가들은 푸젠성 우이산[武夷山]의 발효차는 15세기 이전쯤 출현했을 것으로 추정하지만 실제로 우롱차는 17세기 이후 등장하였고 1700년 이후 홍차와 우롱차가 수출용으로 만들어졌다고 기록되어 있다.

제다의 역사를 보면 송나라 시대부터 푸젠성 우이산 동목촌(桐木村)에서는 산기슭에 자생하는 찻잎을 채취하여 녹차를 생산하였는데 17세기 초부터는 '정산소종(正山小種)'이라는 발효차도 생산하게 되었다. 정산은 우이산을 의미하고 소종은 양이 작음을 의미하기 때문에 우이산에서 자생하는 찻잎으로 차를 만들었음을 알 수 있다. 우이산은 높은 바위산으로 그 틈새에서 자라는 찻잎을 5월 중순과 6월 하순부터 7월 사이에 따서 자루와 바구니에 담아 산을 오르내리는 동안 찻잎끼리 부딪히며 흠이 생겨서 산화와 발효가 시작되기 때문에 녹차로서는 고급 품질의 차를 만들 수 없었다. 상처가 없는 생생한 찻잎은 녹차로 만들어졌지만 흠이 생긴 찻잎은 자연스럽게 발효차가 되었다. 그러나 고지대의 낮은 온도 때문에 우롱차로 발전하지 못하고 상처 난 찻잎을 더 강하게 유념한 것이 산의 습기와 만나면서 2차 발효를 일으킨 홍차가 되어 정산소종이 탄생했을 것이라고 추측하고 있다.

그렇다면 왜 중국인들이 별로 선호하지 않던 홍차를 영국인들은 녹차보다 더 좋아하게 되었을까? 당시 영국인들은 녹차와 홍차는 다른 나뭇잎에서 만들어졌다고 생각하였다. 이 당시 서양에는 동양 차에 대한 지식이 없었다. 무기질이 많아 경도가 높은 영국 런던의 물로 녹차를 우릴 경우 색은 진하고 맛과 향은 매우 약하였다. 발효차는 탄닌의 함량이 많아 중국의 물로 우리면 떫은맛이 나지만 영국의 경수로 우리면 적당히 순하고 좋은 맛이 나고 차의 색깔이 자신들이 마시던 커피의 색깔과도 비슷하였다. 보이차는 우이산의 영어 발음이며, 정산소종이 유통되는 과정에서 실수로 만들어진 차로 알려졌다. 차를 수출하여 배로 운반하는 과정에 습기와 비에 젖은 차는 부패하거나 다시 발효가 일어나게 되었으며, 귀중한 물건을 폐기할 위험에 접한 상인들이 이 찻잎을 다시 말려서 상품으로 팔았는데 우연히 그 차의 풍미가 장미향이 나고 당시 영국의 경도 높은 물로 추출된 차가 영국인들의 입맛에 맞았던 것 같다.

바위산에서 자생하는 찻잎을 따서 생산한 정산소종은 소량으로 생산될 수밖에 없었다. 그렇지만 중국의 차 상인과 영국의 동인도회사는 불법으로 다른 산에서 재배한 찻잎으로 우이산 홍차를 만들어 우이산 정산소종 홍차, 즉 보이차에 가까운 차를 만들어 팔며 막대한 이익을 보았다. 영국인들은 정산소종을 랍상소우총(lapsang souchong)이라 부르는데 이 차는 수출용으로 건조시킨 찻잎에 다시 습기를 가하고 연기를 가하여 만든 것이다. 이로써 정산소종은 거의 없고 강한 향을 내는 랍상소우총이 영국에 유행하였다. 섬세한 향기를 내는 정산소종이 중국에서 만들어져 몇 개월을 거쳐 배로 영국으로 운송되었을 때는 향기도 떨어지고 품질도 많이 떨어졌을 것이다. 우이산의 차를 최고로 치던 영국의 소비자들을 중국 차 생산자와 영국 상인들이 함께 거짓으로 속여 만든 것이 현재까지 가장 고급 홍차로 여겨지고 있는 것이다.

(5) 영국인의 홍차 사랑

18세기 영국에서 차는 부의 상징이자 차 매너가 교양의 척도가 되었다.

고가품인 차를 귀중품 보관상자인 캐디박스(Caddy Box)에 보관하고 밀폐해서 보관하다가 손님이 오면 열쇠로 박스를 열고 찻잎을 꺼내 차를 우렸다. 이와 같은 영국인들의 차 사랑으로 인해 중국에서 차의 수입이 급증하였다. 1788년경 연간 차 수입이 1000만 파운드를 넘자 차 가격이 술값보다 더 저렴해지면서 더 이상 부의 상징성은 사라지게 되었다. 홍차가 건강에도 좋다는 이론도 생기면서 건강과 건전한 가정생활을 위해 필수적인 음료로 자리를 잡았다.

이렇게 탄력을 받은 차 사업은 아편전쟁에 의한 차 무역 자유화, 수에즈운하 개통, 인도와 실론에서의 차 재배 등으로 영국으로의 차 수입은 지속적으로 증가하고 가격이 인하되어 차는 일반 서민에게도 널리 퍼져 나갔다.

차 수요가 증가하자 먼 나라 중국에서 차를 수입하던 것을 경제적으로나 시간적으로 유리한 인도, 자바, 실론 등에서 재배 가능한 차 품종을 개발하는 등 다각도의 노력 끝에 인도 아삼과 버마 동부에 자생하는 차나무를 재배하여 다원을 조성하는 데 성공하였다.

그러나 중국에 대한 동경과 중국 원산지에 대한 집착으로 중국의 푸젠성에서 구한 차나무를 재배하기 위해 각고의 노력을 기울였으며, 드디어 인도의 다즐링 지방에서 차나무 재배를 성공하여 그곳에 다원을 조성하여 차를 생산하였다. 이것이 영국의 최고급 홍차인 다즐링 홍차이다.

인도의 아삼 지역에서 차 재배에 성공한 영국인들은 현재의 스리랑카인 실론에도 관심을 가졌다. 이 섬에서는 19세기 중반까지 커피를 생산했지만 1865년 커피나무 전염병으로 커피나무가 전멸하였고 이에 앞서 1839년부터 차나무의 재배가 실론섬에서 성공적으로 진행되고 있었다. 이를 기반으로 실론섬에 다원을 조성하고 제다에 성공하여 질 좋은 홍차를 영국으로 수출할 수 있게 되어 1880년대에는 런던에 중국산 홍차와 아삼 홍차 그리고 실론 홍차가 거래되었다.

(6) 립턴티(Lipton Tea)의 등장

홍차의 왕이라 불리는 토마스 립턴(Thomas Lipton)은 1850년 스코트랜드 글래스고에서 태어나 부모님이 운영하는 식료품점에서 뛰어난 상술을 발휘하여 물건을 잘 팔았다. 상업에 관심이 많았던 립턴은 문구점, 셔츠공장에서 일하다가 열세 살에 증기선의 급사가 된다. 열심히 돈을 모아 열다섯이 되던 해 모인 돈을 가지고 무작정 뉴욕행 배를 타고 미국으로 이주한다. 미국 남부 담배농장에서 일하고 3년 후 뉴욕으로 돌아와 뉴욕 백화점, 식료품점에서 일하며 모은 돈 500달러를 가지고 고향인 글래스고로 돌아온다. 미국에서 번 돈으로 글래스고에서 자신의 가게를 열고 10년 후에 점포 수 20개, 종업원 800명으로 급성장시킨다.

당시까지만 해도 홍차를 저울에 달아 팔았는데 손님들이 줄을 서서 기다리는 시간을 줄이기 위해 홍차를 미리 1파운드, 반 파운드, 4분의 1파운드로 나눈 소포장으로 만들어서 손님들이 원하는 무게를 빠르게 맞춰주는 방식을 채택하였다. 홍차를 싼 가격에 판매하기 위해서 직접구매를 시도하고 박리다매로 실적을 올렸다. 맛있는 차를 우리기 위해 물의 성질에 맞는 차 추출 방법을 포장에 끼워 넣어 팔았는데, 이것이 사람들의 향토애를 자극해 판매를 더욱 가속화하였다. 이런 식으로 시작한 홍차 판매가 립턴을 본격적인 홍차 상인이 되게 하였다. 토마스 립턴은 부모로부터 "상품은 직접 생산자로부터 구매하라"는 교육을 받았기 때문에 1890년 여름 실론의 다원을 구매하여 차 생산에 필요한 시설을 갖추고 대량 생산을 시작하였다. 더 나아가 콜롬보에 홍차를 블렌딩하고 포장하는 공장을 세우고 선명한 노란색 바탕에 빨간색 립턴 로고를 표시한 제품을 세계 각국으로 수출하기 시작하였다.

(7) 티백과 아이스티의 발명

미국의 차 수입상은 견본 차를 주석 캔에 넣어 소매상에게 보냈는데 차 가격을 낮추기 위해 주석 캔 대신 비단주머니에 차를 소포장해 소매상에게 보냈다. 이것에서 영감을 받은 소매상은 차와 비단주머니를 따로 주문하여 차를 소포장의 비단주머니에 넣어 판매하기 시작하면서 간편한 차는 점점 대중 속에 파고들었다. 티백은 그 후 급속도로 발전해서 기계화에 이르렀다. 미국에서 티백이 제품화되어 보급된 것은 1920년대이다.

영국인들은 홍차를 반드시 뜨겁게 마셔야 한다고 믿었다. 그러나 아이러니하게 아이스티를 처음 고안한 사람은 영국인이라고 알려져 있다. 1904년 세인트루이스에서 열린 만국박람회에서 덥고 습한 루이지애나 7월의 날씨에 뜨거운 홍차를 판매하던 영국인 리처드 블리친댄(Richard Blechynden)이 뜨거운 홍차를 외면하는 사람들을 유인하기 위해 홍차에 얼음을 넣어 팔자 날개 돋친 듯 순식간에 홍차가 팔렸다.

오늘날 미국에서 마시는 홍차의 80% 이상은 아이스 홍차가 될 만큼 대표적인 냉차로 자리를 잡았다. 일본에서도 아이스티의 수요 때문에 대량의 홍차를 수입한다. 아이러니하게 보수적이기로 이름 난 영국의 트와이닝사도 아이스티를 생산하고 있다.

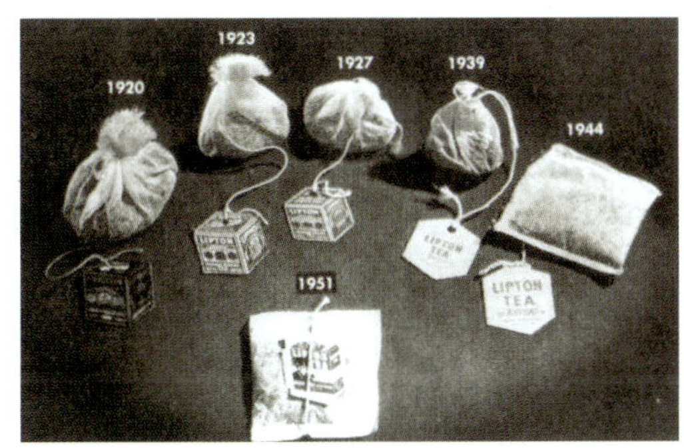

그림 7-15 1920~1951년 사이 립톤 티백의 변화

자료 : https://time.com/3996712/a-brief-history-of-the-tea-bag/

(8) 식어가는 영국인들의 홍차 사랑

영국은 물론 스코틀랜드, 북아일랜드, 웨일즈와 같은 영국 차의 핵심은 3세기 동안 홍차였다. 유럽의 선도적인 경영분석 회사인 유러모니터(Euromonitor)는 2019년 이전 5년 동안 미국, 러시아 및 영국에서 홍차 소매 판매량이 최소 10% 감소했다고 보고하였다. 러시아 시장은 영국과 거의 동일한 경로를 밟는데, 2020년에는 영국의 차 소비 감소로 파키스탄과 미국에 이어 영국을 훨씬 앞서는 세 번째로 큰 수입국이 되었지만 러시아에서도 커피의 소비로 인해 차의 소비가 줄어들고 있는 추세다.

커피의 소비가 차 소비를 대신하고 있는 것이다. 일본에서도 평행 이론이 적용돼 영국과 유사한 연령대의 문화 변화로 인해 녹차 기반의 차 소비가 하락하고 있다. 이 현상의 공통점은 젊은 층에게 차는 커피에 비하여 더 이상 매력적이지 않다는 것이다.

보스턴 차 사건(Boston Tea Party)과 아편전쟁

신대륙 미국에서 차를 마시기 시작한 것은 뉴암스테르담(지금의 뉴욕)을 중심으로 한 네덜란드계 이주민들에 의해서다. 영국이 뉴암스테르담을 1664년에 네덜란드로부터 빼앗아 도시 이름을 뉴욕(New York)으로 바꾸었는데 이때부터 홍차는 미국의 상류사회 음료로 자리 잡았다. 18세기에 접어들면 차 마시기는 널리 퍼졌으며 다양한 다기들도 대량 수입되었다. 18세기 후반 차에 부과되는 세금이 너무나 올라서 영국 동인도회사가 중국으로부터 직수입하는 차도 매우 비쌀 수밖에 없었다. 미국의 차 상인들은 네덜란드 상인들로부터 차를 밀수입했고 미국은 차의 대량 소비국이었기 때문에 영국은 큰 타격을 받게 되었다. 1773년 동인도회사를 구제하기 위해 영국 의회가 "차 조령"을 제정해 동인도회사 독점권과 관세를 없앰으로써 네덜란드로부터 밀수하는 차보다 가격이 싼 차를 수입하게 되어 미국의 차 밀수업자들을 자극하게 되었다.

1773년 12월에 미국의 차 상인들을 중심으로 보스턴 항에 입항한 동인도회사의 배에 선적된 차 342상자(1만 5000파운드)의 차를 바다에 던져버리는 사건이 발생하였다. 이것이 바로 보스턴 차 사건(Boston Tea Party)이다. 영국은 이를 계기로 식민지 미국을 더욱 압박하게 되고 보스턴에 군대를 주둔시켰다. 이에 대항해 미국은 1775년 독립전쟁을 일으키고 1776년 7월 4일 미국은 독립을 선언한다. 독립 후 미국은 영국의 압정과 속박의 상징인 홍차 대신 커피를 마시게 된다.

18세기 영국인에게 차는 생활필수 음료였다. 그렇다고 19세기 초까지 중국에서 차를 들여오는 방법 외에 다른 수단이 없었다. 차 수입으로 발생하는 무역불균형으로 영국은 국가 재정이 위험 수위에 도달할 정도였다. 이 무역 불균형을 해결하기 위해 영국 식민지였던 인도에서 아편을 재배하고 담배처럼 흡입하는 형태로 개발해 청나라로 수출하였다. 이로 인해 청나라의 은이 막대하게 유출되기 시작하였고 청은 1839년 광주에서 영국 상인들의 아편을 몰수 소각하는 사건이 벌어졌다. 이 사건을 계기로 1840년 전쟁이 발발하고, 전쟁에서 이긴 영국은 1842년 난징조약을 체결하며 홍콩을 조차지로 얻고 중국에 대한 경제적 지배를 강화하게 되었다. 차에 대한 영국인의 사랑이 중국과의 전쟁까지 불사하게 된 것이다.

자료 : https://www.bbc.com/news/world-asia-india-36781368

2) 홍차의 제조 과정

홍차의 제조는 잎 따기부터 시작해서 위조, 유념, 산화, 건조, 분류 등의 단계를 거친다. 각 단계별 구체적인 처리 과정은 다음과 같다.

(1) 잎 따기

잎을 따는(plucking) 사람들은 차의 가장 어린 가지의 맨 위쪽에서 자라나는 어린잎을 딴다.

(2) 위조

갓 딴 신선한 잎은 쉽게 부서지고 손상되기 쉽기 때문에 잎에서 수분을 어느 정도 줄여줄 필요가 있다. 위조(withering)는 신선한 찻잎을 펼쳐 말리면서 50% 정도의 수분이 날아가도록 시들게 하는 과정으로, 일반적으로 약한 더운 공기를 불어서 위조의 시간을 단축하여 12~18시간 동안 진행한다. 위조는 찻잎을 유연하게 만들어 다음 단계의 가공 과정에서 잎이 부서지지 않도록 만들어 준다. 전통적인 스리랑카의 차 생산 방법에서 사용되는 에너지의 거의 50% 이상이 위조에 사용된다.

(3) 유념

유념(rolling)은 거친 찻잎을 기계로 갈 듯이 세포벽을 깨서 세포 속의 효소가 스며 나오고 세포 내 물질이 공기에 노출되어 산화가 쉽게 일어나도록 하는 과정이다. 전통적인 유념은 찻잎을 손으로 비벼 분쇄하였지만 오늘날에는 기계로 압력을 가하며 갈아 준다.

(4) 산화

공기 중의 산소에 노출된 세포 물질들이 효소의 도움을 받아 다양한 산화(oxidation) 반응을 일으키며 향과 색이 변하게 되는데 습도, 온도, 시간 등이 매우 적절하게 조절되어야 한다. 산화 과정에 따라 찻잎은 갈색에서 홍색에 이르는 다양한 색상으로 변하게 된다.

홍차는 잎이 고도로 산화되어 색이 가장 어둡고 맛이 가장 강하다. 우롱차는 산화 정도가 홍차보다는 덜하고 생산자의 목표에 따라 산화 정도가 달라서 다양한 색상과 맛을 낸다. 녹차와 백차는 본질적으로 산화되지 않기 때문에 색과 맛이 가볍다.

(5) 건조

건조(drying)를 위해 마지막 단계로 가열을 한다. 동시에 찻잎의 산화 과정을 멈추게 하기 위해 열을 가하며 수분을 제거하는데 이때 열에 의해 당과 아미노산이 반응하면서 색이 변하고 아로마가 생겨난다. 타닌 성분이 단백질과 반응하여 떫은맛이 약해지기도 한다. 건조 과정을 거치면서 각 차의 최종적인 맛과 향이 결정되는 것이다.

차 용어 알아보기

- 신선한 찻잎 : 두 개의 잎과 하나의 새순으로 이루어진 신선한 찻잎을 매일 손으로 따서 모은다.
- 시들음(withering) : 신선한 잎은 평마루에 놓여 시들기 시작하고 점차 산화가 시작된다. 대부분의 경우 부드러운 강제 열풍을 불어 잎의 수분함량을 낮추는 데 도움을 준다.
- 그늘 처리(shaded) : 말차를 생산하기 위해 햇빛을 차단하고 잎의 엽록소와 테아닌 수치를 높이기 위해 찻잎을 길게 널어서 21일 간 그늘 처리한다.
- 덖음(pan fried) : 용정차(Lung Ching, Dragon's well)와 같은 중국 녹차는 산화를 멈추고 녹색을 유지하기 위해 냄비나 팬에 데친다. 냄비에 굽는 것은 차에 밤맛과 같은 구수함을 제공한다.
- 찜(steamed) : 센차(Sencha)와 같은 일본 녹차는 따서 찐 것이다. 이것은 산화를 멈추고 잎이 가능한 한 녹색을 유지하도록 한다.
- 유념(bruise/rolling) : 시든 찻잎에 상처를 내고 말려서 우롱차와 홍차를 만드는 핵심 단계인 산화를 촉진한다. 유념은 찻잎 벽을 파괴하여 찻잎 세포벽에 붙어 있는 효소를 노출시켜 산소와 반응하게 한다.
- 산화(oxidation) : 산화 정도에 따라 생산되는 차의 종류가 결정된다. 백차와 녹차에는 산화가 거의 일어나지 않았다. 우롱차는 부분적으로 5%에서 40%로 산화되고 홍차는 완전히 산화된 것이다.
- 발효(fermentation) : 보이차(Shou Pu-erh, 전발효차) 가공은 찻잎을 축축하게 하고 약 6주 동안 쌓아둔다. 이렇게 하여 잎을 발효시키는 미생물 활동을 촉진한다. 이 방법은 전통적인 보이차(Sheng Pu-erh, 후발효차)의 숙성 과정을 모방하는 빠른 과정으로 개발되었다.
- 건조/고정(dried/fixed) : 모든 처리 단계가 완료된 후 찻잎을 건조하여 수분을 제거하고 산화를 중지시킨다.

자료 : https://www.uptontea.com/tea-processing-101/a/tea_processing

(6) 분류

찻잎이 마르면 크기와 색상에 따라 여러 그룹으로 분류(sorting)되어 다양한 종류의 차를 만든다. 이러한 차는 온전한 잎, 부러진 잎 또는 봉오리 잎이 각 로트에 얼마나 많이 포함되는지, 차가 시각적으로 어떻게 보이는지에 따라 다양한 등급으로 분류된다. 그러나 이러한 등급 시스템이 반드시 품질을 결정하는 것은 아니다. 품질의 가장 좋은 척도는 최종 차의 맛이기 때문이다.

3) 홍차의 건강기능성

홍차는 일반 녹차와 비슷하게 플라보노이드(flavonoid)를 포함하는 폴리페놀(poly-phenol)류가 풍부하여 나타나는 항산화(anti-oxidation) 활성이 주된 기능이다. 그러나 제다 과정의 산화작용과 발효에 의해 항산화기능이 녹차보다 더 높아진다고 알려져 있다. 항산화기능을 바탕으로 현재까지 알려진 홍차의 건강기능성은 항암, 항고혈압, 심혈관질환 예방, 항당뇨, 신경통이나 파킨슨 병 등의 위험을 낮추는 것이다. 그밖에도 대장균총의 개선 효과, LDL 콜레스테롤 저하 기능, 치아 건강 개선, 정신 집중 등에 도움이 된다고 알려져 있다.

그러나 지나친 홍차 사랑은 부작용을 낳기도 한다. 홍차는 마그네슘과 망간을 포함한 미네랄을 풍부하게 함유하고 있어서 과량을 마시게 되면 독성을 나타낼 수 있는데 홍차를 우릴 때 3분 미만으로 하면 이러한 위험을 낮출 수 있다. 홍차를 재배할 때 사용하는 농약의 오염이 위해요인으로 작용할 수도 있다.

이 밖에도 홍차의 탄닌은 항산화 물질이기도 하지만 철분과 결합하여 철분 흡수를 저해하므로 빈혈을 일으킬 수 있다. 따라서 홍차를 마실 때 철분이 많은 음식과 함께 마시거나 여러 잔을 마실 때는 1시간 이상의 간격을 두며 마신다. 커피보다는 낮지만 카페인을 다량 함유하기 때문에 불면증을 유발할 수 있다.

4) 명품 홍차 11선

대부분의 중국인이나 일본인들은 녹차를 마시기 때문에 홍차는 주로 영국령의 국가들을 중심으로 유행하였다. 따라서 유명한 홍차는 주로 영국을 중심으로 발전했거나 처음 영국에 소개되었을 때 차를 생산했던 중국의 원산지의 차를 빈티지 홍차로 여기고 있다. 가장 좋은 홍차를 선발한다는 것은 매우 주관적이기 때문에 정답이 있을 수 없다. 그러나 일반적으로 전 세계에서 많은 사람들에게 애용되는 홍차들을 나열하면 다음과 같다.

(1) 아삼

북부 인도의 아삼(Assam) 지역에서 생산하는 전통적인 홍차로 무거운 바디감과 함께 매우 강하고 쓴 맛을 나타내며 카페인 함량이 높다. 우유를 넣으면 균형 잡힌 향을 즐길 수 있다.

(2) 실론

실론(Ceylon)은 스리랑카의 옛 국명이다. 실론티는 가볍게 매운맛과 신맛을 내고 풍부한 향을 내기 때문에 마시기 수월해서 아이스티에 많이 사용된다.

(3) 다즐링

다즐링(Darjeeling)은 가벼워서 기분 전환에 좋은 차이다. 독특한 금빛 호박색에 약한 신맛, 꽃 향, 과일 향, 허브 향이 섞인 묘한 맛을 내서 아침에 마시기보다는 오후에 더 적합한 차이며, 우유와는 잘 어울리지 않는다. 차의 챔피언으로 불린다.

(4) 운남차

운남차[滇红茶, Dianhong Cha]는 중국 윈난성[雲南省]에서 생산되는 홍차로, 전(滇, Dian)은 윈난성을 일컫는 지명에 대한 약어이고, 홍(红, Hong)은 홍차를 일컫는다. 향이 풍부하고 맛이 부드러우며, 약간 단맛이 나고 금빛 호박색을 띠는 고급 홍차이다. 우유와도 잘 어울린다.

(5) 얼그레이

얼그레이(Earl Grey)는 영국의 수상이었던 찰스 그레이(Charles Grey, 1830~1834)의 이름을 사용하는 특이한 차이다. 다즐링과 유사한 성질을 갖는 차이지만 다즐링이 다즐링 지방에서 나는 찻잎을 사용하는 데 비해 얼그레이는 여러 종류의 찻잎과 베르가못 열매의 껍질에서 얻은 오일을 혼합해서 만든다.

(6) 잉글리시 브렉퍼스트 티

잉글리시 브렉퍼스트 티(English Breakfast Tea)는 이름과 달리 영국의 식민지였던 미국에서 살던 영국인들이 블렌드 티를 만들어 마신 데서 유래하였다. 블렌드 티를 만들기 위해 아삼, 실론, 케냐 홍차를 사용하여 쓴맛이 강하고 바디감이 좋아서 우유를 넣으면 더 풍부한 맛을 느낄 수 있고, 아침에 마시기 적합하다.

(7) 아이리시 브렉퍼스트 티

아이리시 브렉퍼스트 티(Irish Breakfast Tea)는 잉글리시 브렉퍼스트 티와 비슷하지만 아삼과 실론 홍차를 블렌드해서 만들었기 때문에 좀 더 강한 맛을 낸다. 우유와 잘 어울리고 카페인을 많이 함유하고 있어서 커피를 좋아하는 사람들도 차를 뜨겁게 우려 아침에 마시면 좋다.

(8) 기문차

기문차(Keemun Cha)는 신비로운 향 때문에 홍차 중에서도 가장 선호하는 차이다. 순한 맛에 향이 풍부하고 단맛, 과일 향, 꽃 향이 나서 아무것도 넣지 않고 차 그대로 마시면 좋다. 중국 동부 안휘지방의 명차로 알려진 기문은 매혹적인 붉은색을 띤다.

(9) 레이디 그레이

1990년대 초 만들어진 레이디 그레이(Lady Grey Tea)는 얼그레이가 너무 강하다고 느낀 노르웨이 사람들에게 적합하게 만들어졌다. 얼그레이의 베르가못 오렌지 껍질에 더해 레몬 껍질과 오렌지 껍질 오일이 첨가되었다. 따라서 과일 향과 꽃 향이 풍부하고 부담 없이 마실 수 있는 가벼운 맛이다.

(10) 랍상소우총

중국 푸젠성[福建省]에서 나는 홍차. 푸젠성 우이산시[武夷山市] 성촌진(星村鎭) 일대에서 생산하는 정산소종(正山小種)이라는 차의 언어를 영어로 읽은 것이 지금의 이름인 랍상소우총(Lapsang Souchong, 正山小種)이 되었다. 다른 홍차와 달리 소나무 훈연을 가한 차라서 마치 프렌치커피와 같은 연기 향과 초콜릿 향이 난다. 아삼차와 같은 강한 맛과 바디감 때문에 아침에 마시면 좋고 우유와도 잘 어울린다.

(11) 마살라 차이

차이(또는 짜이)는 인도를 비롯한 스리랑카, 방글라데시, 네팔 등의 남아시아 지역에서 차 음료를 일컫는 말로, 마살라 차이(Masala Chai)는 '혼합된 향료 차'라는 뜻으로 수천 년 전 인도의 아유르베다(Ayurveda) 전통에서 유래한 인도식 밀크티이다. 대부분의 마살라 차이는 아삼 홍차에 시나몬, 정향, 생강, 후추 등 다양한 향신료가 들어가며, 카페인 함량이 높다. 전통적으로는 차를 우릴 때 물보다 우유에 찻잎을 넣어서 추출한다. 마살라 차이를 일반 매장에서 주문하면 종종 과량의 설탕을 넣어 준다.

맛있는 **홍차** 만들기

맛있다는 것은 극히 주관적이기 때문에 개인의 취향에 따라 적합한 홍차 우리는 비법이 있을 것이다. 여기서는 일반적으로 홍차 전문가들이 권하는 맛있는 홍차 우리는 방법을 정리해 보았다.

홍차를 우리기 위해 필요한 다기

- 물 끓이기에 필요한 주전자
- 홍차를 우리는 데 필요한 도자기나 유리로 된 찻주전자
- 두꺼운 컵 : 홍차가 빨리 식지 않도록 하며, 마실 때 입술에서 느끼는 감촉이 부드럽게 한다.

홍차 우리는 방법

1. 주전자에 물을 끓인다(1인분 기준 약 240 mL)
2. 끓는 물을 찻주전자에 붓고 15초 정도 기다렸다가 한 컵당 한 개의 티백을 넣고 티백을 하나 더 넣는다. 만약 3인분이면 4개의 티백을 넣는다. 찻잎을 넣을 경우 3인분이면 1컵당 2 g의 찻잎으로 계산해서 8 g의 찻잎을 넣는다.
3. 4분간 차가 우러나길 기다린 후 찻잔에 옮겨 붓는다. 이때 취향에 따라 우유, 레몬, 향신료 등을 넣는다.

티백을 사용하더라도 컵에 직접 티백을 넣어 차를 우리는 것보다 찻주전자에서 우리면 찻잎이 물과 더 쉽게 만나게 되어 더 풍부한 향의 홍차를 만들 수 있다.

각 나라별 홍차 즐기는 방법

- 중국 : 중국 사람들은 우린 홍차에 아무것도 넣거나 빼지 않고 그대로 마신다.
- 인도와 파키스탄 : 마살라 차이(Masala chai)가 이들 나라에서 가장 보편적으로 마시는 차이다. 이 차는 크림 같은 촉감에 매운맛을 내는데 여기에 설탕을 과량 넣어 마신다.
- 한국과 일본 : 일반적으로 녹차를 주로 마시지만 홍차도 심심치 않게 마신다. 홍차를 마실 때는 주로 '로열 밀크티' 라떼에 설탕을 넣어 마신다.
- 러시아 : 러시아에는 홍차가 매우 보편적이다. 진한 홍차에 설탕을 넣지 않고 그대로 마시는 것을 좋아한다.
- 대만 : 대만은 버블티의 본고장이다. 버블티는 홍차에 우유와 카사바의 타피오카(tapioca) 녹말로 만든 쫄깃한 젤리볼을 넣은 것이다.
- 티베트 : 방탄커피가 탄생하기 전에도 티베트 사람들은 수세기 전부터 차에 버터를 넣어 마셨다. '포차(po cha)'라고 불리는 이 차는 번역하면 '버터 차'가 되는데 홍차에 야크 버터와 소금을 넣어 만든다.
- 영국과 영연방 : 홍차는 UK 삶의 문화에서 매우 친밀한 음료라 거의 모든 사람이 마신다. 홍차를 그대로 마시는 경우는 드물고 대부분 약간의 우유와 기호에 따라 1~2스푼의 설탕을 넣어 마신다.
- 미국 : 홍차에 대한 선호가 UK나 아일랜드만은 못하지만 상당수의 사람들이 홍차를 마신다. 주에 따라 다르기는 하겠지만 일반적으로 홍차에 다른 것을 넣지 않는다. 홍차에 설탕을 넣거나 레몬을 넣는 경우도 종종 있고 더운 여름에는 주로 아이스티(iced tea) 형태로 얼음을 넣어 마신다.
- 터키 : 터키 국민들의 일인당 홍차 소비량이 전 세계에서 가장 많다. 가장 인기 있는 것은 '케이 차(Cay tea)'인데 케이는 진하고 짭짤한 얼음을 넣은 홍차이다. 이스탄불에 사는 터키인들은 케이를 마치 물처럼 마신다.

자료 : https://www.nutritionadvance.com/how-to-make-black-tea

4. 초콜릿

1) 초콜릿의 역사

우리는 고대 마야의 메소아메리카(Mesoamerica : 현재 중앙아메리카와 멕시코 남부로 알려진 국가로 구성됨)인들에게 초콜릿을 유산으로 주신 것에 감사해야 한다. 모든 것은 카카오(cacao) 열매에서 시작된다. 카카오는 에스파냐어로 'cacahuatl'을 뜻한다. 이것은 아즈텍인이 초콜릿을 만드는 콩이라고 부르는 것으로, 영국 상인들이 카카오 열매를 본국으로 가져갈 때 카카오의 철자를 잘못 입력해서 코코아(cocoa)라고 굳어진 것이라고 한다.

초콜릿의 원료가 되는 카카오는 기원전 2000년경에 아마존 지역에서 발견되었다고 전해진다. 그러나 기록상에 카카오를 식용으로 먹었다는 것은 6세기경으로 거슬러 올라간다. 6세기, 마야 문명에서 카카오나무 열매에서 초콜릿을 만들어 먹었다. 마야 사람들에게 카카오 열매는 그들에게 가장 중요한 의미인 생명과 출산을 상징하였다. 실제로 그 당시 궁전이나 사원에 사용된 돌들에 카카오 열매의 모양을 새겨 넣었다. 마야에서는 카카오나무를 의미하는 'cacahuaquchtl', 초콜릿이라는 단어는 쓴 물이라는 뜻의 마야어 'xocoatl'에서 유래되었다고 한다. 그들은 카카오 콩을 말리고 갈아서 물과 섞어 음료를 만들었을 것으로 추정된다. 맛이 있는 음료였다고 상상되겠지만 사실 그것은 꽤 쓰고 거품이 많은 음료였기 때문에 종종 고추와 섞어 마셨다.

마야 문명이 중남미 일대에 퍼져 나가면서 유카탄 반도에 카카오 농장을 조성하였다. 카카오 열매는 종교 의식에 종종 사용되었고 신의 음식으로 취급되었다. AD 1200년경의 아즈텍(Aztec) 사람들은 그들의 신이 하늘에서 내려올 때 낙원에서 카카오나무를 훔쳐왔다고 믿었다. 마야(Maya)와 아즈텍 문명에서 카카오는 힘을 주고 지혜롭게 하는 음료의 재료였다. 당시 설탕은 아직 알려지지 않았으므로 고추나 옥수수가루 등을 함께 넣어 마셨을 것으로 생각된다. 이렇게 소중한 카카오 콩은 화폐로 사용되었는데, 그들에게 카카오 열매는 황금보다 더 귀하였다.

1492년 크리스토퍼 콜럼버스(Cristoforo Colombo)가 아메리카 대륙을 발견하고 돌아오면서 에스파냐 페르디난도 대왕과 이사벨라 여왕에게 코코아 콩을 바쳐 유럽에 소개하였지만 관심을 받지 못하였다. 그 후 16세기 중반 아즈텍을 정복한 에르난 코르테스

(Hernán Cortés)가 카카오 활용법을 발견하면서 에스파냐의 귀족과 부유층에 소개되어 17세기 중반에는 유럽 전체에 퍼지게 되었다.

1828년 네덜란드 화학자 반 호텐(Coenraad Johannes van Houten)이 카카오 가루를 손쉽게 얻을 수 있는 더치 프로세싱(Dutch processing)을 통해 초콜릿 가공에 다양한 가능성을 열었고, 이어 카카오를 압착하여 지방을 추출하는 기술을 개발, 코코넛 버터를 생산할 수 있게 됨으로써 더 부드러운 양질의 초콜릿을 대량 생산할 수 있게 되었다.

1847년 영국의 초콜릿 제조업체인 쇼콜라티에 J.S. Fry and Sons는 최초의 초콜릿 바를 생산하였고, 1875년 스위스의 다니엘 피터(Daniel Peter)가 밀크 초콜릿을 만들었으며, 1879년 로돌프 린트(Rodolphe Lindt)는 초콜릿을 72시간 동안 가열하고 굴리며 공기를 넣어주는 콘칭(conching) 기술로 부드럽게 살살 녹는 초콜릿을 만드는 방법을 개발

베를린 사탕 폭격기(Berlin Candy Bomber)

어려움과 혼란과 상실의 시기에 우리는 선과 희망과 즐거움을 찾는다. 그리고 때때로 우리는 전혀 예상치 못한 곳에서 그것들을 발견한다. 마치 초콜릿 바가 친절한 몸짓으로 다가오는 순간처럼… 제2차 세계대전이 끝난 후, 러시아군은 베를린의 연합군 통제 지역을 완전 봉쇄했다. 그 결과 200만 명의 독일 시민에게 식량, 석탄, 약품 공급이 중단되었다. 육지로나 수로로의 접근이 차단되어 하늘이 유일한 길로 남았었다. 1948년 6월, 제2차 세계대전 중 복무한 미 공군 조종사 게일 할보르센(Gail S. “Hal” Halvorsen)이 베를린 공수부대에 배치되어 베를린 시민들에게 꼭 필요한 식량, 연료 및 보급품을 전달했다. 이를 미국은 비틀 작전(Operation Vittles), 영국은 평원 작전(Operation Plainfare)이라고 불렀다. 어느 날, 임무 초기에 27세의 할보르센은 베를린 비행장을 따라 철조망 울타리에 한 무리의 독일 어린이들이 모여 사탕과 과자를 구걸하는 것을 보았다. 할보르센은 그가 가진 전부인 껌 두 개를 아이들에게 주었고, 아이들에게 더 많은 것을 주고 싶었던 그는 울타리를 통해 간식을 건네는 대신 하늘에서 떨어뜨려 주겠다고 약속했다. 비행기로 접근할 때 날개를 흔들어 공중에 있는 사람이 자신임을 알게 할 것이라고 아이들에게 말했다.

할보르센은 다른 군인들의 도움을 받아 군용 사탕 레이션(ration)에 손수건과 끈을 연결하여 초콜릿과 껌 낙하산을 만들었다. 1948년 7월 18일, Little Vittles 작전이 방송되었다. 할보르센은 아이들과의 약속을 지켰고, 하늘에서 과자가 든 낙하산을 떨어뜨렸다. 아래 있던 아이들은 사탕이 든 낙하산을 잡으려고 분주하게 움직였다. 사람들은 이러한 영웅적인 친절 행위 때문에 그를 Wiggly Wings 삼촌 또는 The Berlin Candy Bomber라고 부르기 시작했다.

“Little Vittles”(사탕 낙하산에 부여된 특별한 이름) 작전에 대한 소식이 곧 미국에 전해지면서 어린이와 여러 종류의 사탕 제조사가 이 미션에 사탕을 기부하기 위해 행동에 나섰다. 1949년 9월 베를린 공수(Berlin Airlift)가 끝날 때까지 미국 조종사들은 베를린 어린이들에게 250,000개 이상의 낙하산으로 23톤의 사탕을 떨어뜨렸다. 할보르센 대령은 다음과 같이 회상한다. "(아이들이) 하늘을 올려다보고 머리 위로 비행기에서 날아오는 신선한 초콜릿 캔디 막대가 든 낙하산을 보는 것이 얼마나 감사한지요…

자료 : https://www.hersheyland.com/stories/the-berlin-candy-bomber.html

하였다.

이렇게 1900년대에 들어서며 스위스는 초콜릿의 선두주자가 되었으나 초콜릿의 원조인 에스파냐는 초콜릿 산업에서 한참 뒤쳐져 초콜릿 소비에서 봐도 독일, 미국, 프랑스, 영국의 순으로 초콜릿 소비 1등 국가의 명성을 다른 나라에게 내어 주었다.

한국에서는 1968년 동양제과와 해태제과에서 처음으로 초콜릿이 제조되었다.

2) 초콜릿의 제조

생 카카오는 엄격한 품질 평가를 거쳐 사일로나 창고에 자루에 담긴 채로 보관된다. 일반적으로 높이가 40~120피트인 사일로는 최대 1,000톤 이상을 저장할 수 있다. 저장 공간은 카카오 콩에 안 좋은 냄새가 흡수되지 못하도록 건물의 나머지 부분과 격리되어야 하고, 공기 순환이 잘 되고 시원한 온도와 습도가 유지되도록 정기적으로 확인한다.

(1) 1단계 : 카카오 열매 채집

모든 종류의 과일과 마찬가지로 카카오 열매(그림 7-16)는 다양한 숙성 단계를 거친다. 전 세계에 다양한 종류의 카카오 나무가 있고 각각의 열매 모양과 색상이 다르기 때문에 카카오 열매를 수확할 준비가 된 것을 일률적으로 정할 수는 없고 농부들의 노하우로 알 수 있다.

그림 7-16 카카오 열매

(2) 2단계 : 세척

초콜릿을 만드는 과정은 카카오 콩으로부터 건조된 카카오 외피, 꼬투리 조각 및 기타 외부 물질을 제거하는 기계를 통과하는 것으로 시작된다. 원두는 신중하게 무게를 재서 원하는 비율이 되도록 블렌딩한다.

(3) 3단계 : 발효 및 건조

카카오를 수확하는 사람들은 카카오 열매를 쌓아 두어 며칠 동안 발효시킨다(그림 7-17). 발효시킨 카카오 열매를 평판에 4 cm 이하의 두께로 깔고 5~7일 동안 햇볕에 잘 말린다. 잘 익지 않은 녹색 열매에는 필요한 양의 코코아버터가 포함되어 있지 않기

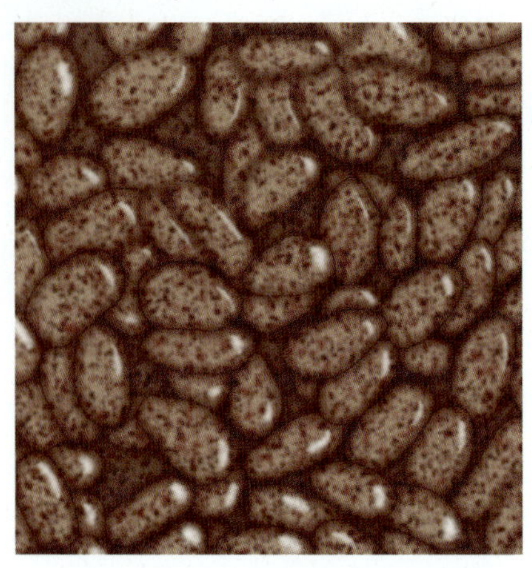

그림 7-17 **발효 과정을 거친 카카오 콩**

때문에 잘 익은 카카오 열매만 나무에서 채취하는 것이 중요하다. 잘 익은 카카오 열매만 채취하는 또 다른 이유는 덜 익은 열매는 발효되지 않기 때문이다. 이 발효 과정 덕분에 카카오 콩에서 얻어지는 카카오 파우더에 초콜릿 특유의 향을 더하게 된다. 각 카카오 열매는 최대 50개의 콩을 포함할 수 있다.

발효는 카카오 콩의 외피를 느슨하게 하고 카카오에 좋은 향을 부여한다. 발효 과정에서 좋은 결과를 얻기 위해 농부들은 구멍이 있는 상자를 1 m 높이의 지상에서 띄어 놓아 카카오 열매의 과즙이 원활하게 흐르도록 한다. 콩은 열매 꼬투리에서 긁어서 꺼내고 이틀 후에 휘저어준다. 흥미로운 사실은 콩을 같은 상자에 2일 이상 보관하지 않기 때문에 발효의 전체 과정에서 상자를 3~5번 교체한다. 발효가 첫 번째 단계이고 그런 다음 건조가 시작된다.

(4) 4단계 : 볶음

로스팅(roasting) 과정은 초콜릿 특유의 향을 내는 데 매우 중요한 단계이다. 큰 회전 실린더에 카카오 생두를 넣고 섭씨 121°C 이상의 온도에서 원하는 최종 결과에 따라 30분에서 2시간 동안 지속하며 로스팅한다. 생두가 로스터 안에서 돌면서 뒤집힐수록 수분함량이 떨어지고 색깔이 진한 갈색으로 변하며 초콜릿 특유의 향이 확연히 드러난다. 모든 단계가 중요하지만 적절한 로스팅은 좋은 맛의 핵심 중 하나이다.

(5) 5단계 : 껍질 제거

볶은 카카오 열매를 빨리 식히면서 로스팅되어 부서지기 쉬운 얇은 껍질을 제거한다. 껍질 제거 기계의 톱니 모양의 원뿔 사이로 콩을 통과시키면 콩이 으깨지는 것이 아니라 껍질에 금이 가면서 떨어져 나간다. 이 과정에서 부서진 카카오 콩 조각을 팬으로 바람을 불어서 크고 작은 알갱이로 분리하는 동안 카카오 닙스(cacao nibs)와 가벼운 껍질이 분리된다. 초콜릿 제조업체의 비법에 따라 8~10가지 품종을 결합하여 카카오 닙스를 블렌딩한다. 일정한 품질을 유지하고 각각의 특정 초콜릿의 풍미를 이끌어 내는 것은 이러한 미묘한 혼합을 잘 유지, 제어하는 기술이다.

(6) 6단계 : 카카오 닙스 갈기

약 53%의 코코아버터를 함유한 카카오 닙스는 정제 공정을 거쳐 큰 숫돌이나 무거운 강철 디스크 사이에서 갈아서(grinding) 코코아 반죽을 만든다.

코코아 반죽은 코코아의 고형 성분과 코코아버터로 이루어지는데 코코아버터는 초콜릿에 미세한 구조, 아름다운 윤기 및 섬세하고 매력적인 광택을 띠게 한다. 분쇄가 진행되는 동안 생성되는 열은 코코아버터 또는 지방을 녹여서 초콜릿 '리쿠어(liquor)'로 알려진 미세한 반죽 또는 액체를 형성하도록 한다. 이 액체는 아직 초콜릿 맛을 갖지 못해서 틀에 붓고 굳혀 만들어진 조각은 단맛이 없고 쓴맛의 초콜릿이 된다.

(7) 7단계 : 코코아버터의 분리

카카오의 부산물인 코코아버터는 초콜릿 바 무게의 약 25%로 초콜릿의 필수 성분이다.

코코아가루를 만들기 위해 초콜릿 리쿠어를 최대 수압 프레스에 주입하여 최대 25톤의 압력을 가하면 최대 80%의 코코아버터가 제거된다. 이 지방 성분은 금속 스크린을 통해 노란색 액체로 배출되며, 나중에 초콜릿 제조에 재투여하기 위해 수집된다. 코코아버터는 식물성 지방 중에서 독특하게 정상적인 실온에서 고체이며, 체온 바로 아래인 섭씨 31~33°C에서 녹는다. 적절한 보관 조건에서 카카오 버터는 부패하지 않고 수년 동안 보관할 수 있다.

지방 성분을 빼고 남은 카카오 덩어리는 롤러 밀을 이용해 더 으깨고, 빻고, 잘게 체질하여 결국 코코아가루로 만들 수 있다. 강한 압력을 가하면서 분쇄하면 카카오의 고체 성분들은 약 30 μm 미만의 고운 가루로 분쇄된다. 이 단계에서 대부분의 초콜릿 제조업체에서는 무지방 우유, 향료, 설탕 및 기타 재료를 추가하여 최종 10~22%의 코코아 버터가 포함되도록 한다. '네덜란드식' 공정에서 이 단계에 알칼리 처리를 하여 약간 더 부드러운 향이 나며 더 어두운 색을 띠게 된다.

(8) 8단계 : 초콜릿 리쿠어에 다른 성분 첨가하기

밀크 초콜릿은 쓴맛을 나타내는 코코아버터를 짜고 남은 초콜릿 리쿠어에 우유, 설탕, 코코아버터 및 기타 재료를 첨가하여 만든다. 회사마다 다양한 레시피에 따라 코코아 반죽에 다른 여러 성분을 블렌딩하여 최고의 맛을 결정하게 된다. 이 다양한 성분들과 초콜릿 반죽을 혼합기에 넣어 섞으면 균질한 혼합물이 만들어지는데 맛은 어느 정도 나지만 아직까지는 깔깔한 느낌의 맛이 난다.

(9) 9단계 : 콘칭

콘칭(conching) 과정은 1879년으로 거슬러 올라간다. 스위스의 초콜릿 제조사인 루돌프 린트(Rudolph Lindt)는 실수로 초콜릿이 든 믹서를 밤새 작동시켜 놓았는데, 그는 이 실수가 초콜릿의 맛과 질감을 바꾸었다는 것을 알고 깜짝 놀랐다. 콘칭이라는 말은 당시 사용한 믹서의 반죽 주걱이 소라껍질(shell)을 닮았다고 하여 shell에 대한 라틴어 'conche'에서 유래하였다.

이 과정은 잘 제어된 온도에서 진행되면 풍미와 질감을 좋게 만들어 준다. 마지막이자 가장 중요한 완성 과정으로 서로 겉도는 풍미 성분들이 잘 조화되도록 한다. 콘치(conches) 기계는 몇 시간에서 며칠 동안 초콜릿 페이스트를 앞뒤로 쟁기질하는 무거운 롤러가 장착되어 있다. 오늘날의 기술은 초콜릿 입자를 매우 미세하게 분쇄하여 콘칭 시간을 줄일 수 있다. 스위스 및 벨기에 초콜릿은 최대 96시간 동안 콘칭한다.

조절된 속도와 온도에서 이 기계의 롤러는 다양한 정도의 교반과 기포 생성을 만들어 초콜릿에 남아 있는 쓴맛을 제거하고 휘발성 산을 날려 보내서 독특한 초콜릿 맛을 낼 수 있다. 여기에 코코아버터와 레시틴(lecithin)을 더 첨가하여 비단결 같은 부드러운 맛을 만들게 되며, 모든 성분들이 균질하게 잘 섞인 최종 결과물은 초콜릿의 매우 작은 입자 하나 하나에 코코아 버터가 입혀지는 부드러운 막이 형성된다. 이제 초콜릿은 더 이상 모래처럼 깔깔한 맛을 나타내지 않고 혀에서 부드럽게 녹는다.

(10) 10단계 : 템퍼링(가열, 냉각, 재가열)

초콜릿은 가열, 냉각, 그리고 재가열에 의해 맛이 더욱 좋아진다. 콘칭 과정을 거친 따끈따끈한 초콜릿을 템퍼링 머신에 넣어 천천히 일정 속도로 냉각되도록 한다. 일정한 속도로 초콜릿을 냉각하면 맛이 변질되는 것을 방지하고, 초콜릿을 틀에 부을 때 분리되는 것을 방지할 수 있다. 적절한 템퍼링은 또한 초콜릿 바의 우수 품질을 평가하는 지표인 부서졌을 때 부드러운 광택과 아삭아삭하고 '똑' 하고 부러지도록 한다. 이 과정은 초콜릿을 더 걸쭉하게 하여 초콜릿 모양을 만드는 틀에 붓기 적절한 유체 특성을 부여한다. 이 복잡한 작업은 템퍼링 공장에서 수행되는데 최종 초콜릿 제품에 섬세한 조성, 균일한 구조 및 균형 잡힌 풍미를 제공하는 데 필요하며, 보관 기간 연장에도 도움이 된다.

(11) 11단계 : 액상 초콜릿은 임시 저장한다

초콜릿은 종종 액체 상태로 다른 식품 제조업체에 배송되거나 단기간 보관할 수 있다. 더 오랜 기간 동안 보관하기 위해서는 일반적으로 4~5 kg 블록의 형태로 굳힌다. 이 블록은 필요에 따라 다시 재가열하여 액화시켜 가공한다.

3) 초콜릿 시장 규모

세계 초콜릿 시장 규모는 2021년에 약 1,066억 달러였으며, 2022~2027년 예측 기간 동안 5.5% 추가 성장하여 2027년까지 1,470억 달러에 도달할 것으로 예상된다. 한국의 경우 2016년 6,483억 원 규모의 초콜릿 시장이 2026년에는 7,046억 원의 규모로 성장할 것으로 예측되고 있다.

4) 초콜릿의 종류

우리는 기쁠 때, 슬플 때, 축하할 때나 위로받고 싶을 때 초콜릿을 먹는다. 제품 유형에 따라 다르지만, 다크 초콜릿 부문은 초콜릿 산업에서 상당한 시장 점유율을 차지할 것으로 예상된다. 이러한 성장은 심혈관 질환의 위험 감소, 콜레스테롤 감소, 항노화 및 혈압 감소와 같은 다크 초콜릿과 관련된 건강기능성에 대한 인식이 높아진 데 기인한다고 볼 수 있다. 또한 연구에 따르면 초콜릿을 섭취하면 스트레스 해소에 도움이 된다고 알려져 있다.

다크 초콜릿은 불안을 줄이고 우울증 증상을 개선하는 것과 같은 여러 가지 건강상의 이점이 있다. 또한 전 세계의 다양한 건강 전문가들도 초콜릿을 적당히 섭취하여 뇌를 진정시키고 항우울제 역할을 하는 세로토닌(serotonin)을 증가시킬 것을 권장한다. 세계보건기구(WHO)에 따르면 흔한 정신질환인 우울증은 전 세계적으로 전 연령 2억 6,400만 명이 넘는 사람들에게 영향을 미치고 매년 80만 명에 가까운 사람들이 자살로 사망하는 주요 원인으로 꼽힌다. 초콜릿은 영양가가 풍부하고 스트레스 해소에 도움이 되기 때문에 훌륭한 기능성 식품으로 인식되고 있어 앞으로도 소비가 증가할 것으로 예상된다. 그러나 원자재 가격의 변동과 불안정한 경제 체제에서 생산되는 코코아 공급에 대한 과도한 의존은 시장 성장을 제한하고 있다.

소득 증대와 소비자의 생활수준 향상도 초콜릿 시장 성장에 도움이 될 것으로 기대되고 있다. 디저트와 제과류에 필수 성분으로 초콜릿이 들어가기 때문에 디저트가 널리 퍼지는 식생활 습관의 확대로 초콜릿 소비는 더욱 늘어날 것으로 예상된다. 또한 혁신적인 포장 기술의 개발 또한 더 많은 소비자를 유치할 것으로 예상되며, 이는 예측 기간 동안 초콜릿 시장 성장에 긍정적인 영향을 미칠 것으로 보인다.

(1) 다크 초콜릿

다크 초콜릿에는 50~90%의 카카오 고형분과 코코아버터가 포함되어 있으며, 다크 초콜릿이 우리 몸에 좋다고 하는 데는 플라보놀(flavonol)이라는 물질이 한 몫을 한다.

플라보놀은 이중결합이 다수 들어 있는 분자구조를 하고 있고, 차, 적포도주, 과일, 채소 등에 들어 있는 물질로서 플라본(flavones)과 함께 플라보노이드(flavonoid)로 분류되는 물질이다(그림 7-18). 따라서 플라보놀은 항산화기능과 관련이 있다. 뿐만 아니라 초콜릿에는 철분, 마그네슘, 아연 등이 풍부하여 우리 몸에서 면역기능 향상이나 수면의 질 향상과 같은 다양한 활성을 올리는 데 도움을 줄 수 있다.

항산화기능을 나타내는 플라보놀이 풍부한 다크 초콜릿은 심혈관 건강에 매우 좋다고 알려져 있으며, 항노화기능을 가지고 있다. 또한 인슐린 감수성을 증가시켜서 당뇨 예방에도 도움이 된다. 초콜릿의 건강기능성의 실제적인 예를 파나마의 카리브 해안 지역에 고립되어 사는 쿠나(kuna)족에 대한 연구에서 확인할 수 있다. 카카오를 많이 섭취하는 이 인디안 부족은 현저하게 고혈압, 당뇨, 암의 발병률이 낮았다. 그러나 쿠나족 인디언이 내륙 도시로 이주해 식단을 바꾸자 고혈압과 당뇨의 발병이 증가되었다고 한다.

초콜릿은 일반적으로 설탕이 많이 들어 있는 기호성 간식으로 간주되지만 다크 초콜릿에는 설탕의 함량이 낮고 대신 섬유질의 함량이 약 14%에 달하는 비교적 섬유질이 높은 식품에 속한다. 이 섬유질 성분은 우리 몸에서 분비되는 효소에 의해서는 분해되지 않지만 장에 서식하는 미생물들이 분비하는 소화효소에 의해 분해되면서 우리 몸의 건강에 유익한 성분을 생성하기도 하고, 건강에 유해한 장내 미생물군은 낮추고 건강에 이로운 장내 미생물군이 잘 자라도록 돕기도 한다.

그러나 초콜릿은 다량의 포화지방이 들어 있는 고에너지 식품이므로 너무 많이 먹게 되면 비만을 초래할 가능성도 있다. 또한 카페인에 예민한 사람들은 초콜릿에 들어 있

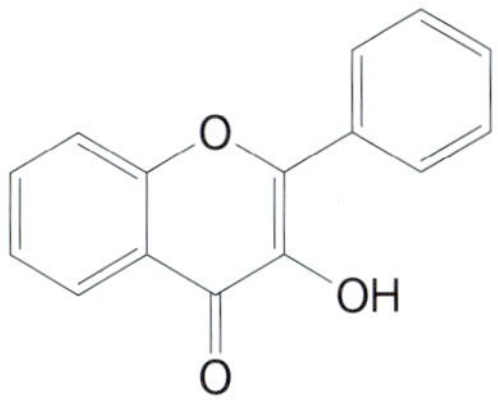

flavonol

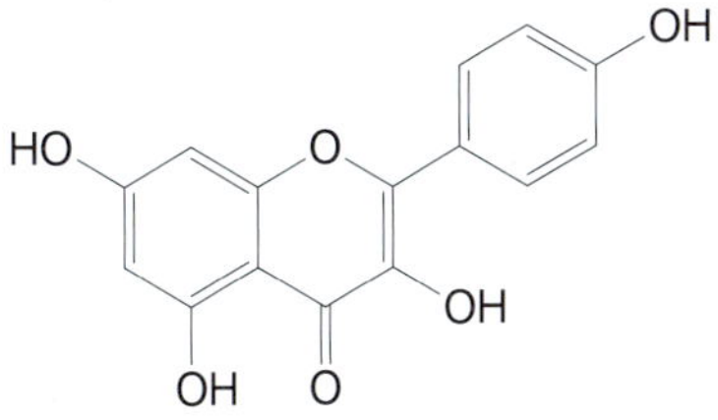

kaempferol 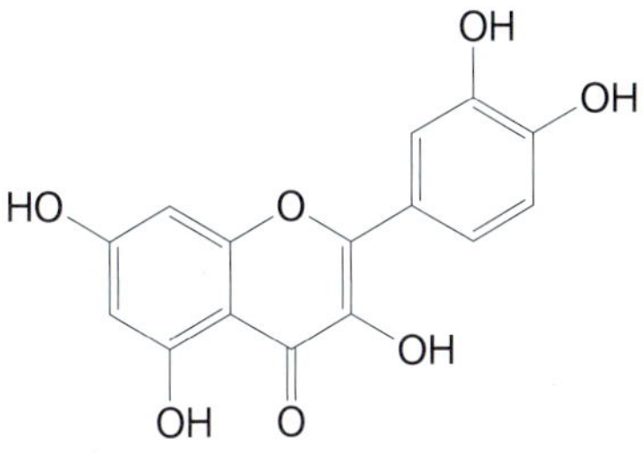 quercetin 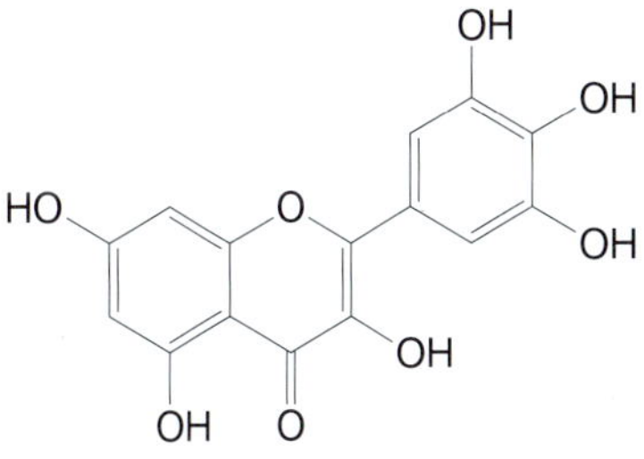 myricetin

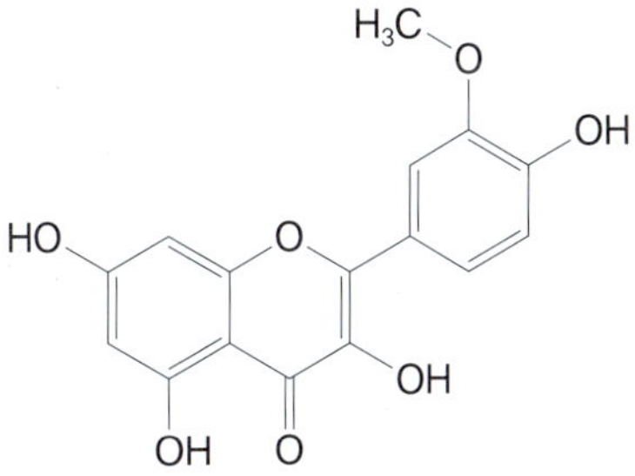

isorhamnetin 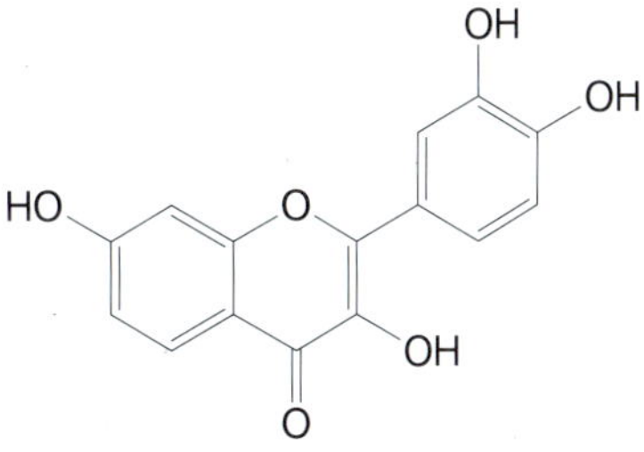 fisetin

그림 7-18 초콜릿에 함유되어 있는 기능성 성분

는 카페인 때문에(물론 커피에 들어 있는 카페인 함량보다는 현저히 낮지만) 과민반응을 보일 수 있다. 그렇지만 다크 초콜릿은 다른 초콜릿에 비해 설탕이나 지방의 함량이 낮으며 건강기능성을 고려할 때 적당량의 다크 초콜릿을 생활 속에서 즐겨 먹는다면 여러 모로 건강증진에 도움을 받을 수 있을 것이다.

(2) 밀크 초콜릿

밀크 초콜릿은 코코아, 설탕 및 우유를 포함하는 고체 초콜릿의 한 형태로 가장 많이 소비되는 초콜릿 유형이다. 다크 초콜릿보다 코코아 고형분이 적지만 화이트 초콜릿과

그림 7-19 세계적으로 명성을 얻고 있는 초콜릿 브랜드

마찬가지로 우유 고형분이 포함되어 있어 크리미하고 달콤하며, 부드럽다. 주요 밀크 초콜릿 생산업체로는 Ferrero, Hershey, Mondelez, Mars 및 Nestle가 있으며(그림 7-19), 이들이 전 세계에서 판매되는 초콜릿의 절반 이상을 생산하고 있다. 전체 밀크 초콜릿의 4/5가 미국과 유럽에서 판매되고 있지만 점점 중국과 라틴 아메리카 시장이 증가하고 있다.

(3) 화이트 초콜릿

화이트 초콜릿은 일반적으로 설탕, 우유 및 코코아버터로 만들어지지만 코코아 고형물은 없다. 옅은 상아색이며 밀크 초콜릿이나 다크 초콜릿에서 발견되는 많은 화합물이 함유되어 있지 않다. 실온(25°C)에서 고체인 이유는 유일한 화이트 코코아 콩 성분인 코코아버터의 녹는점이 35°C이기 때문이다. 화이트 초콜릿은 주로 초콜릿바 또는 제과의 코팅제로 사용된다.

(4) 세미 스위트 초콜릿

밀크 초콜릿보다 코코아 고형분의 비율이 높지만 다크 초콜릿보다 적다. 베이킹에 자주 사용되며 너무 달지 않은 균형 잡힌 풍미가 있다.

(5) 쓴 초콜릿

다크 초콜릿보다 코코아 고형분의 비율이 높고 설탕이 적기 때문에 더 강하고 쓴맛이 난다. 베이킹과 요리에 자주 사용된다.

어떤 **초콜릿**이 좋을까? 남은 초콜릿은 어떻게 보관하는 것이 좋을까?

가능하면 카카오 함량이 70% 이상인 다크 초콜릿을 먹는 것이 건강에 유리하다. 다만, 카카오 함량이 많을수록 쓴맛이 강하지만 초콜릿에 들어 있는 폴리페놀 물질들이 우리 몸의 스트레스 호르몬을 낮춰 주어 기분을 좋게 해주는 기능을 하는 것으로 알려져 있다.

초콜릿은 선선한 실온에 보관하는 것이 좋다. 냉장고에 보관할 경우 표면에 하얀 가루와 같은 것이 피어나는 블룸(bloom) 현상이 일어난다. 이것은 초콜릿 안에 있는 설탕 성분이 표면의 수분에 녹아 나오는 현상이다. 물론 맛에는 아무 문제가 없지만 보기에 좋지는 않다. 선선한 곳에 보관할 경우 2년 정도는 안심하고 먹을 수 있다.

단원정리

1. 술은 효모(酵母)를 사용해서 알코올발효(醱酵)를 하여 제조한다. 즉 과실 중에 함유되어 있는 당류(포도당, 설탕, 과당 등)나 곡류 중에 함유되어 있는 전분(澱粉)을 당화효소인 아밀레이스로 맥아당으로 전환시키고 여기에 효모를 넣고 발효 과정을 거치면 알코올과 탄산가스, 물 등이 만들어진다. 이때, 아밀레이스의 원료로 엿기름(보리나 밀을 싹 틔워 건조하고, 거칠게 부순 가루. 맥아로도 부른다)이 사용된다.

2. 술은 크게 발효주, 증류주, 혼성주 등으로 나뉘는데, 혼성주는 양조주나 증류주에 과실, 향료, 감미료, 약초 등을 첨가하여 침출하거나 증류하여 만든 술이다. 인삼주, 매실주, 오가피주, 진, 각종 칵테일주 등 종류가 매우 다양하다.

3. 커피는 수세기 동안 소비되어 왔으며 그 기원은 에티오피아 고원으로 거슬러 올라간다. 그것은 중동과 유럽 전역으로 빠르게 퍼져나갔고, 커피하우스는 지식인과 사업가들의 인기 있는 만남의 장소가 되었다. 오늘날 커피는 세계에서 가장 널리 소비되는 음료 중 하나이며, 수천억 달러의 가치가 있는 글로벌 산업이다. 풍부한 맛과 향뿐만 아니라 카페인의 존재로 인한 자극적 특성으로 알려져 있다.

4. 홍차의 기원은 고대 중국으로 거슬러 올라가는데, 16세기에 포르투갈 상인들에 의해 서양에 처음 소개되었고, 곧 유럽에서 인기 있는 음료가 되었다. 시간이 지남에 따라 홍차 재배 및 생산은 인도, 스리랑카 및 아프리카와 같은 세계의 다른 지역으로 퍼졌다. 오늘날 홍차는 세계에서 가장 널리 소비되는 음료 중 하나이며 전 세계 시장 규모는 250억 달러가 넘는다.

5. 글로벌 홍차 시장은 소비자 선호도 변화 및 판매에 영향을 미치는 경제 상황과 같은 요인으로 인해 수년간 수요의 변동을 보였다. 최근 몇 년 동안 스페셜티 및 프리미엄 홍차, 향미 및 허브 블렌드에 대한 관심이 높아지고 있다. 소규모 차 농부를 지원하고 차 생산의 환경적 영향을 줄이기 위한 노력과 함께 홍차 산업의 지속 가능성과 윤리적 경영을 중시하는 경향으로 바뀌고 있다.

6. 오늘날 홍차는 세계에서 가장 많이 소비되는 차 종류이며, 독특한 향과 풍부한 색상뿐만 아니라 산화방지제로서 건강상의 이점도 있다고 알려져 있다.

7. 초콜릿의 역사는 아즈텍과 마야인들이 쓴 음료로 소비했던 고대 메소아메리카로 거슬러 올라간다. 초콜릿이 유럽에 소개된 것은 16세기이며, 달콤하고 만족스러운 간식으로 점차 인기를 얻게 되었다.

8. 시간이 지남에 따라 초콜릿의 생산과 소비는 전 세계로 확산되어 다양한 종류와 맛이 등장했으며, 오늘날 세계 초콜릿 시장의 가치는 1,000억 달러가 넘으며 유럽과 북미 시장이 가장 크다.

9. 초콜릿 산업은 수년 동안 프리미엄 및 장인 초콜릿의 부상, 다크 초콜릿 및 기타 건강에 민감한 옵션의 인기 증가, 윤리적이고 지속 가능한 경영의 부상과 같은 시대적 변화에 영향을 받고 있다. 또한 폐기물 및 탄소 배출을 줄이기 위한 이니셔티브를 통해 초콜릿 생산이 환경에 미치는 영향을 줄이는 데 중점을 두고 있다.

10. 오늘날 초콜릿은 초코바에서 제빵 원료에 이르기까지 다양한 형태로 소비되며, 풍부하고 복잡한 맛을 가지고 있고, 높은 플라보노이드 함량으로 잠재적인 건강상의 이점이 있는 것으로 알려져 있다.

참고문헌

노봉수, 김석신, 장판식, 이현규, 박원종, 송경빈, 이의섭, 이수복, 황금택, 민세철, 심재훈. **실무를 위한 식품가공저장학**. 수학사. 2021

문기영. **홍차수업**. 글항아리 출판사. 2014

박원종, 이승기, 김윤한, 김종국, 윤광섭, 이진만, 최성희, 허상선, 강복희. **기초가 탄탄한 식품가공학**. 수학사. 2020

여수환, 정용진. 국내 막걸리 산업의 현황과 발전방안. **식품과 산업**, 43, 55- 64. 2010

오혜지. **커피지침서**. 보문각. 2013

유대준. **커피인사이드**. 해밀. 2009

이보람. **스타벅스 커피 은행 코인**. 한국사회솔루션디자인. 2021

이소부치 다케시. **홍차의 세계사 그림으로 읽다**. 꿀항아리 출판사. 2010

이소부치 다케시. **기초부터 배우는 홍차**. 한국 티소믈리에연구원, 2012

이정학. **가비에서 카페라떼까지**. 대왕사. 2012

탄베 유키히로, 윤선해 옮김. **커피세계사**. 황소자리. 2017

Buijsse B, Weikert C, Drogan D, Bergmann M, Boeing H. Chocolate consumption in relation to blood pressure and risk of cardiovascular disease in German adults. *Eur Heart J*. 31:1616-23. 2010

Engler MB, Engler MM, Chen CY, et al. Flavonoid-rich dark chocolate improves endothelial function and increases plasma epicatechin concentrations in healthy adults. *J Am Coll Nutr*. 23:197-204. 2004

Grassi D, Desideri G, Mai F, et al. Cocoa, glucose tolerance, and insulin signaling: cardiometabolic protection. *J Agric Food Chem*. 63:9919-26. 2015

Hollenberg NK, Fisher ND, McCullough ML. Flavanols, the Kuna, cocoa consumption, and nitric oxide. *J Am Soc Hypertens*. 3:105-12. 2009

Hooper L, Kay C, Abdelhamid A, et al. Effects of chocolate, cocoa, and flavan-3-ols on cardiovascular health: a systematic review and meta-analysis of randomized trials. *Am J Clin Nutr*. 95:740-51. 2012

Miller KB, Hurst WJ, Payne MJ, et al. Impact of alkalization on the antioxidant and flavanol content of commercial cocoa powders. *J Agric Food Chem*. 56:8527-33. 2008

Victor R. Preedy. *Tea in Health and Disease Prevention*. Academic Press, London, UK. 2013

http://hotelrestaurant.co.kr/mobile/article.html?no=4088

http://www.china.org.cn/learning_chinese/Chinese_tea/2011-07/15/content_22999489.htm

https://stir-tea-coffee.com/features/black-tea%E2%80%99s-declining-reign-in-the-uk/

https://teaswan.com/blogs/news/black-tea-health-benefits

https://worldtreasures.org/blog/history-of-tea-culture-in-china-and-japan

https://www.chinatours.com/chinese-tea-types

https://www.chocolatemonthclub.com/the-chocolate-making-process

https://www.controlengeurope.com/article/179311/Drying-application-benefits-%20from-the-addition-of-VFDs.aspx

https://www.foodsafetykorea.go.kr/portal/healthyfoodlife/alType.do

https://www.hersheyland.com/stories/the-berlin-candy-bomber.html

https://www.hsph.harvard.edu/nutritionsource/food-features/dark-chocolate/

https://www.lipton.com/us/en/home.html

https://www.medicalnewstoday.com/articles/292160

https://www.purvidiscovery.com/blog/explore-tea-garden-bungalows-assam

https://www.thrillophilia.com/tours/nature-walk-to-tea-garden-in-darjeeling

https://www.wadiz.kr/web/campaign/detail/89067

PLANTS
GF
Gluten-Free
NET WT. 12 OZ (0.75lb) 340g
PERISHABLE:
KEEP REFRIGERATED
IMPOSSIBLE™
BURGER
MADE FROM
PLANTS
19g PROTEIN
PER SERVING
NO ANIMAL HORMONES
OR ANTIBIOTICS
0mg CHOLESTEROL
14g TOTAL FAT PER SERVING
See nutrition panel for fat content
NET WT. 12 OZ (0.75lb) 340g
PERISHABLE:
KEEP REFRIGERATED

식품의 예술 · CHAPTER 8

미래식품

전 세계적으로 지구 온난화, 인구 증가와 자연 훼손, 불평등한 식량 소비, 안전하고 건강한 식품, 그리고 이러한 도전에 대해 “우리 인류가 어떻게 지속 가능한(sustainable) 해결책을 마련할 것인가?”가 현 세대를 살아가는 우리가 직면하고 있는 중요한 과제들이다.

지금과 같은 전 세계 인구 증가율을 감안하면 2050년 세계 인구는 100억만 명을 넘을 것이고 이들을 먹여 살리기 위해서는 지금 생산되는 식량 자원의 50% 이상이 더 생산되어야 한다는 간단한 결론이 나온다. 이러한 숙제를 해결하기 위해 농지를 늘리고 식량 자원을 증가시킬 수 있는 다양한 시도들이 진행되고 있지만 지구상에 거주하는 모든 사람들에게 지속 가능하게 식량을 제공하고 상생할 수 있는 방안들이 필요하다.

지난 수십 년 동안 전 세계 빈곤이 급격히 감소했다지만 여전히 굶주린 사람들이 너무 많다. 설상가상으로, 지구 온난화는 그동안 경험하지 못했던 수준의 자연재해를 초래하기도 하지만 식량 생산의 감소와 식량에 대한 접근성을 제한시키는 결과를 낳고 있다. 그 결과 일부 국가들은 식량 안보에 대한 심각한 위기를 맞게 되고 국가 간 분쟁이 심화될 수 있는 가능성에 직면하고 있다.

그렇다고 우리는 가만히 앉아서 이산화탄소 증가와 지구 온난화 탓만 하고 자연재해에 모든 책임을 돌릴 수는 없다. 오히려 앞으로 인류가 더 적은 탄소 발자국으로 영양가가 높은 대체 작물을 찾고 새로운 식량 생산 방법들을 개발해야 하는 것이다.

외부의 환경 변화에 크게 영향을 받지 않고 생산 조건을 임의로 통제할 수 있는 실험실과 같은 배양실에서 재배한 육류, 식용 곤충, 해초, 식물성 대체육으로의 전환, 식량 생산 및 농업의 대규모 변화에 이르기까지 향후 수십 년 동안 우리가 식탁에 올리는 음식에 상당한 변화가 있을 것이다. 그러나 먹는 것은 영양분을 제공하는 것 외에도 정서적, 사회적 필요를 충족시키는 중요한 삶의 일부이기 때문에 음식 문화는 쉽게 바뀌지 않을 것이다.

본 장에서는 그동안 대체 식량으로 연구되고 개발되어 있는 식용 곤충, 해조류 식품, 식물성 대체육, 그리고 배양육 등의 미래식품들 중에서 식물성 대체육과 배양육에 대해 좀 더 자세히 알아보고자 한다.

1. 식물성 대체육

햄버거 패티를 그릴 위에 놓고 지글지글 구운 뒤 뒤집어서 다시 한번 더 굽는 냄새를 풍기며 패티를 누르면서 구워 다 익은 따끈따끈한 패티를 햄버거 빵 위에 올려 놓고 먹는 장면을 상상해 보라. 군침이 입에 돌기 시작한다.

이러한 일이 유명 햄버거 레스토랑이 아니라 캘리포니아 실리콘 밸리의 한 실험실에서 앞치마 대신 흰 실험복을 입고 실험용 장갑을 끼고 안전 고글을 착용한 과학자가 패티를 굽고 있다면 뭔가 심상치 않은 일이 진행되고 있다고 생각할 것이다. 이런 일이 지난 6년 여 동안 임파서블 푸드(Impossible Foods)라는 회사에서 진행되었다. 냄새, 맛,

모양, 심지어 식감마저 소고기로 만든 패티와 구분이 어려운 식물성 버거를 글자 그대로 '제작'해 낸 것이다.

물론 시장에 다른 채식 버거가 있지만 임파서블 푸드는 소비자에게 진정한 육류 유사품을 판매하기를 원하였다.

임파서블 버거를 한 입 먹어보는 것은 어떻게 하든 폭발적인 인구를 먹여 살려야 하고 더 많은 가축으로 인해 지구를 더 이상 위험에 빠뜨리지 않으려고 하는 인류애적 미래를 한 입 맛보는 것이다. 가축 중에서도 소는 많은 양의 음식과 물(소 한 마리당 연간 최대 11,000갤런)을 소비하고 광대한 땅을 차지하며, 특히 소의 위장에서 생성되는 메탄은 지구 온난화의 주요 원인으로 여겨지고 있다. 예를 들어, 가축이 발생시키는 가스는 전 세계 온실 가스 배출의 10%를 차지한다.

1) 무엇이 버거를 버거답게 하는가?

첫째는 냄새, 그리고 맛과 식감일 것이다. 이들은 모두 동물성 고기에서 만들어지는 맛이다. 그것은 독특한 방식으로 서로 상호작용하는 모든 종류의 단백질로 채워진 일종의 퍼즐 맞추기와 같다. 그러나 임파서블 푸드는 고기 맛의 본질이 헴(heme)이라는 화합물에 있다고 생각하였다. 헴 분자에 들어 있는 철이 소고기 패티의 색을 나타내고, 살짝 느껴지는 금속 맛을 내는 것이다. 혈액에서 헴은 헤모글로빈이라는 단백질에 존재하고, 근육에는 미오글로빈이라는 단백질에 헴이 들어 있다.

흥미롭게도, 글로빈(단백질 종류)은 동물계뿐 아니라 식물계에도 존재한다. 예를 들어, 콩 뿌리에는 헴을 운반하는 레그헤모글로빈이라는 단백질을 가지고 있다. 콩의 레그헤모글로빈과 고기의 미오글로빈은 헴을 감싸는 글로빈의 알파 나선 구조로써 서로 유사한 3차원 구조를 공유한다.

그렇다면 이 식물성 레그헤모글로빈을 추출하여 소고기 맛을 내기 위해서는 얼마나 많은 콩을 필요로 할까? 임파서블 푸드는 산출하기를 1 kg의 레그헤모글로빈을 얻기 위해서는 1에이커의 콩밭이 필요함을 알았다.

임파서블 푸드의 창립자이자 CEO인 팻 브라운(Pat Brown)은 더 나은 방법으로 이 문제를 타개할 방법을 고안하였다. 과학자들은 콩 레그헤모글로빈 단백질의 유전 정보를 갖고 있는 유전자를 피키아 파스토리스(*Pichia pasteris*)라고 불리는 효모의 유전체에 삽입하였다. 그런 다음, 변형된 효모에 당과 미네랄을 공급하여 밭에서 재배한 콩에서 얻은 것과 동일한 종류의 헴을 증폭 배양, 제조하였다. 이 과정을 통해 임파서블 푸드는 가축을 먹이고 기르는 데 필요한 땅의 20분의 1, 물의 4분의 1만을 사용하고 온실가스의 8분의 1을 생산하면서 식물성 버거를 생산하게 된 것이다.

사실 소고기 맛 식물성 버거를 만드는 것은 헴만을 가지고는 안 된다. 간 소고기로 만든 햄버거 패티를 굽는 과정을 통해 수없이 다양한 종류의 풍미 성분이 상호작용하면서 버거의 맛을 내는 것이다. 식물성 버거로 고기 맛을 내기 위해서는 고기에서 만들어지는 모든 종류의 풍미 성분을 재현해 낼 수 있어야 한다.

이를 실현시키기 위해서 임파서블 푸드에서는 가스 크로마토그래피-질량분석기 시스템을 사용하였다. 이 기계를 사용하여 고기를 굽는 동안 형성되는 풍미 물질들을 분리하고 동정하였다. 이런 과정을 통해 그들은 소고기에서 만들어지는 풍미 물질 각각의 구성 비율을 재구성할 수 있었다. 이를 바탕으로 식물성 버거가 소고기 버거와 같은 맛을 내기 위해서는 어떤 성분들이 얼마만큼 들어가면 될지 시행착오를 통해 결정할 수 있게 된 것이다.

여기서 끝이 아니다. 다음은 식감의 문제가 있다. 간 소고기와 같은 느낌을 주는 식물성 재료는 없다. 그래서 임파서블 푸드는 고기에서 개별 단백질을 분리하였다. 그런 다음 특정 단백질과 유사한 특성을 갖는 식물 단백질을 찾기 위해 식물들을 조사하였다. 일반적으로 식물성 단백질은 쓴맛이 강하기 때문에 임파서블 푸드는 보다 깔끔한 맛의 단백질을 개발해야 했다.

그들이 현재의 구성에 도달한 것은 놀라운 조합이다. 그들이 찾은 재료에는 밀 단백질이 포함되어 버거에 단단함과 씹는 맛을 준다. 그리고 감자 단백질은 버거가 물을 머금고 요리하는 동안 더 부드러운 상태에서 더 단단한 상태로 전환되도록 한다. 지방의 경우 임파서블 푸드는 향을 제거한 코코넛을 사용한다. 그리고 당연히 헴을 위한 레그헤모글로빈이 필요하다. 이는 '고기'의 풍미를 불러일으킨다.

"고기의 맛, 모양, 느낌, 냄새를 매우 정확하게 모방하는 임파서블 버거는 실제로 그렇게 복잡하지 않습니다." 임파서블 푸드의 수석과학자 홀즈-쉬링거(Holz-Schietinger)는 말한다. "이전의 시행착오로 진행한 반복 작업은 우리가 그것을 완전히 이해하지 못했기 때문에 훨씬 더 복잡하게 진행됐습니다. 이제 우리는 각 구성 요소가 어떻게 각 감

그림 8-1 **임파서블 버거를 만드는 데 필요한 식물성 재료들**

각 느낌을 만드는지 이해합니다."

2) 미래형 식품을 위한 정부의 역할

2014년 임파서블 푸드는 FDA에 '일반적으로 안전한 것으로 인정되는(Generally Recognized as Safe, GRAS)' 통지를 제출하였다. 회사는 그 문서에서 대두 레그헤모글로빈이 인간이 섭취하기에 안전한 이유들을 나열하였다. 레그헤모글로빈은 화학적으로 안전한 것으로 간주되는 다른 글로빈과 유사한 구조를 가지므로 소비자가 동일하게 신뢰할 수 있다고 주장하였다. 식품 회사는 새로운 식재료를 도입할 때 FDA에 알릴 필요가 없으며, 이러한 종류의 자체 GRAS 결정을 제출하는 것이 필수는 아니지만 임파서블 푸드는 투명성의 이름으로 그렇게 했다고 주장한다.

임파서블 푸드의 수석 과학 책임자인 데이비드 립만(David Lipman)은 "레그헤모글로빈은 우리가 항상 섭취하는 단백질과 구조적으로 유사합니다. 그러나 우리는 어쨌든 독성 연구를 했고 그 결과 그것이 안전하다는 것을 보여 주었습니다". 예를 들어, 그들은 이 단백질을 이미 알려진 알러젠과 비교했지만 일치하는 것을 찾지 못했으며, 위스콘신대학교 매디슨의 식품과학자인 마이클 파리자(Michael Pariza)를 포함한 전문가 패널로부터 승인을 받았다.

그러나 회사는 FDA로부터 원하는 답장을 받지 못하였다. 환경 단체들이 FOIA에 제출하고 8월 「뉴욕타임즈(The New York Times)」에 발표된 문서에 자세히 나와 있듯이

FDA는 회사의 결론에 의문을 제기하였다. FDA는 메모에서 "FDA는 회사가 제시한 개별적으로나 종합적인 주장이 대두 레그헤모글로빈의 소비 안전성을 확립하지 못했으며 안전성에 대한 일반적인 인식을 만족시키지 않는다고 믿는다."라고 썼다. FDA가 레그헤모글로빈이 안전하지 않다고 결론을 내린 것은 아니고 단지 의문점이 있다는 것이다.

FDA는 또한 회사의 유전자 조작 효모가 레그헤모글로빈을 생산할 뿐만 아니라 버거에 들어가는 40개의 다른 일반적으로 발생하는 효모 단백질도 버거에 들어간다고 지적하였다. 임파서블 푸드는 효모로부터 만들어진 단백질들이 안전하다고 주장하며 자사가 조작한 효모는 독성이 없으며, 독성 연구에서 레그헤모글로빈 추출물 전체 성분을 조사했다고 주장하였다.

임파서블 푸드는 새로운 연구를 수행하기 위해 2015년 11월에 GRAS 통지를 철회하였다. 그들은 식단에서 간 소고기(하루 평균 25 g)를 임파서블의 식물성 고기(무게 조정)로 대체할 경우 평균 미국인이 소비하는 것보다 200배 더 많은 레그헤모글로빈 성분을 쥐에게 먹였다. 그들은 부작용을 발견하지 못했다고 주장하였다.

한편, 임파서블 버거가 출시되자 일부 환경단체들은 반발하였다. 그리고 GRAS 알림이 자발적이어야 하는지 의무적이어야 하는지에 대한 더 큰 질문을 제기하였다. FOIA에 포함되지 않은 환경방어기금(Environmental Defence Fund)의 화학 정책 이사인 톰 넬트너(Tom Neltner)는 "일반적으로 안전한(GRAS) 예외로 인정되는 것은 첨단 제품, 특히 레그헤모글로빈과 같은 혁신 제품이 아닌 일반적인 식품 성분에 대한 것입니다."라고 말하였다. "우리는 그것이 자발적인 검토가 되어야 한다고 생각하지 않습니다. 우리는 법이 그것을 허용하지 않는다고 생각합니다." 라는 것이 환경단체의 대표적인 주장이다.

다른 사람들은 인간이 일반적으로 콩 뿌리를 먹지 않기 때문에 식품 공급의 새로운 성분인 레그헤모글로빈이 안전성을 입증할 충분한 테스트를 거치지 않았기에 FDA가 판단한 것 같이 임파서블 푸드의 GRAS 통지는 불완전했다고 생각하였다. 소비자 연합(Consumer Union)의 수석 과학자인 마이클 한센(Michael Hansen)은 "유전자 조작된 모든 것이 안전하지 않다고 주장하는 것이 아니라 새로운 식품 성분, 일부 새로운 식품 첨가물 등은 당연히 안전성 평가 과정을 거쳐야 하는 것과 같다."라고 주장하였다.

한센은 레그헤모글로빈이 다른 식용 글로빈과 유사하므로 안전하다는 생각에 문제를 제기한다. 한센은 "FDA가 답변에서 지적했듯이 단백질이 유사한 기능이나 유사한 3차원 구조를 가지고 있다고 해서 그것이 유사하다는 것을 의미하지는 않습니다. 그들은 매우 다른 아미노산 서열을 가질 수 있으며, 단지 약간의 아미노산 서열 변화가 큰 영향을 미칠 수 있습니다."라고 주장하였다.

이것은 식량의 미래가 정부의 식탁에 놓일 때 일어나는 일이다. 여기서 핵심 질문 : "우리는 회사가 자체 식품 안전 테스트를 하도록 신뢰해야 합니까, 아니면 항상 정부가 이 일을 해야 하는 것입니까?"

조지아대학교의 작물 과학자 웨인 패럿(Wayne Parrott)은 "유전자 조작 작물에 대해 많은 반감을 갖고, 가장 확실하게는 유전자 조작 연어에 대해 오랜 기간 다양한 의견을 들었습니다. 그러나 극히 일반적인 유전자 조작된 미생물에 대해서는 잠잠합니다. 왜 그렇죠?" "눈에 띄지 않으니 마음에서 멀어지는 것입니다."라고 패럿은 말한다. "또한 사람들은 다른 것보다 동물에 대해 더 감정적입니다. 연어는 정치적이었습니다. 매우, 매우 정치적이었습니다."

실제로 식품을 유전자 변형하는 데 적어도 과학적인 평가의 측면에서 보면 내재된 위험은 없다. 사실, FDA는 대두 레그헤모글로빈이 유전자 조작 효모에서 유래했기 때문에 이에 대해 문제 삼지 않았다. 기관의 임무는 식품의 안전성을 결정하는 것이다.

이것은 하이테크 유전자 조작 식품의 새로운 시대의 시작일 뿐이다. 빠르게 팽창하는 인구를 먹여 살리려면 식량 공급을 타개해야 하기 때문이다. 우리의 농작물은 혼돈의 기후를 견뎌야 한다. 패럿은 "더 많은 토지 없이, 더 많은 물 없이, 더 많은 비료나 살충제 없이 90억 명의 사람들을 먹일 수 있도록 효율성을 개선하고 싶습니다."라고 말한다.

임파서블 푸드의 설립자 팻 브라운은 "역사상 그 어떤 회사보다 더 극적으로 세상을 바꿀 것입니다."라고 말했다. "우리가 교체하는 시스템의 영향을 볼 때 지구 육지 면적의 거의 절반이 축산업, 방목 또는 사료 작물 생산으로 점유되고 있기 때문이다." 물론 그 시스템은 묵묵히 자신이 선 곳을 포기하지 않을 것이다. 시스템에 충격을 주는 것은 매우 힘든 과정이지만 결국 불가능하지 않을 수도 있다.

그림 8-2 조리가 완성된 임파서블 버거의 모습

3) 임파서블 버거는 소고기보다 더 건강한가?

칼로리만 따지면 임파서블 패티와 일반 소고기 패티는 서로 비슷하다. 4온스 임파서블 버거 2.0 패티는 240 kcal인 반면 4온스 간 소고기는 지방 함량에 따라 약 250~300 kcal이다(표 8-1).

임파서블 버거는 소고기보다 콜레스테롤이 적지만 나트륨과 지방(포화지방 포함)이 더 많이 함유되어 있다. 물론, 이 수치는 갈은 소고기나 고기 한 조각의 지방 함량에 따라 달라진다. 임파서블 버거에는 1인분에 3 g의 섬유질이 포함되어 있는 반면 동물성 고기에는 섬유질이 없다. 임파서블 버거는 식물로 만들기 때문에 소고기보다 더 광범위한 비타민과 미네랄을 함유하고 있다. 그러나 식물성 패티가 아직 견줄 수 없는 한 가지가 있다. 바로 동물성 고기의 단백질 함량이다. 4온스의 소고기에는 30 g에 가까운 단백질이 들어 있는 반면 임파서블 버거에는 19 g이 들어 있다.

건강 측면에서, 연구에 따르면 동물성 단백질, 특히 붉은 고기를 많이 섭취하면 중성지방의 과량 섭취로 인해 체중 증가, 뇌졸중, 당뇨병, 심장병의 위험이 더 높아진다. 그러나 육류 대체품의 이점은 인간의 건강을 개선할 뿐 아니라 우리 지구의 건강에까지 영향을 미친다. 가축의 육류 생산은 식물 작물 생산의 10~40배의 온실 가스 배출량을 초래하는 것으로 알려졌다. 그리고 환경애호가들에 따르면 육류 제품에 필요한 축산업 과정에서 이러한 가스와 분뇨, 연료 및 살충제가 공기와 물에 방출된다. 또한 가축은

표 8-1 임파서블 버거의 영양 구성

	임파서블 버거의 패티	80% 고기가 든 간 고기	90% 고기가 든 간 고기
칼로리	240 kcal	287 kcal	199 kcal
총 지방	14 g	22.6 g	11.3 g
탄수화물	9 g	0 g	0 g
단백질	19 g	19.4 g	22.6 g
섬유소	3 g	0 g	0 g
첨가당	1 g 미만	0 g	0 g
Na^+	DV의 16%	DV의 3%	DV의 3%
비타민 B_{12}	DV의 130%	DV의 101%	DV의 104%
엽산	DV의 30%	DV의 2%	DV의 2%
티아민	DV의 2,350%	DV의 4%	DV의 4%
리보플라빈	DV의 5%	DV의 13%	DV의 13%
니아신	DV의 50%	DV의 30%	DV의 36%
아연	DV의 50%	DV의 43%	DV의 49%
철	DV의 25%	DV의 12%	DV의 14%
셀레늄	-	DV의 31%	DV의 34%

*DV : 일일권장량(daily value)

지구에서 가장 큰 토지 사용자이며 전체 농지의 약 80%가 축산업에 사용된다. 이는 침식, 물 사용, 심지어 곡물 소비에 심각한 영향을 미친다. 요컨대, 임파서블 푸드 및 비욘드 미트(Beyond Meat)의 제품은 인간 건강, 환경 지속 가능성 및 글로벌 자원과 같은 몇 가지 관련 사항에 긍정적 영향을 미칠 가능성이 높다.

4) 값싼 식물성 대체육 만들기

대부분의 공장에서 식물성 단백질을 조달하는 비용이 동물성 고기에 비해 높다. 회사의 두 번째 과제는 식물성 고기를 동물성 고기와 같은 질감으로 만드는 가공 비용이다.

기업들은 가격을 낮추기 위해 두 가지 일을 해야 한다. 제품에 대한 더 많은 수요를 창출하고 더 많은 양의 제품을 생산하는 것이다.

식물성 대체육의 가격을 내리는 방법 중 하나는 원재료의 가격이 내려가는 것이다.

완두콩이 주요 재료 중 하나이기 때문에 캐나다와 세계 다른 지역에서 수백 에이커의 완두콩을 재배하려는 움직임이 증가하고 있다.

회사가 자체적으로 혁신적인 기술을 개발하여 생산 비용 효율성을 높일 수 있으며, 대규모 동물 고기 제조업체가 식물성 고기 생산에 참여할 수 있게 유도해야 한다. 동물성 육류 제조업체가 식물성 육류 시장에 진입하면 이러한 제품의 가격이 하락할 수 있다.

제너럴 모터스가 전기 자동차에 대해 했던 것처럼 전기 자동차를 만들고 싶지도 않고 전기 자동차를 판매하고 싶지도 않았지만 트렌드가 가고 있는 방향이기 때문에 사업을 계속해야 했다. 테슬라(Tesla)가 모든 판매를 가져가는 것을 보고 싶지 않았기 때문에 마지못해 하이브리드 및 전기 자동차를 만들기 시작하였다.

타이슨 푸드(Tyson Foods), 콘아그라(Conagra), 카길(Cargill) 및 세계 최대 육류 가공 회사 중 하나인 브라질 JBS S.A.와 같은 대형 소고기 회사에서도 이러한 일이 일어날 수 있다. 이들 회사가 이미 더 큰 규모로 생산할 수 있는 비용 이점을 가지고 있기 때문에 제품의 가격을 좀 더 낮출 수 있다. 그들은 수요를 창출하는 방법을 알고 있고, 많은 예산과 거대한 영업 인력을 보유하고 있으며, 유통 매장과 냉장 식품 트럭을 보유하고 있기 때문이다.

2. 배양육

1) 배양육의 역사

배양육에 대한 아이디어는 새로운 것이 아니며 최근까지 그것을 생산하는 기술이 없었지만 이에 대한 개념은 오래전부터 있었다. 배양육은 1897년 Auf Zwei의 『Planeten』이라는 제목의 공상과학 소설에서 처음 언급된 것으로 보이며, 19세기 전반에 걸쳐 여러 다른 소설에서 추가로 언급되기도 하였다. 그러나 배양육 생산에 대한 구체적 방법이 나오기 시작한 것은 1990년대 후반에 빌렘 반 앨런(Willem van Eelen)이 배양육 제조 방법에 대한 최초의 특허를 출원하면서부터라고 봐야 할 것이다. 1998년 미항공우주국(NASA)은 장기간의 우주 여행을 위한 식품 생산 연구의 일환으로 실험실 내에서 물고기 배양육을 기르는 첫 번째 시도를 했는데 이것이 체계적인 배양육 연구의 시작이라고 볼 수 있다.

(1) 2000년대 초기의 배양육 연구 태동기

그 당시 가장 주목할만한 노력 중 하나는 장거리 우주여행을 하는 우주 비행사를 위한 대체 단백질 공급원을 찾고 있던 NASA 지원 과학자들이 수행한 연구였다. 이로 인해 세계 최초의 배양 생선 단백질이 만들어졌는데 실제로 아무도 맛보지는 않았지만 생선의 비린내가 나기도 했다고 한다. NASA 연구에서 영감을 받은 제이슨 매테니(Jason Matheny, 현재 RAND Corporation을 이끄는 연구원)는 배양육 연구의 초기 분야를 지원하는 최초의 비영리 연구 기관인 뉴 하베스트(New Harvest)를 시작하였다.

지금까지 알려진 바로는 인류가 처음으로 먹은 배양육은 2003년 프로젝트인 'Disembodied Cuisine'에서 오론 캣츠(Oron Catts)가 개구리의 배양육을 만들어 프랑스 낭트의 한 박물관에서 저녁 식사에 작은 개구리 스테이크를 제공한 것이다. 2005년 네덜란드 정부는 배양육에 관한 두 가지 연구 프로젝트에 자금을 할당하였고, 의학 연구원 마크 포스트와 구글의 공동 창업자인 세르게이 브린이 힘을 합쳐 개발에 박차를 가하였다.

배양육에 대한 최초의 과학 연구논문은 2008년에 등장하였으며, 현재 간행물의 수는 펍메드(PubMed.gov)에서만 거의 3,000건 이상으로 증가할 정도로 활발한 연구가 진행되고 있다.

(2) 실험실에서 배양한 배양육의 데뷔(2013)

수년간의 연구 개발 끝에 2013년 런던 기자 회견에서 소의 줄기세포로 만든 배양육 햄버거를 음식 비평가들에게 공개 데뷔하였다. 이 버거는 만드는 데 무려 332,000달러가 들었다고 한다. 일반 대중은 2013년 런던에서 두 명의 언론인이 요리된 배양육을 맛본 텔레비전 쇼를 보고 나서야 배양육에 대해 알게 되었다.

(3) 배양육 회사의 등장(2013~2019)

선도적인 대체 단백질 싱크 탱크인 Good Food Institute에 따르면 2013년은 재배 육류산업이 '개념화' 단계에서 '개념 증명' 단계로 이동한 해였다. 이 기간은 혁신가와 신생 배양육 회사에 비용 절감 솔루션을 혁신하고 배양육 단가를 낮추는 데 필요한 자원, 자금 및 실질적인 지원을 제공한 더 확장된 배양육 산업에 대한 투자 증가로 나타났다. 이렇게 해서 배양육 제품을 개선하고 소비자의 접시에 더 가까이 다가가게 되었다.

이 기간은 또한 이스라엘의 회사 빌리버 미트(Believer Meats)가 퓨처 미트 테크놀로지스(Future Meat Technologies)라는 이름으로 2018년에 시작된 시기이기도 하다. 이 회사의 특허 기술을 바탕으로 세포를 배양하고 값비싼 성장 배지를 재활용하는 능력은 업계의 비용 절감 과제에 중요한 기여를 하였다.

(4) 배양육의 상용화 시작(2020)

신생 배양육 산업에서 가장 중요한 이정표 중 하나는 2020년 싱가포르가 잇 저스트(Eat Just)의 세포 배양 치킨을 승인하고 배양육 치킨이 회원 전용 레스토랑에서 데뷔했을 때였다. 싱가포르 내에서 이 배양육 고기에 대한 규제 승인은 다른 규제 승인이 전 세계적으로 뒤따를 수 있다는 희망을 준다.

(5) 배양육 회사들의 본격적인 출발(2020~현재)

지난 몇 년 동안 수십 개의 새로운 회사가 등장하면서 강력한 산업 성장이 이루어졌으며, 그 중 많은 회사가 연구 개발에서 실제 생산 규모 확장으로 초점을 전환하였다. 이 기간 동안 빌리버 미트는 미국 전역의 소비자를 위해 연간 최소 2,200만 파운드의 고기를 생산할 수 있는 세계 최대 규모의 미국 최초의 상업 규모 생산 시설을 갖추었다.

한편, 미국 식품의약국(FDA)은 최근 업사이드 푸드(Upside Foods)와 굿 미트(GOOD Meats)에 주요 승인 허가를 부여하여 두 배양육 회사가 미국 소비자에게 제품을 제공하는 데 한 걸음 더 가까워졌다.

최근의 성장으로 인해 배양육 제조와 관련된 거의 모든 회사는 신생 기업이며 현재 100여 개 회사가 있다. 이들 기업은 배양육, 스캐폴드, 배양 배지, 성장 인자, 지원 기기 및 기술을 개발하고 있다. 이러한 신생 기업은 전 세계에 있지만 미국, 유럽 연합 및 이스라엘에 가장 집중되어 있다.

배양육 산업에 대한 관심이 증가함에 따라 투자의 자본 흐름도 크게 증가하여 10억 달러에 이르고 있다. 배양육 시장의 주요 투자에는 멤피스 미트(Memphis Meats) 및 알프 팜스(Aleph Farms)에 대한 카길(Cargill)의 투자와 멤피스 미트 및 퓨처 미트 테크놀로지스에 대한 타이슨 푸드 벤처 펀드(Tyson Foods Venture Fund)의 투자가 포함된다.

부유한 투자자들도 배양육 시장에 뛰어들고 있다. 예를 들어, 억만장자 빌 게이츠와 리차드 브랜슨, 리카싱 등은 실리콘밸리의 스타트업인 멤피스 미트에 거대한 자금(1,700만 달러)을 투자하였다. 이 신생 기업은 무균 환경에서 소 근육 조직을 배양하여 만든 세계 최초의 실험실 재배 미트볼을 생산하면서 명성을 얻었다. 이러한 흐름에 따라 카길, 타이슨 푸드, 미그로스(Migros), PHW 및 그리모(Grimaud)와 같은 기존 육류 회사도 이제 배양육 산업에 참여하고 있다.

한편, 중국은 14억 인구(세계 인구의 15%)에게 배양육 제품을 공급하겠다는 의도를 공개적으로 알리는 거래로 이스라엘에서 생산된 실험실 재배 배양육을 구매하기 위해 3억 달러 규모의 계약을 체결하였다.

(6) 배양육 산업의 방향

지금까지 새우만두, 돼지고기 소시지, 치킨 너겟, 비프 스테이크 스트립, 생선 위, 푸아그라, 연어 초밥 등 몇 가지 매력적인 배양육 프로토타입이 개발되었다. 그럼에도 불구하고 곧 승인될 제품이 구조화 제품('소고기 패티' 또는 '연어 살코기')인지 구조화되지 않은 제품('다진' 및 '분쇄' 육류 제품)인지는 아직 명확하지 않다. 승인된 제품의 첫 번째 물결은 구조화되지 않은 육류일 가능성이 높다. 완전히 구조화된 고기는 필요한 지방조직이 개발됨에 따라 나중에 나올 가능성이 더 크다.

(7) 대표적인 배양육 제조업체

배양육 생산은 아직 초보 단계이며, 전 세계적으로 미국의 업사이드 푸드(구 멤피스 미트), 네덜란드의 모사 미트(Mosa Meat), 미터블(Meatable), 이스라엘의 알프 팜스(Aleph Farms), 빌리버 미트(구 퓨처 미트 테크놀로지스), 슈퍼미트(SuperMeat), 싱가포르의 시옥 미트(Shiok Meats), 일본의 인테그리컬처(IntegriCulture), 홍콩의 어반트 미트(Avant Meats), 영국의 하이어 스테이크(Higher Steaks) 등과 같은 업체들이 있다.

2) 배양육의 생산

배양육(cultured meat)은 소, 돼지, 닭, 염소, 양, 물고기 등과 같이 동물의 외부 및 체외에서 생산되는 육류를 의미한다. 구체적으로, 고기가 도축된 동물에서 직접 공급되지 않고 생물 반응기의 배지를 이용하여 배양기에서 배양된 동물 세포로부터 생산된다. 따라서 배양육은 기존의 축산업 방식과 근본적으로 다른 방식으로 생산된다.

배양육은 기술 혁명이지만 동시에 전통적인 육류 부문을 혼란에 빠뜨릴 잠재력을 가지고 있다. 축산업이 세계 농경지의 3/4 이상을 사용한다는 점을 감안할 때 배양육은 우리가 알고 있는 세상을 쉽게 바꿀 수 있다. 전통적인 농업으로 인한 대기, 토양 및 수질 오염과 같은 여러 환경 문제를 해결할 수 있고, 또한 주로 발생하는 전염병의 위험을 크게 줄일 수 있다. 배양육은 자연재해 등 외부 여건이 좋지 않을 때 실내에서 생산할 수 있어 글로벌 식량 공급의 불안정성을 낮출 수 있다. 그리고 무균 상태에서 생산되기 때문에 질병을 유발하는 병원균에 의한 오염을 사실상 제거할 수 있다. 또한 배양육은 동물 도축과 관련한 윤리적 문제로부터 비교적 자유로운 장점이 있다.

그러나 배양육 생산에 대한 반대 의견도 만만치 않다. 근육 발달은 동물의 몸 안에서 수백만 년에 걸쳐 진화해 왔으며 근육을 다르게 생산하는 것은 자원 측면에서 비용이 많이 들고 비효율적일 수 있다는 것이다. 실제로 배양육을 생산하기 위해서는 많은 양의 에너지가 필요하다.

따라서 다음과 같은 몇 가지 기본적인 경제적 질문에 대한 고려가 필요하다.

첫째, 배양육이 세계적으로 사람들에게 유익할 수 있는가?

둘째, 주요 경제적, 환경적, 건강 및 도덕적 영향은 어떠한 것이 있는가?

셋째, 배양육은 누가, 어떻게 생산할 것인가?

넷째, 소비자와 기존 육류 부문은 어떻게 반응할까?

다섯째, 규제 당국은 어떤 조치를 취해야 하는가?

여섯째, 주요 불확실성은 어디에 있는가?

배양육은 재래식 육류 생산의 건강, 환경 및 도덕적 문제가 제기되면서 부상하고 있다. 소규모 축산은 일부 가난한 국가에서 생계를 유지하는 데 중요하지만 축산에 반대하는 사례는 부유한 국가에서 상당하다. COVID-19 위기가 우리에게 상기시켜 주듯이 동물성 식품은 인수공통전염병의 주요한 통로가 될 수 있기 때문이다.

(1) 배양육 생산 과정

세포 기반 고기 또는 실험실 재배 고기라고도 하는 배양육은 조직 공학 기술을 사용

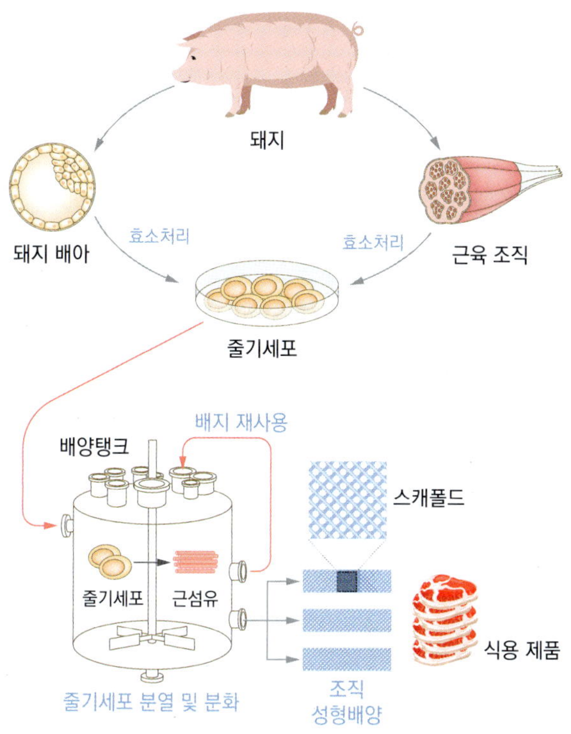

그림 8-3 배양육 생산 공정

하여 실험실 환경에서 근육 조직을 성장시켜 생산한다(그림 8-3). 생산 과정은 일반적으로 다음 단계가 포함된다.

① 세포 분리

일반적으로 근육 생검을 통해 동물에서 줄기세포를 추출한 다음, 세포를 영양소와 여러 종류의 세포 성장 인자가 함유된 배지에서 자라도록 한다.

② 세포 분화

추출한 세포에 근육 세포로 분화를 촉진하는 성장 인자 및 호르몬과 같은 특정 인자를 처리한다.

③ 스캐폴드 개발

3차원 근육 조직을 만들기 위해서는 스캐폴드(scaffold, 얼개)에서 근육 세포를 성장시켜야 하는데, 스캐폴드는 천연 또는 합성 재료로 만들 수 있으며 그 목적은 근육 세포가 성장할 수 있는 구조를 제공하는 것이다.

④ **세포 접종**

근육 세포를 스캐폴드에 접종하고 성장 및 성숙하도록 한다.

⑤ **수집**

근육 조직이 원하는 성숙도에 도달하면 수확하여 버거(burger)나 너겟(nugget)과 같은 다양한 육류 제품으로 가공한다.

배양육을 생산하는 전체 과정은 생산되는 육류의 유형과 원하는 성숙도에 따라 몇 주가 소요될 수 있다. 궁극적으로 전통적인 축산 없이 육류를 생산할 수 있는 확장 가능하고 비용 효율적인 방법을 개발하는 것이 필요하다.

단원정리

1. 식물성 육류, 배양육, 육류 대체품은 모두 식품산업에서 인기를 얻고 있는 대체 단백질이다.
2. 식물성 대체육은 전통적인 고기의 맛과 질감을 모방한 식물성 재료로 만드는데, 식물 기반 고기에 대한 기술은 고기와 같은 제품을 만들기 위해 압출, 텍스처화 및 3D 프린팅과 같은 다양한 기술을 사용하는 회사와 함께 수년에 걸쳐 개발되고 개선되었다.
3. 식물성 대체육에 대한 시장은 향후 크게 증가할 것으로 예상되며, 그 요인으로 많은 소비자가 건강 및 환경적 이유로 식물성 옵션을 선택하는 추세와 관련이 있다. 주요 식품 회사와 패스트푸드 체인점도 소비자 수요를 충족시키기 위해 식물성 육류 제품에 투자하고 있다.
4. 배양육은 실험실에서 동물 세포를 배양하고 이를 사용하여 육류 제품을 만드는 방식으로 생산되는데, 배양육에 대한 기술은 아직 개발 중이며 상업적 생산은 아직 미미한 수준이다. 그러나 가까운 장래에 여러 회사에서 배양육을 시장에 출시하기 위해 노력하고 있으며 배양육에 대한 시장 동향은 긍정적이다. 배양육은 육류 생산의 환경적 영향을 줄이고 동물 복지를 개선할 수 있는 잠재력을 가지고 있으며, 이는 이 대체 단백질에 대한 수요를 촉진할 수 있는 요인이다.
5. 전반적으로 대체육 시장은 빠르게 성장하고 있으며 식물성 및 배양육 제품은 전통적인 육류 생산에 대한 보다 지속 가능하고 윤리적인 대안을 제공할 수 있는 잠재력을 가지고 있어 소비자 수요와 업계 투자를 주도하고 있다.

참고문헌

Choudhury D, Tseng TW, Swartz E. The Business of Cultured Meat. *Trends Biotechnol.* 38(6):573-577. Jun, 2020. (doi: 10.1016/j.tibtech.2020.02.012.)

Chriki S, Hocquette JF. The Myth of Cultured Meat: A Review. *Front Nutr.* 7:7. Feb 7, 2020. (doi: 10.3389/fnut.2020.00007.)

Report from Bioinformant. The Global Market for Cultured Meat-Market Size, Trends, Competitors, and Forecasts. Feb, 2023.

Voigt CA. Synthetic biology 2020-2030: six commercially-available products that are changing our world. *Nat Commun.* 11(1):6379. Dec 11, 2020. (doi: 10.1038/s41467-020-20122-2.)

IMPOSSIBLE™

BURGER

19g PROTEIN PER SERVING

NO ANIMAL HORMONES OR ANTIBIOTICS

0mg CHOLESTEROL 14g TOTAL FAT PER SERVING

Certified

Gluten-Free

NET WT. 12 OZ (0.75lb) 340g PERISHABLE KEEP REFRIGERATED

IMPOSSIBLE

UNCH

식품의 예술 · CHAPTER 9

현대사회와 식문화

1. 패스트푸드와 비만
2. 배달 식품
3. HMR 식품

현대 생활 방식의 특징은 편안함을 추구하고 의료 및 백신의 새로운 개발로 수백 명의 생명을 구하는 등 건강한 삶을 오래도록 영위하길 원하는 것이다. 그러나 아이러니하게도 현대의 다양한 라이프 스타일 패턴은 신체적, 심리적, 사회적으로 건강에 부정적인 영향을 미친다. 이러한 현대 생활 방식 중 하나는 패스트푸드를 많이 섭취하는 것이다. 사무실 작업과 같은 실내 생활 위주의 삶에서 오는 신체 활동 부족은 패스트푸드와 결합하여 심혈관질환, 비만, 우울증 등 건강에 나쁜 영향을 미친다. 컴퓨터, 스마트폰, 전자기기 등의 사용은 현대성의 또 다른 방식이다. 기계를 사용하면 많은 작업의 효율을 높이고 작업 수행 시간을 절약하는 데 도움이 되지만 작업을 마치고 남는 시간을 활용하여 휴식을 취하거나 운동에 시간을 활용하기보다는 또 다른 업무를 시작하게 되면서 오히려 심혈관, 암, 당뇨병 및 호흡기 질환 등 건강에 나쁜 영향을 미친다.

경제적 풍요를 동반한 현대 생활 방식은 대부분의 선진국 사람들의 건강 상태에 영향을 미치는 중요한 요소가 되고 있다. 이에 따라 현대인의 바쁜 일상에서 빼놓을 수 없는 외식과 배달 음식을 건강하게 활용하고자 하는 요구들이 늘고 있다.

건강한 삶을 추구하는 현대인들이 직면하고 있는 도전은 식품 분야에서도 지속 가능성(sustainability)의 확보이다. 지구온난화, 환경오염, 식수원의 오염과 안전한 먹거리 확보에 많은 관심을 갖고 있기 때문에 과거의 외식이나 가정간편식에서 추구했던 편리성이나 맛에 더하여 안전성, 건강기능성, 환경보전, 음식물 쓰레기, 탄소 발자국 저감을 고려하여 지속 가능성을 고려하게 되었다. 이러한 문화와 의식의 변화는 외식산업이나 가정간편식 시장의 패러다임에도 큰 변화를 일으키고 있는 중이다.

1. 패스트푸드와 비만

패스트푸드(fast food)는 사람들이 무의식적으로 탐식하도록 만들어 비만의 위험을 유발하는 것으로 알려져 있다. 의학연구자문회(Medical Research Council)의 전문가들은 대부분의 패스트푸드가 상당히 높은 칼로리를 가지고 있는데, 높은 에너지 밀도를 가지고 있는 식품은 신체가 요구하는 양보다 더 많은 양을 섭취하도록 유도한다.

전형적인 패스트푸드는 매우 높은 에너지 밀도를 가지고 있다. 이러한 식품들은 보통 전통적인 서양음식보다 1.5배 높은 밀도를 가지고 있으며, 전통적인 아프리카의 음식보다는 2.5배 정도 높다. 연구자들은 비록 사람들이 자신들이 먹는 평균적인 섭취량보다 덜 먹었다고 느낌에도 불구하고, 패스트푸드의 섭취는 비만을 유발할 가능성이 높다고 주장하였다.

일반인은 높은 에너지 밀도를 지닌 음식을 인식하는 능력이 약하다. 사람들은 음식의 양으로 섭취량을 인식하게 되지만, 패스트푸드는 동일한 양의 일반식품보다 훨씬 많은 양의 칼로리를 가지고 있다. 최초의 농경시대부터 인간의 식성을 규정하는 시스템은 저에너지 식습관을 갖도록 디자인되었다. 이러한 식습관은 현재 비만을 거의 찾아볼 수 없는 개발도상국의 농촌지역에서 쉽게 찾아볼 수 있다. 즉 신체는 현재 서구에서 소비되고 있는 비만을 유발하는 고에너지 밀도의 음식을 대처할 수 있도록 디자인되지 않았다고 학자들은 주장한다.

특히, 어린이들은 아직 날씬한 몸을 유지하게 하는 근대적 환경이 요구하는 식습관의 규제를 배우고 익히는 기제가 덜 발달되어 있다. 영양실조에 걸린 아프리카의 어린이들의 몸무게를 빠르게 늘리기 위해 에너지 밀도가 높은 음식을 제공하는 전략은 풍족한 서구 사회에서 많은 비만 어린이들에게는 일상적인 표준이 된 것으로 상당히 역설적인 모습이다.

많은 식품 판매점에서 소비자의 선택은 극히 제한적이며, 심지어 보통 수준의 에너지 밀도를 가진 음식을 찾는 것은 거의 불가능하다. 예를 들어, 많은 슈퍼마켓의 패스트푸드와 간편 음식 또한 매우 높은 에너지 밀도를 가지고 있다. 에너지 권장량보다 훨씬 높은 에너지 섭취를 피하기 위해서는 음식의 양을 상당히 줄여야 한다. 패스트푸드 제조사들은 만일 그들이 저에너지 밀도 음식을 제공한다거나 적정하게 에너지 밀도를 표시한다거나 또는 영양가를 표시하는 것과 같이 건강한 식습관에 대한 긍정적인 태도를 취하게 된다면 비만을 예방하는 데 중요한 역할을 할 수 있을 것이다. 심각해지는 비만 인구의 증가를 막기 위해서는 단순히 한 종류의 건강에 나쁜 음식에서 다른 종류의 건강에 좋지 않은 음식으로 바꾸는 행위를 멈추는 것이 중요하다.

2. 배달 식품

최근 들어 배달 음식에 대한 수요가 크게 증가하고 있다. 2020년에서 2021년까지 1년간 외식업 매출이 전년 대비 6.3% 상승하였다. 최근 자료에 의하면 배달앱 주문은 코로나19 이전에 비해 4배 가까이 늘었다. 농림축산식품부와 한국농수산유통공사(aT)가 발표한 빅데이터 활용 외식업 경기분석 보고서를 통해 2021년 외식 트렌드를 이해할 수 있다.

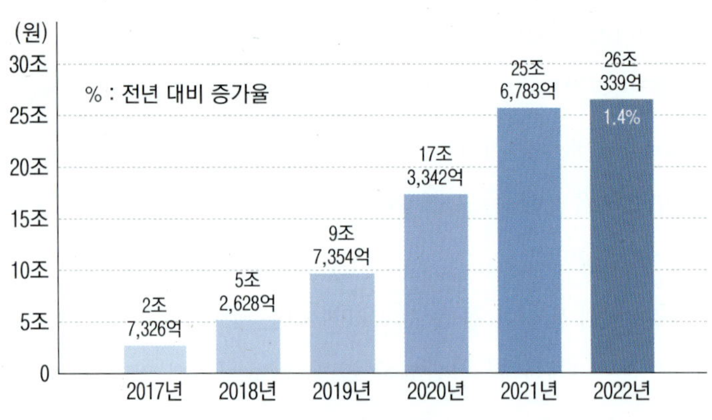

그림 9-1 배달 식품 시장 규모

자료 : 통계청

2021년 기준 외식업 매출 총액은 약 101조 5천억 원으로, 약 95조였던 2020년에 비해 6.3% 증가하였다. 일시적으로 시행했던 단계적 일상 회복과 배달 외식소비 증가 등이 영향을 미친 것으로 보인다. 특히 간이 음식 포장판매, 제과점업, 커피전문점 등 포장이 용이하고 먹기 간편한 음식업종은 각각 586.4%, 11.9%, 11% 비율로 매출이 늘었다. 배달앱 주문을 통한 매출 비중은 계속해서 상승해 2021년 외식업 전체 매출의 16%가 배달앱을 통한 매출액이다. 2019년 이전 외식업 전체 매출의 3.7%를 차지하던 배달앱 매출액은 2021년 15.3%로 크게 상승하였다. 그러나 사회적 거리 두기 해제에 따른 재택근무 종료, 비싼 배달료 등의 요인으로 이전과 비교해 배달 음식 온라인 거래액은 크게 둔화되어 2022년에 26조 339억 원으로 2021년 대비 1.4% 증가하는 데 그쳤다(그림 9-1). 한편, 배달앱을 통한 외식업 소비는 여성이 남성보다, 20~30대 선호가 40~50에 비해 두 배 정도 높았다. 배달앱 매출 비중이 큰 업종은 한식 일반, 치킨, 피자 햄버거 샌드위치, 중식, 한식 육류요리, 일식 순이다. 특히 치킨은 배달앱 매출이 전체 매출의 53%, 오프라인이 47%의 비중으로 오프라인 주문보다 배달앱 매출이 더 큰 비중을 차지하였다.

3. HMR 식품

1) HMR의 정의와 특징

가정간편식(Home meal replacement, HMR)은 주 요리나 사이드 요리 또는 간식을 위해 판매자가 미리 준비하고 집이나 매장에서 소비하는 식품으로, 소비자 측에서 거의 또는 전혀 요리에 시간을 투입할 필요가 없는 식품이다.

건강한 HMR은 단백질, 지방, 탄수화물 및 채소, 과일 공급원을 포함하며, 식사를 준비하는 시간을 절약하도록 설계되어 있어서 즉시 소비하거나 간단한 조리를 하면 바로 먹을 수 있는 완전 조리된 가정식 제품과 반 조리된 가정식 제품이 모두 포함된다. HMR 시장은 간편성 및 신속성과 함께 최신의 소비자들이 관심을 갖는 유기농, 건강식, 소량 구매, 환경보전 등의 다양한 이슈에도 부합하면서 빠른 성장을 하고 있다.

HMR의 개념을 쉽게 이해하기 위해 그동안 우리에게 친숙한 배달 음식, 포장 음식, 간편식, 테이크아웃을 생각하면 된다. 그리고 이들 식품을 유형에 따라 크게 넷으로 나누면 다음과 같다(표 9-1).

HMR이 주는 편리함에 대한 소비자 태도는 특히 식품이 온라인 유통으로 이동함에 따라 더욱 중요해지면서 경제적, 사회적 변화로 이어져 단순함, 편리함, 실용성을 추구하는 라이프 스타일을 더 보편화시키고 있다.

HMR 시장이 확대되고 다양한 HMR 제품이 출시되면서 외식의 대안으로 HMR을 선택

표 9-1 HMR의 유형별 분류

유형	정의와 예시
바로 먹을 수 있는 식품 (Ready to eat, RTE)	구매 후 다른 조리 없이 바로 먹을 수 있음 예 : 샐러드, 햄버거, 김밥
가열만 하면 되는 식품 (ready to heat, RTH)	마이크로웨이브나 가열기에 간단하게 가열 예 : 즉석 카레, 햇반, 즉석 국
바로 요리가 가능한 식품 (Ready to cook, RTC)	요리 도구(프라이팬, 냄비, 오븐 등)를 사용하여 다소 긴 시간의 가열과 요리를 해야 함 예 : 냉동 국, 즉석 해물탕 등
바로 준비가 가능한 식품 (Ready to prepare, RTP)	각각 소량씩 포장된 구성 요소를 취사 선택하여 일련의 요리 과정을 거치면 되는 식품 예 : 샐러드 키트, 밀키트

자료 : 식품의약품안전처, 식품의 기준 및 규격, 2019.3.8. 고시(www.foodsafetykorea.go.kr)

하는 현대인의 식생활은 사회적 관점, 전통, 안전 등의 외적 요인과 함께 소비자의 삶의 가치가 반영된 소비자 행동으로 나타나고 있는데 이에 큰 영향을 미치는 요인들은 건강, 영양, 위생, 맛, 제품 품질, 신선도, 편의성, 가격, 제품에 대한 정보와 같은 것들이다.

2) HMR 시장 상황

HMR의 성장은 1인 가구의 증가, 여성의 경제 참여 증가, 여가 활동이나 여행의 증가, 코로나19으로 인한 외식 기피 현상 등 다양한 이유에서 최근 들어 폭발적으로 증가하며 현대인의 식생활 문화를 바꾸고 있다.

HMR 시장은 식품가공 산업에도 많은 변화를 가져오게 하였다. 따라서 HMR 제조 기업은 소비자 선호도의 변화를 빠르고 효과적으로 인지하여 심화된 경쟁에서 이기기 위해 경쟁력 있는 신제품을 개발할 수 있어야 한다. 또한 온라인 시장을 중심으로 이루어지는 유통 채널의 변화는 산뜻한 아이디어를 가진 중소기업의 시장 참여 기회가 확대되었다. 이와 유사하게 식문화의 세계화와 식품 보관 기술 및 물류의 개선으로 해외 시장의 확대가 촉진되고 있다. 식품의약품안전처 연차보고서 '식품 및 식품첨가물의 생산실적'에 따르면 HMR 시장은 매년 연평균 15.2% 성장하여 2020년에는 4조 425억 원에 달하였고, 이 성장세는 당분간 지속될 것으로 예상된다(표 9-2).

온라인 식품 쇼핑이 확대되고 진화하면서 밤에 주문한 식료품이 다음날 일찍 구매자의 집앞에 도착하는 아침 배송이 새로운 HMR 유통 구조가 되었다. 아마존(Amazon)과 같은 글로벌 유통 및 물류 기업은 최근 경쟁적으로 콜드체인에 대한 투자를 확대하여 적은 양의 주문에 대해서도 합리적인 비용으로 소비자가 요구하는 신선식품을 보다

표 9-2 한국의 HMR 연간 판매액(단위 : 백만 원)

분류	2016	2017	2018	2019	2020	연평균 성장률(%)
RTE	652,340	800,972	1,530,521	1,583,074	1,416,162	25.2
RTH	109,959	163,041	181,734	184,531	224,639	19.6
RTC	1,330,585	1,767,897	1,317,778	1,694,898	2,010,327	15.2
RTP	705,262	664,459	678,034	743,403	774,251	12.1
Total	2,798,147	3,396,370	3,708,068	4,205,908	4,425,381	15.2

자료 : Korean statistical Information Service (https://kosis.kr/index/index.do, 15 February 2022).

신속하게 배송하고 있다. 한국 트렌드 데이터 수집 전문업체 딥서치(DeepSearch)에 따르면 아침 배송 시장은 콜드체인 관리 기법을 글로벌 공급망 내에서 활용하여 2015년 100억 원에서 2019년 8,000억 원으로 성장하였다.

콜드체인에 대한 의존도가 지속적으로 확대됨에 따라 더 나은 식품 품질과 폐기물 및 에너지 사용량 감소를 포함하는 더 지속 가능한 물류에 대한 요구가 증가하고 있어서 HMR이 식품산업의 성장의 주 동력원이 되기 위해서는 식품 지속 가능성에 대한 연구도 동시에 이루어져야 한다.

(1) 글로벌 HMR 시장 전망

글로벌 HMR 시장은 2021년 118억 5천만 달러로 2021~2030년의 예측 기간 동안 연평균 5.5% 성장할 것으로 예상된다. HMR 시장의 성장은 쉐이크, 액체, 분말, 수프, 단백질 바, 상온 보관 또는 냉동 식사와 같은 다양한 형태로 쉽게 구할 수 있는 완성된 요리 형태의 사전 포장 및 자가 요리 가능 식품에 대한 수요 증가에 의해 주도될 것이다.

HMR은 200~400 kcal의 열량과 단백질, 식이섬유 등 필수 비타민·미네랄 등이 다량 함유돼 있어 소비자들의 건강에 대한 인식이 높아지면서 관련 산업 수요가 촉발될 전망이다. 인스턴트식품에 대한 '건강에 해로운 음식'이라는 고정관념에서 건강한 다이어트 계획으로의 패러다임 전환은 이 산업의 성장을 가속화할 것으로 예상된다.

젊은 인구 사이에서 건강한 음식보다 입에 달고 짠 건강에 해로운 음식에 대한 선호도가 높고 음식의 영양 품질보다 미각 만족도에 더 관심을 갖고 있기에 HMR 시장의 발전에 대한 예측이 어려웠지만 코로나19 대유행은 시장에 긍정적인 영향을 미쳤다. 지넝적인 바이러스의 발발은 전 세계 소비자들이 건강한 생활 방식을 채택하도록 강요하였다. 건강한 식단에 대한 소비자의 인식이 높아짐에 따라 HMR의 수요가 폭발적으로 증가하는 계기가 되었다. 포장되고 편리한 HMR 제품은 수년 동안 소비자들 사이에서 인기를 얻고 있다. 휴대용 및 가공식품 대체 스낵, 에너지바 및 음료의 수와 다양성이 증가하고 식료품점, 레스토랑 및 편의점 모두에서 쉽게 구할 수 있고 접근성이 높아져 HMR 시장 성장에 박차를 가하고 있다.

HMR 시장에서도 온라인 채널은 전 세계적으로 전자상거래 채널의 보급률이 높아짐에 따라 상당한 비중을 차지할 것으로 보인다. 바쁜 현대인의 라이프 스타일은 소비자의 편의성을 고려한 온라인 쇼핑의 광범위한 도입을 촉진시키고 있다.

현대인들은 특히 건강에 대한 관심이 높아서 기존의 패스트푸드 섭취로 인한 심혈관 질환, 고혈압, 고 콜레스테롤 수치, 비만, 당뇨병 등과 같은 대사성질환으로 인한 건강 관련 문제가 지속적으로 제기됨에 따라 HMR 제품에 대한 수요가 지속적으로 증가하고 있는 것이다.

(2) 한국의 HMR 시장 전망

2022년 1월 한국의 농림축산식품부의 보도자료는 산하기관인 한국농수산식품유통공사의 2021년 보고서에 의거하여 "한국의 인스턴트식품 시장은 지난 4년간 145% 성장하였고 그 성장세에 힘입어 수출은 323%나 성장하였다."라고 발표하였다.

이러한 시장 상황 속에서 한국의 가정간편식 제품으로 알려진 즉석식품 출하액은 2020년 2조 1,180억 원으로 2020년 대비 18.7%, 2016년 대비 145.3%를 기록하였다. 이러한 놀라운 시장의 성장은 편의점 증가, 품질 향상, 코로나19로 인한 가정식 수요 증가, 가정 내 에어프라이어나 마이크로웨이브 오븐 등의 조리기구 보급률 증가 등으로 인해 더욱 탄력을 받고 있는 것으로 분석하였다.

또한 농림축산식품부에서 진행한 즉석식품의 소비 트렌드와 시장 전망을 알아보기 위한 온라인 설문조사에 따르면, 응답자의 대부분이 즉석밥(82.8%), 카레/짜장/밥용 토핑(77.4%), 국/국물/찌개 (75.6%) 순으로 선호도를 나타냈다. 최근 들어 맞벌이 및 1인 가구 증가, 간편식 조리 선호 경향 등으로 가정간편식 시장은 점점 더 빠르게 성장하고 있다. 가정간편식 소비자들은 한 끼를 대신할 수 있는 제품(24.8%)을 가장 선호하였고, 그 다음으로 맛과 품질이 좋은 제품(22.8%), 전국 유명 맛집의 포장제품(20.2%) 순이었다. 이와 같이 소비자들은 간편조리식품을 식사 대용으로 인식하고 한 끼 식사로도 맛있게 먹을 수 있는 음식으로 여기고 자신에게 맞는 음식들을 탐색하고 있다고 봐야 한다.

K-팝의 전 세계적 인기 현상은 한국의 음식 선호로도 이어져 가정간편식 수출은 2016년보다 323.1% 급증한 3,493만 달러를 기록하였다. 이는 2020년에는 전년 대비 35.1% 성장한 것이다. 특히, 즉석밥(전년 대비 53.3% 증가)과 떡볶이(전년 대비 56.7% 증가)의 수출 증가율이 높았다는 것은 매우 흥미로운 일이다. 이것은 한국의 인기 K-팝 가수들이 떡볶이를 먹는 동영상이 SNS에서 인기를 얻으면서 그 파급효과로 이어진 것으

로 볼 수 있다.[1)]

한국농수산식품유통공사에 따르면 국내 간편식 시장 규모는 2016년 2조 2,700억 원에서 2020년 4조 원대로 확대되었고, 2021년에는 5조 원대에 이를 것으로 전망된다. 이에 따라 기존 식품업계는 물론 외식 브랜드와 호텔, 가전업계까지 관련 시장에 뛰어들고 있다. 특히 식품업계에선 "간편식 제조는 선택이 아니라 필수"라는 말이 나올 정도로 HMR를 주요 사업으로 육성하고 있다. CJ제일제당과 동원 F&B, 대상, 오뚜기, 풀무원 등 대형 식품 기업들은 물론, 프레시지, 쿠캣 등 스타트업들도 빠른 속도로 성장하고 있다.

과거 HMR 시장은 대형 식품 업체가 자체 개발한 간편식이 중심이었으나 현재는 대부분의 업체가 시장에 뛰어들면서 메뉴 다양화와 고급화 추세가 뚜렷하다. 특히 전국 유명 맛집 메뉴나 유명 셰프의 레시피를 반조리 식품으로 만드는 밀키트, 레스토랑 메뉴를 간편식으로 만든 RMR(Restaurant Meal Replacement)는 새로운 시장으로 주목받는다. 이제는 간편식이 가정간편식을 넘어 전국 맛집 음식을 집에서 그대로 맛보고 싶어 하는 소비자가 늘고 있기 때문이다. RMR는 쉽게 말해 맛집의 이름을 내건 밀키트다. 매장에서 요리사가 만든 수준의 품질을 그대로 유지하되, 기술력을 통해 조리를 간편화한 형태다. 이름난 맛집들의 대표 메뉴를 간편식으로 만드는 만큼 맛에 대한 신뢰도가 높다.

유통업체들도 자체 브랜드를 선보이고 제품군을 점차 늘리고 있다. 이마트는 자체 상표(PB) Peacock(피코크)를 통해 미슐랭 선정 맛집들과 손잡고 밀키트 상품 개발에 박차를 가하고 있다. 롯데마트의 경우 지난해 판매된 RMR 상품 매출이 2020년보다 5.8배나 증가하였다. 롯데마트는 현재 운영하고 있는 57개 RMR 가운데 15개(26.3%)가 PB 상품이다. 삼성전자도 식품업계와의 협업을 강화하고 있다. 전자레인지·에어프라이어·그릴 등이 결합된 조리기기인 '비스포크 큐커'를 출시하면서 프레시지·오뚜기·테이스티나인·호텔신라·CJ제일제당 등과 함께 전용 밀키트 메뉴를 공동개발하고 있다. 외식업소를 대상으로 한 간편식 B2B 시장도 형성되고 있다. CJ제일제당은 외식·급식 업체, 항공사, 도시락·카페 사업자 등에게 납품하는 B2B 간편식 사업을 확장하기 위해 지난

1) 관세청 보도자료, 코로나19에도 불구하고 한국 식품 수출 최고 기록, 2021.05.27.

해 5월 전문 브랜드 '크레잇(Creeat)'을 론칭하였다. 유통업계에 따르면, 국내 B2B 가공식품 시장은 2020년 약 34조 원으로 추산되고, 2025년 50조 원으로 확대될 것으로 전망된다. 비대면 선호 경향의 확대, 요리·셰프 콘텐츠 확산, 구매 채널 간편화 등에 따라 가정간편식 시장은 더욱 커질 것으로 전망하였다. 한국외식산업경영원 관계자는 "간편식이라는 편의성을 경험한 소비자들이 원재료를 사서 요리하는 데 시간과 힘을 투자하는 과거로 돌아가긴 어려울 것"이라며 "1인 가구 비율의 지속적인 증가, 재택근무와 유연근무제 확산, 간편식 메뉴 다양화 등으로 내식(內食)에서 간편식이 차지하는 비율은 꾸준히 증가할 것"이라 내다봤다.

3) HMR의 과제

냉동이나 냉장이 주를 이루는 HMR은 보관 중 수분이 날라가거나 전자레인지를 사용하여 가열하는 도중 수분이 손실되면 음식의 맛이 저하된다. 따라서 수분이 적절하게 유지된 신선한 식품을 장시간 보관할 수 있는 포장 방법의 개발이 필요하다.

또한 HMR과 밀키트는 높은 가격도 문제이지만 소포장 식자재로 구성되기 때문에 배출되는 플라스틱 폐기물, 미세플라스틱 등의 문제점을 안고 있다. HMR이 지속 성장을 하기 위해서는 친환경적 소재 개발이나 포장에 대한 혁신적 개선이 이루어져야 하며, 이에 대한 연구가 필요하다.

HMR 포장을 위한 예로, 간단한 가열이지만 어느 정도 가열하여야 가장 적절한 식품 상태가 될지 판단하기 모호한 적이 종종 있다. 이 경우 요리가 완성되었음을 알려주는 소리를 내거나 색깔이 변하는 포장이 되어 있다면 요리 초보자인 소비자라도 음식을 맛있게 만들어 먹을 수 있을 것이다.

단원정리

1. 패스트푸드는 최소한의 준비나 조리만으로 빠르고 쉽게 준비하고 섭취할 수 있는 식품을 말한다. 인스턴트 국수, 냉동식품 및 통조림 수프를 예로 들 수 있다. 간편하고 저렴한 식사 옵션에 대한 수요 증가로 인해 패스트푸드 시장은 현재 꾸준히 성장하고 있다.
2. 음식 배달 또는 온라인 음식 주문이라고도 하는 배달 음식은 온라인 또는 모바일 앱을 통해 주문하여 소비자의 위치로 배달되는 식사를 말하는데, 이 범주는 특히 코로나19 대유행과 그에 따른 비접촉 배송 옵션에 대한 수요 증가로 인해 최근 몇 년 동안 상당한 성장을 보였다. 많은 레스토랑이 음식 배달 서비스와 제휴하거나 자체 배달 플랫폼을 개발하여 이러한 추세에 빠르게 적응하였다.
3. HMR 식품은 가정에서 소비하도록 고안된 사전 조리된 식사이며 전통적인 가정식 식사를 대체하기 위한 것이다. 예를 들면, 냉동 저녁 식사, 식사 키트 및 미리 준비된 샐러드가 있다. HMR 식품 시장은 건강한 식습관, 편리함, 시간 절약 옵션에 대한 소비자의 관심 증가로 인해 꾸준히 성장세를 이어가고 있다.
4. 전반적으로 이러한 식품 카테고리의 현재 추세는 편의성, 접근성 및 더 건강한 옵션을 지향한다. 소비자들은 빠르고 쉽게 준비할 수 있거나 문 앞까지 배달될 수 있으면서도 영양가 있고 만족스러운 식사를 찾고 있다. 기술이 계속 발전하고 소비자의 라이프 스타일이 변화함에 따라 이러한 추세는 앞으로도 계속 진화할 것으로 예상된다.

참고문헌

식품의약품안전처 보도자료, 2020.02

식품외식경제(http://www.foodbank.co.kr)

BRIC Bio통신원, 왜 인스턴트식품이 비만을 유발할까? (https://www.ibric.org/myboard/read.php?Board=news&id=62668)

Yunho Ji and Jangheon Han. Sustainable Home Meal Replacement (HMR) Consumption in Korea: Exploring Service Strategies Using a Modified Importance-Performance Analysis. *Foods* 11(6): 889. March, 2022

http://news.bbc.co.uk/go/pr/fr/-/1/hi/health/3210750.stm

http://www.foodbank.co.kr/news/articleView.html?idxno=46200

https://www.polarismarketresearch.com/industry-analysis/meal-replacement-market

4차 산업혁명과 식품산업의 미래

1. 인공지능
2. 식품산업과 3D 프린팅의 활용
3. SNS와 식품
4. 메타버스와 식품

증기기관 개발을 기반으로 하는 18세기의 1차 산업혁명, 19~20세기에 걸친 전기 · 내연기관을 기반으로 하는 2차 산업혁명, 20세기 후반의 컴퓨터 · 인터넷 기반의 3차 산업혁명을 거쳐 21세기에는 사물인터넷(IoT), 로봇, 3D 프린팅 등의 첨단 컴퓨터 과학의 총화인 인공지능(artificial intelligence, AI)을 핵심 기술로 하는 이른바 4차 산업혁명이 진행 중이다. 4차 산업혁명(industry 4.0, 또는 4th industry)은 상품 · 서비스의 생산, 유통, 소비 전 과정에서 모든 것이 연결되어 있고, 인공지능이 지속적으로 진화 개선되면서 효율과 생산성 등이 극대화 될 수 있다는 특징을 갖고 있다.

4차 산업혁명이 진행되며 지속적으로 진화하는 인공지능은 식품 분야에 적용될 수 있는 물류, 택배 및 드롭 배송, 요리하는 로봇, 인공지능 주방, 계산대 없는 매장, 식품 구매용 스마트폰 앱, 스마트 농장, 스마트 공장 등 다양한 분야에서 활발하게 적용되고 있다.

4차 산업에서 가장 중요한 요소 중의 하나가 현실 세계의 여러 데이터를 종합해서 만든 가상 디지털 세계다. 예를 들면, COVID-19 상황에서 식품 생산 및 공급망이 약화되고, 이에 따라 식품의 품질이 심각하게 영향을 받게 되었다. 특히 계절적으로 품질의 영향을 많이 받는 원재료들에 있어서는 치명적인 어려움을 겪게 된 것이다. 가공식품이 직면하는 원재료 품질의 다변성으로 인한 화학적, 물리적, 미생물학적 변화는 식품의 공급망(food supply-chain, FSC)에서의 다양한 변화를 예측하기 힘들게 하는데 이때 디지털 가상 물체가 문제 해결의 좋은 실마리를 제공해 줄 수 있다.

예를 들어, 러시아와 우크라이나가 전쟁을 시작하게 되는 경우 AI는 빅데이터를 분석하여 이 전쟁의 여파로 식량 수급에 미치는 영향을 예견하므로 밀이나 기타 식량자원을 어떻게 확보할지를 구매 부서와 생산 부서에서 대책을 마련하고 전쟁이 장기간 진행되더라도 원자재 수급과 생산단가 유지를 통해 경제적 안정화를 이룰 수 있다.

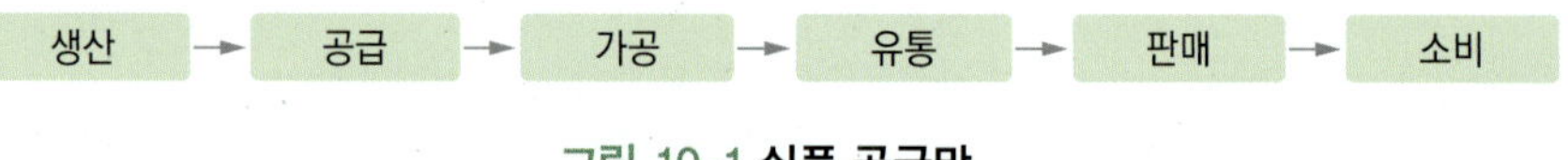

그림 10-1 식품 공급망

자료 : Sensors 2022, 22, 115

공급망(supply chain)은 소비자가 원하는 상품이나 서비스를 제공하기 위해 행해지는 모든 행위와 구조를 일컫는데 식품 공급망(FSC)의 경우는 생산, 운송, 제품의 관리 측면에서 일반 상품들과는 비교가 안 될 정도로 복잡성을 가진다(그림 10-1). 이런 복잡성을 풀기 위해 4차 산업에서는 사이버 세계와 실제 시공간 연결, 사물인터넷, 클라우드 자료 검색 등이 사용된다. 이 개념은 어떤 한 종류의 사안에 국한되는 것이 아니고 생산, 가공, 운송, 판매 등 전 영역의 빅데이터를 총합적으로 분석하여 해결책을 제시하기 위해 사람이 관여하지 않고 AI를 기반으로 하는 스마트 팩토리이다.

1. 인공지능

인공지능(AI)에 구체적인 정의를 내리는 것은 다소 어려운 작업이다. 일반적으로 인간의 지능과 사고 과정을 시뮬레이션할 수 있는 모든 시스템에는 '인공지능'이 있다고 한다. 인공지능이 가능해지기 위해 시각적 및 청각적 인식, 의사 결정, 언어와 같은 인간이 일반적으로 수행하는 작업과 유사한 업무를 수행할 수 있도록 정보를 수신, 분석 및 결합하고 그 외에 더 많은 자료를 처리하는 것이다(그림 10-2).

좁은 의미의 인공지능은 인간 지능이 수행하는 것 중 작은 작업에 초점을 맞추고 있으며 그것을 수행하기 위해서 규칙 기반 AI와 예제 기반 AI의 두 가지 방법으로 업무를 수행한다. 전자는 따라야 할 기계적 규칙을 제공하는 반면 후자는 배울 수 있는 예를 제공한다.

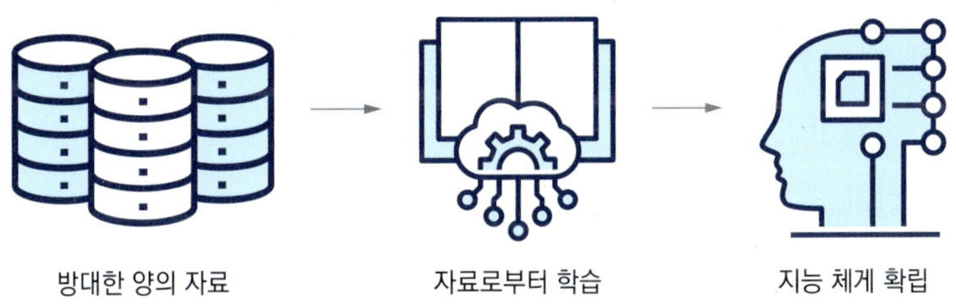

그림 10-2 **인공지능의 기초적 체계**

규칙 기반 AI

규칙 기반 접근 방식은 컴퓨터가 문제를 해결하기 위해 사용하는 일련의 명확한 명령인 알고리즘을 사용한다. 우선, 문제를 해결하거나 목표에 도달하기 위해 취해야 할 단계를 컴퓨터에 정확하게 알려준다. 선택한 알고리즘은 AI가 문제 공간을 해결하기 위해 통찰력을 표시하는 방법을 '생각'하는 방법을 결정한다. 서로 다른 알고리즘에는 서로 다른 목표, 강점 및 약점이 있다. 인공지능 수행을 적절하게 선택한다는 것은 원하는 결과와 프로세스의 뉘앙스에 따라 다르다.

예제 기반 AI

예제 기반 접근 방식은 데이터를 사용하여 모델을 만든다. 이 데이터는 음악, 비디오, 기상 조건, 사용자 프로필, 시스템 로그 등 다양한 형태를 취할 수 있다. 모델은 AI가 패턴을 찾기 위해 데이터를 훈련한 결과이다. 이것은 큰 시험 전에 공부하는 것과 비슷하다. 이해가 거의 또는 전혀 없는 상태에서 시작했기 때문에 많은 학습 자료를 이해한 것을 바탕으로 새로운 지식을 적용할 준비가 된 세상으로 나갈 수 있었다. 이러한 문제 해결 방식은 인공지능의 하위 분야인 머신 러닝에 의해 크게 가능해졌다.

이 방법은 엄격한 규칙(즉 쓰기 알고리즘)을 지정하는 것이 어렵거나 너무 경우의 수가 많을 때 유용하다. 주식 거래, 암 식별, 사용자가 다음에 보고 싶은 비디오 예측 등을 결정할 때 유용하다.

1) AI를 사용하는 이유

인공지능은 컴퓨터가 막대한 분량의 자료를 통해 학습하고 생각하여 스스로 판단할 수 있도록 만드는 기술이다. 과거의 컴퓨터 활용은 현존하는 다양한 종류의 경우의 수 및 데이터를 컴퓨터에 입력하고 컴퓨터의 빠른 연산 능력을 이용하여 사물을 인지하거나 상황을 판단하는 과정이었다면 인공지능은 컴퓨터의 빠른 연산 기능을 활용하기는 하지만 컴퓨터가 컴퓨터를 학습시키면서 인간의 능력과 유사하게 또는 더 발전된 인지 기능, 판단력, 이해력, 기억력, 업무 실행 능력, 계산 능력, 창작 능력 등을 빠른 속도로 수행할 수 있다.

오늘날 AI는 패턴을 인식하고 예측하며, 이전에는 데이터의 양이 너무 많아 도달할 수 없었던 통찰력을 제공하는 데 가장 자주 사용된다. 전통적인 컴퓨터 기술과 달리 AI는 특정 명령을 실행하도록 명시적으로 프로그래밍되는 것이 아니라 예제를 통해 학습할 수 있기 때문에 지능적 활동을 수행할 수 있다.

이러한 인공지능 시스템은 우리 인간의 영역을 침해한다는 걱정을 갖게 하지만 다른 한 편으로 우리 자신의 지능을 강화하고 자신감을 극대화하기 위한 것이라 할 수 있다. 점점 더 많은 분야에서 AI는 전문가가 되는 데 필요한 시간을 단축하고 성능을 향상시키는 전문가의 동반자 역할을 하고 있으며, 앞으로 지식 추구, 전문 지식 향상, 인간 조건 개선에 도움이 될 것으로 기대된다.

2) 일반적인 AI 사용 사례

AI는 광범위한 도메인에 많은 응용 프로그램이 있는 강력한 도구 상자이다. AI 도구 상자가 가장 잘 해결할 수 있는 문제 유형은 대체로 6개의 핵심 과업으로 나눌 수 있다.

- 연구 및 발견 가속화
- 상호작용을 풍부하게
- 중단 예측 및 선제 대처
- 자신 있게 추천하기
- 전문 지식 및 학습 확장
- 부채 감지 및 위험 완화

이러한 것을 기반으로 AI가 수행하는 가장 일반적인 작업과 해당 하위 필드는 다음과 같다.

- 사진에서 정보 추출(컴퓨터 비전)
- 말을 옮기거나 이해하기(음성에서 텍스트로, 자연어 처리)
- 서면 텍스트에서 통찰력과 패턴 추출(자연어 이해)
- 작성된 내용 말하기(텍스트 음성 변환, 자연어 처리)
- 감각에 따라 공간을 자율적으로 이동(로봇)
- 일반적으로 데이터 더미에서 패턴 찾기(머신 러닝)

3) AI 활용 식품개발

국내의 모기업은 식물성 제품을 개발할 때 데이터 기반 시뮬레이션 기술을 이용하고 있다. 회사가 확보한 식품 3만 개에 있는 분자 단위 성분 데이터 30만 개를 활용해 실물을 직접 만들지 않고도 목표로 한 맛·향·식감을 구현하는 것이다. 이렇게 하면 연구진 능력으로 수차례 시행착오를 거치는 통상의 방법보다 시간과 비용을 대폭 줄일 수 있다. 데이터를 기반으로 원하는 맛을 내는 의외의 식물성 소재를 손쉽게 발견하고 어떤 식으로 배합해야 목표한 맛을 내는지 시뮬레이션을 돌린다. 예를 들어, 인공지능을 활용하면 1시간 동안 1만 번에 걸친 실험이 가능하기 때문에 효율적인 식품 개발이 가능하다. 인공지능의 중요성을 인식하기 시작한 최근부터 식품 개발에서 생산과 판매에 이르기까지 정보통신기술(ICT)을 접목하는 움직임이 거세질 전망이다. 이에 따라 빅데이터 분석과 시뮬레이션 기술뿐 아니라 인공지능이나 로봇 기기 등을 도입하는 업체가 늘고 있다.

SPC그룹은 2022년 초 디지털 전환을 가속화하기 위해 계열사인 섹타나인을 출범시켰다. 사업 요소마다 AI를 접목하고 빅데이터 활용을 높이기 위해 전담 회사를 둔 것이다. 예를 들어, 섹타나인을 통해 SPC그룹은 지난해 하반기부터 자사 멤버십 서비스인 '해피포인트앱'에 AI 머신러닝 기술을 접목한 다음, 소비자 맞춤형 정보를 보내고 있다. SPC그룹 섹타나인 관계자는 "유튜브나 넷플릭스처럼 이용자가 선호하는 프로모션과 제품이 최상단에 보일 수 있도록 추천하는 AI 기술도 선보일 계획"이라며 "꾸준히 AI·빅데이터 연구를 지속해 팬데믹(대유행) 시대에 편리함으로 위로를 줄 수 있는 브랜드

구글 X란?

구글 내에서 비밀 프로젝트만을 연구하는 베일에 싸인 조직이다. 최초의 스마트 안경으로 한때 전 세계의 주목을 끌었던 '구글 글래스'와 운전자 없이 운행하는 자동차인 '무인 자동차', 그리고 오지에 풍선을 띄워 무선 인터넷을 공급하는 '프로젝트 룬' 등이 모두 이들의 작품이다. 이런 구글 X가 최근 들어 농업 분야에 심혈을 기울이고 있다. 자사가 보유하고 있는 막강한 인공지능(AI) 기술을 활용하여 신개념의 식량 개발을 주도한다든가, 빅데이터를 활용한 농업 플랫폼을 구축하고 있는 것이다. 이에 대해 구글의 모회사인 알파벳에서 자회사들의 혁신 프로젝트를 관리하고 있는 아스트로 텔러(Astro Teller) CEO는 "농업 분야도 혁신을 위해서는 '문샷싱킹(Moon Shot Thinking)'이 필요하다."라고 강조하며 이를 위해 분야별 첨단 기술에 인공지능을 결합하는 방법을 연구하고 있다. '문샷싱킹'이란 혁신적 도약을 위해 구글이 추진하고 있는 여러 방법론 중 하나다. 기존 방식에서 10%를 개선하려 애쓰는 것보다는 아예 새로운 방식을 도입하여 10배의 성장을 이루는 것이 더 쉬울 수 있다는 의미의 방법론이다. 즉 기존 방식으로는 해결이 불가능한 문제를 새로운 시각으로 바라보며 해결 방법을 찾는 것이다. 구글 X의 프로젝트 선정 기준은 문샷싱킹 방법론을 기반으로 하되, 다음과 같은 3가지 기준을 충족해야만 추진할 수 있는 것으로 나타났다. 3가지 기준은 우선 전 세계 인류가 영향을 받는 문제여야 하며, 두 번째는 현존하는 최고의 첨단 기술을 적용할 수 있어야 하고, 세 번째는 프로젝트 추진 기간이 5~10년 이내에 실행될 가능성이 있어야만 한다는 것이다. 알파벳 CEO는 "인공지능을 활용한 농업 및 식량 개발은 이 세 가지 조건을 모두 충족하고 있다."라고 전제하며 '완두콩으로 만드는 우유'나 '농업과 관련된 모든 데이터를 분석해 주는 빅데이터 플랫폼' 등이 대표적 사례라고 밝혔다.

자료 : https://x.company/projects/

로 육성할 것"이라고 말하였다. 매장에서 접객·조리·서빙 등에 로봇을 활용하는 사례도 늘고 있다. 국내 모 치킨기업은 치킨 조리 전 과정을 자동화하는 로봇 개발을 진행 중이다. 가맹점에 '튀김 협동로봇'을 도입해 운영 편의성과 인력 절감 효과 등을 확인한 기업체는 로봇 제조업체와 치킨 튀김 과정 자동화 시스템 개발을 위한 업무협약을 맺고 치킨 조리 과정에 맞춤화한 로봇을 개발하는 중이다.

2. 식품산업과 3D 프린팅의 활용

이 세상의 어떤 식품도 소비자가 원하는 모든 영양소나 성분을 다 가지고 있지 못한다. 그러나 상상해 보자. 3D 프린팅 기술을 이용한다면 생산하는 식품에 들어가야 하는 영양소와 성분을 모두 넣고, 거기다 원하는 모양, 색, 질감까지 더할 뿐 아니라 소비자 맞춤형 제품을 만들어 낼 수 있다. 그뿐인가? 이러한 식품공장을 사막 한가운데나 남극 극지에도 간단하게 세울 수 있기 때문에 기아 해결이 가능하고 불필요한 음식물 쓰레기나 폐수가 생성되지 않아 자연친화적이다. 적어도 이론적으로는 말이다.

1) 3D 프린팅이란?

3D 프린팅은 3차원적으로 매우 정밀하고 세밀하게 재질이 잘 배열되도록 마감된 사물을 만들 수 있는 기술이다. 이 기술은 확장성이 넓어서 항공우주, 자동차, 포장, 건설, 제약, 식품 등 다양한 산업에서 활용되고 있다. 식품 분야에서 3D 프린팅 기술을 활용하려는 분야를 간단하게 예를 들어보면, 소비자 맞춤형 식품 디자인, 전산화된 개별형 영양 제공 식품, 간편한 유통 경로, 식품 원재료의 다양화 등을 들 수 있다.

여러 가지 형태의 식품 3D 프린터가 있을 수 있지만 대표적인 것으로 3D 식품 프린터는 식품의 재료가 되는 다양한 물질들이 식품용 주사기 또는 카트리지에서 노즐을 통해 분사되면 식품을 구성하는 물질들이 층층이 쌓여가면서 식품의 모양, 색, 성분 등을 포함하는 완성품이 만들어지게 된다(그림 10-3). 또 다른 3D 프린팅 식품기계는 이미 3차원적으로 모양이 만들어진 용기나 거푸집에 식품 구성 물질을 분사해 넣어 주어 제품을 만드는 방법이다. 이렇게 정확한 모양과 성분을 구현하기 위해서 3D 프린터는

layer-by-layer method

mold-based process

그림 10-3 3D 프린터에서 식품이 만들어지는 원리

자료 : https://aptgadget.com, https://ultimaker.com

정밀한 분사기와 이를 조절하고 제어하는 컴퓨터 소프트웨어가 필요하다. 첨단 3D 프린터에는 사용자가 쉽게 기계를 제어하고 감각적으로 사용할 수 있도록 하는 조정장치(interface)가 설치되어 있고, 내장된 조리법과 디자인들이 있어서 원격으로 조정하거나 초보자들도 쉽게 배워서 기계를 활용할 수 있다.

최근에는 3D 식품 프린터에 로봇 팔과 레이저 기술을 접목시켜서 더욱 정교하게 모양을 만들 수 있고, 원료 물질이 원하는 시간까지 물성을 유지하다가 다른 형태로 바뀔 수 있도록 조절할 수 있다. 이렇게 하면 단백질, 지방, 탄수화물 등의 물성을 최대한으로 활용하여 치즈와 초콜릿이 섬세하게 뒤섞인 표면에 결정형 설탕가루가 뿌려진 환상적인 파티용 케이크를 만들 수 있고, 바로 오븐에서 구워 먹을 수 있는 피자를 원하는 형태로 만들거나 가열하는 동안 색깔과 형태가 변하고 캡슐과 같은 구조가 터지면서 재미있는 소리를 내도록 하는 식으로 창의적인 식품을 만들어 낼 수 있다.

2) 3D 식품 프린터와 식품산업

(1) 3D 프린팅 식품의 개발

1980년대에 들어서면서부터 3D 프린팅이 발전되고 있는데 식품 분야에서는 주로 케이크의 복잡한 장식에 활용되었다. 이제는 분사기와 입체 구조 제작 기술의 발달로 케이크의 장식뿐 아니라 피자 위에 토핑으로 얹는 시금치, 홍당무, 소시지, 치즈와 같은 다양한 식재료의 모양을 구현할 수 있게 되었다. 어린이들이 좋아하는 과자에 예쁜 레이스 모양을 더할 수 있고 만두는 고양이 발자국 모양으로 만들 수 있다. 식감도 다양하게 만들어 낼 수 있다. 아침에 먹는 시리얼 속에 젤리 맛을 넣거나 쫄깃한 소시지 맛을 낼 수 있다. 현재까지 시도된 식품 중에 초콜릿은 3D 프린터에 매우 적합한 물성을 가졌기 때문에 초콜릿을 이용하여 지금까지 맛보지 못했던 다양한 식품을 개발하였다. 벨기에 초콜릿은 세계적으로 유명하다. 벨기에의 초콜릿 회사 미암 팩도리(La Miam factory, Miam은 프랑스어 yum으로 '맛있다'라는 뜻)에서는 특수한 3D 프린터를 사용하여 사람들이 즐겁게 먹을 수 있는 아름다운 밀크 초콜릿, 다크 초콜릿, 화이트 초콜릿 제품을 생산하고 있다. 미암 근처에 있는 맥주공장에서는 자회사의 판촉용으로 미암의 3D 프린터를 이용하여 초콜릿 맥주병을 만들어 줄 것을 의뢰하기도 하였다.

(2) 3D 프린팅 식품의 안전성

미국은 전통적으로 새로운 개념의 식품이 나올 경우 이 식품이 인체 안전에 미치는 영향에 대해서는 매우 엄격하게 평가를 한다. 식품 안전과 현대화에 관한 법률(Food Safety and Modernization Act, FSMA)이 2011년에 제정되면서 식품안전에 대한 규정들은 더욱 엄격해졌는데 3D 프린팅 식품은 FSMA의 규정을 잘 만족시키는 것으로 평가되었다. 더욱이 소비자 맞춤형 식품 생산이 가능한 3D 프린팅 식품은 심각한 식품 알레르기가 있는 사람들에게는 알레르기 유발 물질을 빼고 식품을 만들 수 있기 때문에 매우 적절한 식품이 된다.

영국의 한 전문 요리점은 모든 메뉴가 다 3D 프린팅으로 만든 음식이고 심지어는 나이프, 포크, 그릇, 접시, 의자와 식탁까지 3D 프린팅으로 만든 것이다. 스페인의 유명 음식점, 미라마(Miramar)에서는 3D 프린터가 음식을 만들 때 필요한 일상적인 것들을 맡아서 만들기 때문에 요리사는 좀 더 그날에 만들 요리에 창의적으로 집중할 수 있게 되었다.

3D 프린팅으로 만든 식품은 실용적이고 실제적인 용도에도 도움이 된다. 1,000군데 이상의 독일의 양로원에서는 음식을 씹거나 삼키는 것이 어려운 노인들에게 3D 프린터로 만든 음식을 제공하고 있다. 이 음식들은 돼지고기, 닭고기, 감자, 콩, 국수 등을 먼저 요리한 다음 반죽처럼 으깨어서 3D 프린터의 노즐을 통해 분사하여 적절한 모양을 만들어 노인들 전용으로 제공되는 것이다. 이렇게 만들어진 음식은 모든 것을 갈아서 죽의 형태로 섞어 만든 음식에 비하면 모양과 색을 가지고 있어서 식욕을 돋우고 만족

도를 높인다. 이러한 결과를 바탕으로 유럽연합에서는 4백만 달러 이상을 투자하여 5개국의 14개 회사들이 노인들이 맛있게 먹을 수 있는 부드러운 식품을 개발하는 프로젝트를 진행하고 있다.

(3) 3D 프린팅 식품과 미래식품

미래에는 3D 프린팅으로 만든 식품이 지구의 인류에게 지속적으로 양질의 영양가 높은 식품을 제공하는 역할을 담당할 것이라고 전문가들은 예측한다. 예를 들어, 독일에 있는 네덜란드 회사의 연구원들은 단백질과 항산화 물질을 많이 함유하고 있는 녹조류를 이용하여 값싼 식품을 개발함으로써 지구상의 기아를 떨쳐 버리려는 시도를 하고 있다.

글로벌 식품업계의 주요 브랜드인 펩시코(Pepsico), 허쉬(Hershey) 및 오레오(Oreo)는 소비자가 원하는 모양의 감자칩, 초콜릿과 크림을 만드는 데 3D 프린터를 사용하고 있다. 그리고 앞으로는 더 다양한 부분에 이 기술을 접목시키려 노력하고 있다.

그렇다면 이 기술은 앞으로 식품산업의 판도를 바꾸어 놓을 수 있을까?

3D 식품 시장은 미국의 경우 2025년 기준 425백만 달러 정도로 성장할 것으로 예상되고 있다. 그렇다고 당장 모든 식품회사들이 공장 라인을 3D 프린터로 바꾸지는 않을 것이다. 그러나 이 기술은 식품회사가 소비자 중심형 식품 개발이나 복잡한 구조나 성분을 갖는 식품을 빠르고 저렴하게 생산할 수 있는 많은 장점을 갖고 있기 때문에 점점 더 많은 회사들이 3D 프린터로 제조하는 식품에 관심을 갖게 될 것은 분명하며, 식품은

그림 10-4 3D 프린터를 이용해 정교한 문양의 패스트리 만들기

더 소비자 친화형으로, 친환경적으로, 지속 가능한 방법으로 생산될 것이다(그림 10-4). 이 기술은 아마도 가까운 미래에 식품산업 분야의 게임 체인저로서의 역할을 하게 될지 모른다.

(4) 3D 프린팅 식품의 한계

3D 프린팅 식품 생산이 갖는 문제점을 정리하면 다음과 같다.

① 3D 프린팅 식품의 재료들이 계절과 조건에 따라 격차가 심하다.

② 식품 재료와 3D 프린팅 과정에 위생 안전성 문제가 발생할 수 있다.

③ 식품 구조의 변화와 미생물 증식으로 저장 기간이 일반 식품보다 매우 짧다.

④ 3D 프린팅을 한 후 후속적인 가공이 필요할 때 정교한 구조를 유지하기 힘들다.

⑤ 기존의 식품 생산 속도보다 생산 속도가 현저히 느리다(low-throughput).

⑥ 기계가 정교할수록 위생을 위한 청소와 소독이 힘들다.

⑦ 과연 소비자들이 3D 프린팅으로 만든 식품을 선호할지 예측하기 어렵다.

3. SNS와 식품

온라인 플랫폼을 통한 '먹방', '쿡방'이 홍행하면서 국내 식품 시장이 유튜버, BJ 등 개인 방송 크리에이터, SNS 인플루언서들에 의해 크게 흔들리고 있다. '쯔양', '입짧은 햇님', '밴쯔', '슈기' 등 유명 유튜버, BJ들은 시청자가 아닌 일반인들에게까지 연예인 못지않은 인기를 누리고 있으며, 식품·유통업체들은 앞다투어 이들이 먹는 식품과 비슷한 제품들을 선보이고 이들을 광고모델로 사용하고 있다. 해외 플랫폼 시장에서도 한국의 '먹방'은 'MUKBANG'이라는 명칭으로 쓰일 정도로 대표 콘텐츠로 자리매김하고 있으므로, 2020년에도 대중들의 관심과 함께 언급량이 더 증가할 것으로 보인다.

라이프 스타일에 대한 자료를 잘 이해하면 소비자들의 삶의 현장에서의 필요 및 요구에 대한 이해가 쉬워진다. 또한 식품안전, 식량 손실, 부정식품, 식품 오염 등은 전 세계 대중의 관심을 끌고 있다. 동시에, 오늘날의 다양한 라이프 스타일과 신속한 배송 방법, 급격하게 늘어나는 식품과 관련한 정보들은 소비자들이 더욱 좋고 건강한 식품에 대한 흥미를 갖게 만든다.

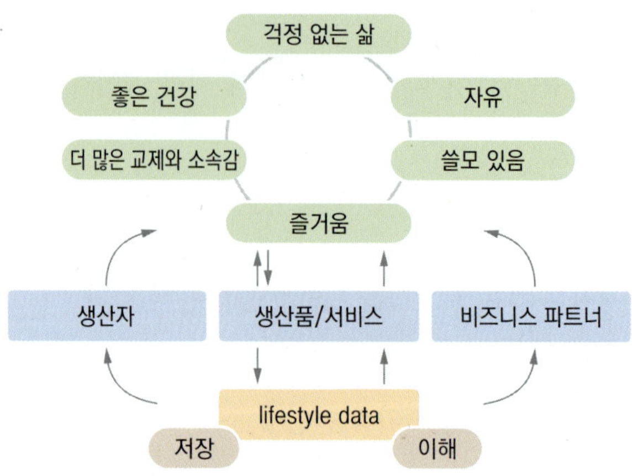

그림 10-5 소셜 미디어를 기반으로 라이프 스타일의 이해를 넓히기 위한 다면적 소통

냉장고, 마이크로웨이브 오븐, 전기밥솥과 같은 가전제품들의 대중화로 인해 식품 저장이나 요리 방법 등의 놀라운 진화가 진행되고 있다.

사물인터넷(IoT)의 발달은 스마트폰 앱을 통해 가정용 가전제품들이 인터넷을 매개로 간단하게 서로 연결될 수 있게 하여, 건강한 음식을 만들 수 있는 요리법을 비롯하여 정리된 자신의 요리 특성과 음식 선호 특성을 손쉽게 얻을 수 있도록 한다. 이런 정보들은 가전제품들의 기능을 극대화하여 시간을 절약하면서 편리하게 기기들을 사용할 수 있게 한다. 이렇게 인터넷을 매개로 연결된 가전제품들을 통해 얻는 음식 관련 정보는 소셜 미디어 서비스(social media service, SNS)와 연결되어 소비자가 좋아하고 필요로 하는 음식과 관련된 다양한 정보를 제공받는다. 따라서 SNS를 잘 이용하면 식품 소비자와의 접점을 확대해 얻은 라이프 스타일 데이터를 분석하여 소비자의 요구에 대한 깊은 이해를 할 수 있고, 이를 바탕으로 소비자 식품 만족도를 높이거나 가정의 식품 손실 감소와 같은 문제에 대한 솔루션을 제공할 수 있다(그림 10-5).

SNS를 기반으로 식품을 개발하기 위해서는 그 서비스가 제공하는 가치에 대한 사용자 평가와 사용자 경험을 가능한 한 빨리 들어 볼 필요가 있다. 따라서 출시된 식품이나 가전제품에 대한 온전한 평가를 위해 최소한 한 달에 한 번 이상 해당 애플리케이션(App) 개선 및 기능 추가 등의 신속한 후속 조치가 필요하다. 이러한 과정을 통해 소비자와 밀착되어 발전한 SNS는 식품 생산업체, 가공업체, 유통업체와 같은 파트너 회사와 협력할 수 있는 중요한 비즈니스 기회를 만들 수 있다.

사용자를 기반으로 하는 SNS를 통해 얻은 빅데이터는 광고 방법 또는 직접 판매 채널을 제공하거나, 신제품이나 서비스를 개발하는 등 협업 생성 프로젝트를 통해 비즈니스의 개념을 넓히는 중요 자료가 된다.

1) SNS를 이용한 신상품 홍보

식품 분야에서 새로 개발되어 출시된 상품이 실패할 확률은 70~80%가 된다. 고객 만족도 평가로 유명한 닐슨(Nielsen)사의 조사에 의하면 소비자 대상 신상품(consumer packaged goods, CPG)의 85%가 실패한다고 알려져 있다. 그렇다면 이러한 실패 가운데서도 성공하는 나머지 20~30%의 신상품들의 특징은 무엇일까? 그것은 소비자가 어떤 경로를 통해서 신상품의 이름(brand)이나 제품(product)을 얼마나 인지하고 있는지에 달린 것이다. 즉 소셜 미디어를 통해 소비자와 새 상품이 얼마나 어떻게 연결되어 있는지에 따라 결정이 된다고 할 수 있다.

오늘날은 소비자가 제품이 진열되어 있는 매장에 가는 것보다 온라인 리뷰를 확인하는 데 더 많은 시간을 휴대전화와 노트북에서 보내기 때문에 이 연결된 세상에서는 모든 식품 브랜드를 알리기 위해 소셜 미디어 게임을 제대로 할 줄 알아야 한다. 왜냐하면, 사람들의 주목을 받는 것이 오늘날의 가장 중요한 재산 가치이기 때문이다. 점점 더 혼잡해지는 정보의 홍수 속에서 고객의 관심을 사로잡는 열쇠는 "이 정보는 당신의 시간을 투자할 만한 가치가 있는 것입니다."라는 확신을 주는 것이다. 소셜 미디어 전략은 실제 매장에서와는 달리 소비자가 동영상을 열어볼 때 바로 거래를 성사시킬 수 있도록 무엇보다도 청중에게 가치를 제공하는 데 중점을 두어야 한다.

(1) 가치 제안

사람들은 즐거움과 정보의 출처를 중요하게 여긴다. 이러한 출처가 감정적 반응과 잘 어울리면 좋은 결과를 얻을 수 있다. 실제로 브랜드 광고에 대한 감정적 반응은 광고 성공을 가장 잘 예측할 수 있는 척도이다. 감정적으로 좋아할 수 있는 콘텐츠를 만드는 것이 첫 번째 단계이다. 브랜드 메시지와 함께 초기 콘텐츠가 준비되면 이 콘텐츠를 배포할 올바른 채널을 선택해야 하는데 콘텐츠의 내용에 따라 유튜브, 인스타그램 및 페이스북을 사용하여 콘텐츠를 홍보할 수 있다.

(2) 시각적 정보

식품 브랜드로서 콘텐츠는 시각적이되 독창적이어야 한다. 명확하게 정의된 시각적 정보는 소비자에게 더 오래 남아 브랜드 인지도와 충성도 높은 팔로워(follower) 구축에 매우 중요하다.

(3) 일관성 유지(be consistent)

적절하고 일관된 이미지를 사용하여 브랜드 스토리를 공유하면 더 강력하고 오래 남는 영향을 미친다. 그렇게 하기 위해서는 미리 준비된 이미지가 포함된 콘텐츠를 각 요일별로 준비한다.

(4) 인플루언서와 협업

소셜 플랫폼에서 식품 분야에 적합한 올바른 인플루언서(influencer)와 협업하는 것이다. 소셜 미디어 인플루언서는 오늘날 새로운 유명 인사이자 트렌드를 창출하는 사람들이다. 청중들은 소셜 미디어에서 유명한 인플루언서가 제품을 공유하는 것을 보면 멋진 광고 캠페인에서보다 더 진실함을 느낀다. 식품에 대해 진정성을 가지고 있고 전문성을 가진 인플루언서와 협력하면 브랜드에 대한 호감이 급증하고 더 많은 소비자층에 도달할 수 있어서 비용 대비 효과를 극대화할 수 있다.

(5) 스토리텔링(storytelling)

스토리텔링은 브랜드를 세상에 알릴 수 있는 가장 강력한 방법 중 하나이다. 사실, 연구에 따르면 이야기는 매우 강력하며 우리 모두와 연결되는 감정적 수준에서 소통한다. 또한 이야기를 통해 우리는 쉽게 학습하고 쉽게 기억할 수 있다. 대신 스토리텔링에는 전달하려는 내용이 무엇인지 간결하고 명확하게 드러나야 한다.

2) 음식 사진 올리기

한 설문 조사에 따르면 10명 중 4명이 식당에서 식사할 때 자신이 먹을 음식 사진을 찍고 즉시 팔로워와 공유한다(그림 10-6). 이러한 경향은 당연히 MZ 세대에서 가장 일반적이라고 말할 수 있다. 25세에서 34세의 4분의 1은 친구들에게 좋은 정보를 공유하거나 자랑하기 위해 외식할 때 프로필에 음식 이미지를 업로드한다.

그림 10-6 식사 전 예식과 같이 음식의 사진을 찍는 모습

사실 인스타그램이나 페이스북은 식당의 정보를 얻는 매우 중요한 소스이기 때문에 음식의 사진을 찍는 사람들은 좋은 음식 사진을 얻기 위해 식당의 조명이 좀 더 개선되었으면 좋겠다고 생각할 정도이다.

설문 조사에 따르면 식사를 하는 사람의 21%가 어느 식당에서 먹을지를 결정하기 전에 식당의 소셜 미디어 계정을 방문하여 음식을 확인한다는 사실이 나타났다. 그리고 음식점에 가려는 사람의 15%는 소셜 미디어나 온라인 메뉴가 없는 곳에서는 식사를 하

음식 사진을 효과적으로 올리는 팁

고급 요리든 소박한 식사든 사진 속의 음식이 보이는 만큼 맛도 좋을 것으로 확신시키는 것이 매우 중요하다. 손님은 눈으로도 먹기 때문에, 생각을 많이 해서 창의적인 플레이팅을 하면 음식의 모양과 맛을 향상시킬 수 있다! 모양을 잘 낸 음식을 대접받는다면 더 만족스러울 것이다.

- 전체 윤곽잡기 : 전체 개념을 잘 잡기 위해서는 음식을 스케치하여 그림으로 그려 볼 필요가 있다.
- 단순화 유지하기 : 음식을 담는 그릇에 너무 많은 요소를 담지 않는다. 여분의 공간이 필요하다.
- 균형 감각 : 음식의 멋과 맛 사이에 균형이 있어야 한다. 색, 질감, 모양 등에 음식의 맛, 온도 등을 포함한다.
- 적당량 : 너무 크거나 너무 작아도 안 되고, 재료가 너무 과해도 안 된다. 채소, 육류, 탄수화물과 같은 영양소가 적절히 배열된 요리를 만들어야 한다.
- 주재료를 강조 : 주재료가 가장 눈에 띄도록 한다.
- 음식에 맞는 색깔 선택 : 소셜 미디어에 올리는 사진은 아름다운 색상의 음식과 그릇이 완벽한 조화를 이룰 때 더 효과가 있다.
- 스타일 : 건강식, 지속 가능, 채식주의 등과 같이 음식에 철학이 포함되어야 한다.

자료 : https://www.unileverfoodsolutions.us/chef-training/food-service-and-hospitality-marketing/food-photography-and-food-plating-tips-and-techniques/top-10-food-plating-tips.html

지 않겠다고 생각한다.

3) 소셜 미디어 마케팅의 중요성

2020년대에 들어서면서 세계 경제는 코로나 바이러스 전염병으로 인해 거의 모든 산업 부문에서 큰 어려움을 겪었다. 이러한 가운데 식품 및 음료 사업은 경기 침체라는 혹독한 상황에서 살아남기 위해 적응과 혁신의 압박을 받고 있다. 정부의 사회적 거리두기 및 야외 활동 제한 조치로 식음료 사업은 소셜 미디어를 사용하여 마케팅 전략을 온라인 기반 서비스로 변경하였다.

소셜 미디어를 사용하여 사업자는 온라인 주문으로 야외 활동이 제한된 상황에서도 사업을 진행할 수 있고, 온라인 피드백 시스템을 사용하여 고객으로부터 직접적인 피드백을 받을 수도 있다. 소셜 미디어에 퍼지는 정보의 속도를 사용하여 사업의 소유자는 마케팅 및 브랜드 인지도를 높이고 소비자에 대한 도달 범위를 넓힐 수도 있다. 장기화된 COVID-19의 상황으로 말미암아 오히려 현재로서는 소셜 미디어를 홍보 미디어로 활용하여 효과적이고 효율적으로 식음료 사업의 성장을 가속화하고 있다.

레스토랑용 소비자 상거래에 대한 페이스북(Facebook)의 데이터에 따르면 고객이 식음료 제품을 구매하는 단계는 발견, 구매, 그리고 만족에 따른 충성도의 3단계가 있다. '발견'은 기업의 고유한 식품에 대한 인지도를 높이고 고객이 온라인에서 구매하고 기업과 연결할 수 있는 방법을 홍보하는 것을 의미한다. '구매'는 고객이 식품을 구매하도록 유도하는 것을 의미하며, '충성도'는 개인화된 가치를 제공하여 브랜드에 대한 재구매 욕구를 높이는 것이다.

고객들은 단순히 '배고픔을 달래기 위한 것' 이상의 가치를 지닌 음식과 음료를 선택한다. 사업주는 소비자에게 제품을 구매하도록 요구하는 것 외에도 다음과 같은 전략을 통해 제품의 가치에 대해 더 많은 정보를 제공할 때 제품에 대한 고객의 신뢰와 재주문 욕구를 높일 수 있다.

① 다양한 주제의 콘텐츠를 흥미로운 디자인에 담아 지속적으로 업로드

② 소셜 미디어 또는 사용하는 기타 온라인 플랫폼에서 엄청난 팔로워를 갖는 음식 블로거 또는 인플루언서의 고객 신뢰 리뷰 장착

③ 소셜 미디어의 광고 서비스를 활용

4) 식음료 사업에서 소셜 미디어 마케팅의 주의사항

식음료 사업에서 소셜 미디어를 활용하고자 하는 목적은 온라인 주문을 늘리려고 하는 것이다. 그러나 소셜 미디어에 내 사업장이 소개되는 것만으로는 추가 고객을 확보하고 지속적으로 주문을 유도할 수 없다. 소셜 미디어 전략을 최대한 활용할 수 있도록 하기 위해 소셜 미디어 안에서 해야 할 일과 하지 말아야 할 일에 대한 가이드라인이 필요하다.

① 사용자가 제작한 콘텐츠를 극대화하여 사용

사용자가 제작한 콘텐츠(User-Generated Content, UGC)란 회사가 아닌 일반인이 제작한 모든 콘텐츠(동영상, 사진, 문장, 리뷰 등)를 말한다. 인스타그램에 올라오는 일반인들이 식전에 찍어 올리는 음식 사진들은 매우 독특하고 중요한 가치를 가지며, 사진을 올린 당사자도 자신이 올린 사진이 어떻게 공유되고 공감되는지 보고 싶어한다. 인스타그램에 개인이 만들어 올린 독창적인 콘텐츠들은 신뢰를 갖게 하고 구매를 촉진시킨다.

② 일관성 유지하기

일관성은 소셜 미디어에서 팬들을 모으는 중요한 원동력이다. 일관성이 있어야 페이스북이나 인스타그램의 알고리즘이 올라오는 콘텐츠를 더 쉽게 알아본다. 올리는 음식의 형태, 종류, 요일, 시간, 사진의 느낌들이 늘 일정하면 도움이 된다. 그렇다고 팬들이 질리도록 자주 콘텐츠를 올리면 안 된다.

③ 영감 있고 감성 있게

감성 콘텐츠는 미각, 후각, 시각, 청각, 촉각 등을 자극하는 콘텐츠이다. 요리 사진 게시와 함께 소비자의 감각을 디지털 방식으로 유도하는 캡션이나 음악을 사용하면 좋다.

- 요리의 모든 세부 사항을 보여주는 고품질의 요리 사진
- 요리에 대한 설명, 즉 어떤 재료를 사용하였는가?
- 주재료가 중앙에 위치한 생동감 있고 다채로운 재료 사용

④ 올린 자료에 대한 평가 추적

페이스북 인사이트 및 인스타그램 인사이트를 검토하여 팬들이 무엇을 좋아하고 좋아하지 않는지 이해할 수 있다. 자신의 강점과 약점을 파악하여 자신에게 필요한 것을 정확하게 준비하는 것이 소셜 미디어 활용에 성공하는 지름길이다.

⑤ 하지 말아야 할 것들

- 개념 없는 콘텐츠를 올리지 않기
- 콘텐츠 올리는 사람의 얼굴을 익명으로 하지 않기
- 부정적 댓글에 휘둘리지 않기
- 단순히 팔려고만 하고 정보 제공을 게을리하지 않기
- 다른 사람이 올린 콘텐츠를 허락 없이 가져오지 않기
- 팬들에게 알리지 않고 잠수 타지 않기

5) 식음료 산업에서 빅데이터의 중요성

이제 식음료 산업은 식품산업에 데이터 과학이 추가되면서 완전히 새로운 수준에 이르고 있다. 데이터 과학 및 분석과 같은 새로운 기술을 통해 식음료 부문은 데이터, 마케팅 캠페인, 혁신적인 제품 생성 및 보다 인터랙티브한 개발에서 얻은 통찰력의 역량을 향상시킬 수 있다.

빅데이터 과학은 전통적 방식과 현대적 방식을 통해 수집된 정형 데이터와 비정형 데이터를 분석하는데 이렇게 수집된 데이터는 소비자 행동, 쇼핑 동향 및 시장 개발을 이해하는 데 활용할 수 있다.

(1) 식품산업에서 데이터 분석의 역할

데이터 과학의 도움으로 온도와 강수량을 미리 예측하거나 작물의 전체 성장에 대한 날씨 정보를 데이터베이스에 저장하여 나중에 활용할 수 있다.

예를 들어, 밭에서 수확한 작물을 수확하여 가공업체에 공급하는 물류업체가 물류 운송의 시작 및 종료 시간을 제공하며, 트럭의 온도도 작물의 요구 사항에 맞게 미리 조절한다. 수확한 작물의 분류, 포장, 세척 및 냉장 보관과 같은 식품가공 작업의 다양한 단계들이 센서를 통해 추적 및 자동화되어 데이터로 저장된다. 이와 같이 저장된 다양한 종류의 방대한 자료들은 소프트웨어 프로그램의 도움으로 다양한 통찰력을 제공하는 데 활용될 수 있는데 소비자들은 소셜 미디어 시스템에서 간단하게 분석된 결과값들을 얻을 수 있다.

그렇다면 빅데이터의 역할이 정확히 어떤 것인지 궁금할 것이다. 소비자인 우리는 분

명히 맛있고, 신선하며, 건강에 좋은 음식을 요구할 것이며, 식품업계에 이해관계가 있는 사람들은 고객의 최신 선호도, 새로 등장하는 트렌드, 레스토랑의 현재 가격 또는 식품의 운송 상태 등에 관한 최신 정보를 정확하게 얻고 싶어할 것이다.

계절·시간·날씨·기분에 따라 변하는 소비자의 변덕스러운 입맛에 뒤처지지 않기 위해서는 식음료업체가 현장에서 모은 원자료와 사용 가능한 빅데이터를 결합시키는 것이 매우 중요하다. 이를 통해 일반 정보는 의미 있는 정보로 변환되어 더 나은 경영 의사 결정을 하게 하고 판매 및 전체 실적을 개선하는 데 사용할 수 있다.

빅데이터는 기업이 마케팅 캠페인을 개선하고, 창의적이고 수요가 많은 제품을 개발하며, 기업이 경쟁자보다 더 높은 성장률을 유지하고 품질 관리를 강화하며, 구매 및 판매 가격에 대한 결정에 대해 평가할 수 있도록 도와준다. 데이터는 사업주가 제품의 품질을 추적하는 데 필요한 다양한 평가 요소들, 즉 제품의 성분 교체, 측정 방법의 변경 또는 계절적 요인이나 보관 방법의 변경과 같은 다양한 데이터를 종합적으로 활용하게 한다.

(2) 식음료 산업에서 빅데이터 분석의 이점

① 증폭된 비전

데이터 분석은 식음료 산업에서 가장 혁신적인 분야가 될 것이다. 산업이 고객 중심이 되고 데이터 품질을 업그레이드할 수 있는 새롭고 혁신적인 아이디어로 시장에 등장하기 때문에 이 양질의 데이터는 소비자 중심의 고객 요구 만족 및 제품을 제공하는 데 사용될 수 있다. 데이터 분석은 식음료 산업의 생산성에 막대한 영향을 미칠 수 있는 선도적인 촉진자이다.

② 향상된 숙련도

빅데이터 과학은 판매촉진과 비즈니스 효율성을 향상시키는 가장 좋은 방법이다. 데이터의 효율적인 분석을 통해 새로운 산업의 트렌드를 모색할 수 있다. 그것은 기업과 그들의 고객 사이에 더 나은 이해를 하는 데 도움이 될 것이므로 자동적으로 회사의 이미지를 개선할 것이다.

③ 소비자 행동 조사

인터넷과 스마트폰의 기술 주도 세계가 확장됨에 따라 고객은 요구 사항을 충족하기 위해 다양한 옵션을 선택할 수 있다. 이를 통해 식음료 업계는 고객의 선택과 선택의 변화에 대한 빅데이터를 수집할 수 있는 기회를 얻을 수 있다. 이렇게 얻은 소비자 정보는 비즈니스 수행에 매우 소중한 자료가 된다.

④ 품질 관리

식품산업은 식품 및 음료 분석을 통해 제품의 품질과 공급을 쉽게 유지할 수 있다. 모든 고객은 어떤 식품회사에서 생산되는 식품이라도 고품질 제품이기를 기대한다. 그럼에도 불구하고 소비자가 좋아하지 않는 제품의 변경 사항이 생기면 잠재 고객은 생산자에게서 멀어지게 된다.

IoT로 구동되는 특정 센서는 실시간으로 모든 당사자에게 데이터를 처리, 분석 및 전송하는 것을 지원하므로 전체 공급망을 평가하는 데 도움이 된다. 빅데이터를 활용하면 손상된 제품을 적시에 적절한 제품으로 교체하고 예방 조치를 취할 수 있다. 빅데이터로 구동되는 소프트웨어 및 하드웨어는 최종 제품뿐만 아니라 들어오는 원재료의 품질 관리를 지원함으로써 생산 공정 전체를 향상시킨다.

빅데이터를 통해 레스토랑은 일관된 음식의 품질을 유지할 수 있다. 소비자들은 일반적으로 선호하는 체인 레스토랑의 경우 안정적이고 균일한 음식 맛을 기대한다. 음식의 맛은 재료의 정확한 계량, 품질, 계절과 계절 간의 재료 차이 등 다양한 요인에 따라 달라진다. 빅데이터 분석은 이러한 변화를 종합하여 음식의 맛과 품질에 미치는 영향을 평가한다. 이렇게 빅데이터 분석은 통찰력을 제공하고 애로 사항을 파악하며, 개선 방안을 제시하는 데 활용된다.

⑤ 향상된 마케팅 전략과 판매

비즈니스에 대한 인지도를 높이고 브랜드 충성도를 구축하기 위해 때로는 구식 마케팅 전략과 홍보의 기술들을 사용하는 것은 불가피하다. 그러나 마케팅 전략 및 홍보 기술은 빅데이터 기술이 역할을 하는 또 다른 영역이다. 빅데이터 기술과 식품 및 음료 분석 기술의 도움으로 기업은 언제 어디서 제품이 쓸모가 있을지 알게 된다.

⑥ 더 신속한 배송

식품산업에서는 타이밍이 모든 것이다. 식품 품목을 제시간에 고객에게 배달하는 것은 업계에 관련된 모든 비즈니스의 최우선 과제이다. 이 프로세스가 가능해지려면 다양한 물류 체계가 포함되지만 현재 택배 및 배송 회사는 이러한 시스템에 액세스할 수 있는 수많은 진보적인 기술을 보유하고 있다.

신속한 배송을 촉진하기 위해 빅데이터 분석은 교통, 건설, 날씨, 경로 변경, 현재 기후 및 거리와 같은 측면과 같은 요소를 탁월하게 모니터링하고 손쉽게 이해하여 의사 결정 시간을 단축한다. 이 정보를 가지고 인공지능과 같은 복잡하고 정교한 시스템을 사용하면 특정 배송 장소까지 이동하는 데 필요한 시간을 계산할 수 있다.

⑦ 감성적 분석

현대 사회에서 모든 비즈니스의 매우 중요한 요소는 기본적으로 브랜드 및 제품에 대한 고객의 감성이나 감성을 암시하는 고객의 느낌이나 감정의 변화 분석이다. 브랜드에 대한 고객의 의견을 정확하게 간파하고 분석하는 기술은 최신 트렌드와 인기 상품을 재빠르게 파악할 수 있다.

(3) 식품산업에서의 빅데이터 과학의 미래

식당이나 식당의 관리자는 진보된 AI 식당 관리 소프트웨어의 도움으로 식당을 보다 효율적으로 관리할 수 있다. 고객 선호도, 마케팅 동향, 식품 가용성 및 가격의 변화 등을 모두 미리 예측할 수 있다.

공급망 분석에 기반하여 모바일 앱은 소비자에게 적절한 식당을 추천할 수 있고 당일 가장 신선한 재료를 사용하여 음식을 만들 수 있는 식당을 추천하기도 하며, AI나 딥러닝(deep learning)을 활용하면 식중독 방지에도 도움을 받을 수 있다.

실제로, KFC, 맥도날드, 타코벨 같은 유명 식품회사들이 빅데이터 활용을 통해 소비자 피드백과 제품 선호도 분석, 판매 전략 수립 등을 꾀하고 있다.

4. 메타버스와 식품

메타버스(metaverse)의 세상은 이미 당신과 가까운 곳에서도 벌어지고 있다.

엄마가 9살 난 아들의 생일날 친구들을 따로 초대할 필요도 없고 생일파티를 위해 풍선을 불거나 창문을 특별히 꾸미거나 할 필요 없이 가상현실에 아들의 친구들을 초대해 로블록스(Roblox)라는 게임에 참여해서 자신들의 아바타를 만들면서 함께 즐길 수

친구 생일날 아이들이 함께하는 로블록스(Roblox) 콘서트의 한 장면

가상현실에서의 작업실

현실에서의 작업실

그림 10-7 메타버스의 가상현실 세계

있다(그림 10-7). 아이들은 아마도 이 가상현실의 게임에 흠뻑 빠져서 시간 가는 줄 모를 것이다. 아이들은 심지어 자신들만의 게임을 새로 만들어서 놀 수도 있다.

이러한 것이 일종의 메타버스의 세계이다. 이 개념은 가상현실 기술 개발자들에게나 사랑받는 틈새 개념이었지만 이제는 오히려 신개념의 풍경으로 인정받기 시작하면서 하루 수백만 명 이상이 가상의 소셜 공간에 참여하고 있다.

가상 생산성 플랫폼도 성장하고 있으며 페이스북과 마이크로소프트는 온라인으로 새로운 형태의 협업을 진행한다고 발표하였다. 심지어 나이키(Nike)는 가상 운동화(virtual sneakers)를 시판할 준비를 하고 있다고 한다.

융합형(hybrid) 사무실, 비디오 기반 교육 및 온라인 소셜 커뮤니티는 당신이 좋아하든 싫어하든 우리 삶의 더 많은 부분을 디지털 공간에서 보내게 하는 몇 가지 형태일 뿐이다.

지금 자라나고 있는 세대는 메타버스의 가상현실 세계가 조금도 낯설지 않다. 이들은 어쩌면 더 생생한 메타버스 시대가 구현되길 기대하고 있다고 보는 것이 타당할 것이다.

1) 메타버스란?

작가 닐 스티븐슨은 1992년 공상과학 소설 『스노우 크래시(Snow Crash)』에서 '메타버스'라는 용어를 만든 것으로 알려져 있다. 여기서 그는 실제 3D 건물 및 기타 가상현실 환경에서 만나는 실제와 같은 아바타를 상상하였다.

그 이후로 증강현실(augmented reality, AR), 가상현실(virtual reality, VR), 3D 홀로그램

아바타, 비디오 및 기타 통신 수단이 통합된 온라인 가상 세계인 실제 메타버스로 가는 길에 다양한 이정표적인 발전이 이루어지고 있다. 메타버스가 확장됨에 따라 이 기술은 당신과 함께 공존할 수 있는 초현실적인 대안 세계를 제공한다.

이와 같이 메타버스는 가상현실, 증강현실 및 비디오를 포함한 여러 기술 요소의 조합으로 사용자가 디지털 세계 내에서 실제 '살아가는' 세상이다. 메타버스의 지지자들은 사용자가 콘서트와 회의부터 전 세계 가상 여행에 이르기까지 모든 것을 통해 친구들과 일하고, 놀고, 연결 상태를 유지하는 것을 상상한다.

새로 명명된 메타(Meta, 페이스북의 변경된 사명)의 CEO인 마크 저커버그(Mark Zuckerberg)는 메타버스의 주요 기능이 주류가 되기까지는 앞으로 5~10년이 걸릴 것으로 예상한다. 그러나 메타버스의 모든 요소들은 현재 이미 존재한다. 초고속 광대역 속도, 가상현실 헤드셋 및 항상 열려 있는 첨단 인터넷의 온라인 세계는 모든 사람이 액세스할 수는 없지만 이미 가동되어 실행 중이다.

2) 메타버스의 실제 예들

(1) 메타(Meta)

메타(당시 페이스북)는 이미 2014년 오큘러스(Oculus) 인수를 포함하여 가상현실에 상당한 투자를 하였다. 메타는 VR 헤드셋을 사용하여 직장, 여행 또는 엔터테인먼트를 통해 디지털 아바타가 연결되는 가상 세계를 구상한다. 저커버그는 메타버스가 우리가 알고 있는 인터넷을 대체할 수 있다고 낙관적으로 믿으며, "차세대 플랫폼과 매체는 보는 것뿐만 아니라 경험하게 되는 훨씬 더 몰입감 있게 구현되는 인터넷이 될 것"이라며 '메타'라고 이름을 지었다.

(2) 마이크로소프트(Microsoft)

이 거대 소프트웨어 기업은 이미 홀로그램을 사용하고 있으며, 현실 세계와 증강현실 및 가상현실을 결합하는 마이크로소프트 메쉬(Microsoft Mesh) 플랫폼으로 혼합 및 확장 현실(XR) 애플리케이션을 개발하고 있다. 2022년에 마이크로소프트 팀에 홀로그램 및 가상 아바타를 포함한 혼합 현실을 제공할 계획을 발표하였다. 또한 2023년에는 소매점 및 직장을 위한 탐색 가능한 3D 가상 연결 공간을 준비 중이다. 미 육군은 현재 군인이 훈련, 리허설 및 전투를 수행할 수 있는 증강현실 홀로렌즈(Hololens) 2 헤드셋 개발을 두고 마이크로소프트와 협력하고 있다. 이 외에도 엑스박스 라이브(Xbox Live)는 이미 전 세계 수백만 명의 비디오 게임 플레이어와 연결되어 있다.

(3) 에픽 게임즈(Epic games)

포트나이트(Fortnite)를 개발한 회사의 CEO인 팀 스위니(Tim Sweeney)는 "에픽이 메타버스 구축에 투자한 것은 비밀이 아니다."라고 말하였다. 콘서트, 영화 예고편, 음악 데뷔, 심지어 마틴 루터 킹(Martin Luther King Jr.)의 1963년 역사적인 "나는 꿈이 있어요(I Have A Dream)" 연설을 '몰입형'으로 재구성한 콘서트도 개최할 수 있다. 또한 메타휴먼 크리에이터(MetaHuman Creator)를 사용하여 다양한 기능을 할 수 있는 사실적인 디지털 인간을 개발하고 있다. 메타휴먼 크리에이터를 사용하면 미래의 열린 세상 게임에서 디지털 도플갱어를 맞춤 설정할 수 있다.

(4) 로블록스(Roblox)

2004년에 설립된 이 플랫폼에는 블록스부르크(Bloxburg) 및 브룩헤븐(Brookhaven)과 같은 롤플레잉 서비스를 포함하여 사용자가 만든 수많은 게임이 있으며, 사용자가 집을 짓고, 작업하고, 시나리오를 플레이할 수 있다. 로블록스는 공개된 후 현재 가치가 450억 달러 이상이다. 로블록스는 스케이트보드 신발 회사인 반스(Vans)와 협력하여 플레이어가 새로운 반스 장비로 옷을 갈아입을 수 있는 가상 스케이트보드 공원인 반스 월드(Vans World)를 만들고 가상 자아를 위한 의류와 액세서리를 체험하고 구입할 수 있는 제한된 구치(Gucci) 정원을 열었다.

(5) 마인크라프트(Minecraft)

아이들이 좋아하는 또 다른 가상 세계인 마이크로소프트 소유의 마인크라프트는 본질적으로 플레이어가 자신의 디지털 캐릭터를 원하는 대로 만들 수 있는 레고(Legos)의 디지털 버전이다. 2022년 기준 마인크라프트는 매월 1억 4천만 이상의 활발히 활동하는 사용자를 자랑한다. 팬데믹 기간 동안 가상 연결에 더 많이 의존해야 했던 어린이들 사이에서 인기가 폭발했었다.

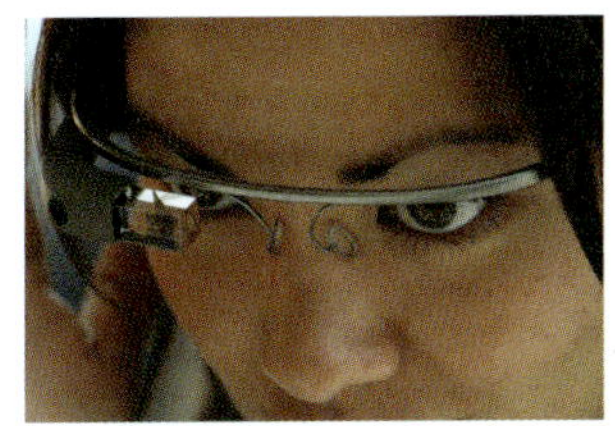

구글 글라스(Google Glass)

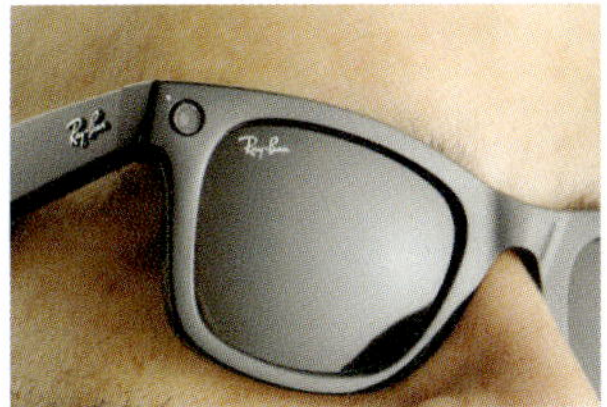

스마트 안경(Smart Glasses)

실제 상점(Physical Store)

가상현실(Virtual Reality)

페이스북은 회사명을 메타(Meta)로 변경했다

페이스북 연수회에서 오큘러스 고(Oculus Go) 가상현실 헤드셋 시연

그림 10-8 메타버스 시대를 구현시키는 실제적인 예들

자료 : Credit, Justin Sullivan, Getty Images; Stephen Lam, Reuters, 2019

3) 식품에서 메타버스의 활용

메타버스 내 광고나 신상품 식품을 소개하는 데 있어 상업적 잠재력은 매우 밝다. 사용자는 실제 식품을 사기 위해 푸드버스(Foodverse)에서 얻은 NFT로 지불할 수 있다.

NFT 또는 대체 불가능한 토큰은 블록체인에 저장되어 그에 따라 판매, 공유 또는 거래될 수 있는 교환 불가능한 정보이다. NFT를 이해하려면 블록체인, 즉 해킹, 속임수 또는 변경이 거의 불가능한 방식으로 정보를 기록하는 시스템에 대한 이해가 있어야 한다. NFT는 일반적으로 블록체인에서 계산된 시스템의 전체 네트워크에 정보를 복제하고 배포하는 거래 과정을 추적하는 디지털 회계장부인 셈이다. NFT는 암호화폐로 사고팔 수 있는데 한 예가 '이더리움'이라는 비트코인과 같은 암호화페이며, 이러한 NFT를 지원하기 때문에 NFT는 이더리움 암호화폐의 일부가 될 수 있다. 각 블록체인은 NFT 버전을 호스팅하고 구현할 수 있다.

메타버스에 식품산업을 추가하는 것은 여러 산업이 비즈니스를 확장할 수 있게 하지만 단지 식품산업을 하나의 게임으로만 여기는 것이 아니라는 점에서 매우 중요하다. 푸드버스는 사람들이 음식을 주문하고 배달하며 가상 도구의 도움으로 향상된 새로운 요리 경험을 할 수 있는 플랫폼이 될 수 있다.

푸드버스는 다양한 음식 애호가, 비즈니스 소유자, 요리사 및 회사가 함께 모여 다양한 요리 및 다양한 식품을 탐색할 수 있는 독특한 환경을 제공할 수 있다. 또한 기업이 함께 모여 브랜드를 광고하거나 설문조사를 수행할 수 있는 플랫폼 역할도 한다. 세계 기아와 같은 다양한 사회 문제에 대한 인식을 제고하고 기금을 모으는 것도 세계 여러 지역의 사람들을 하나로 묶을 수 있는 푸드버스를 통해 수행될 수 있다. 푸드버스는 많은 레스토랑 소유주에게 훌륭한 비즈니스 기회가 될 수 있으며, 최근의 코로나19 팬데믹은 이러한 서비스를 기반으로 하는 사업 부문에 큰 영향을 미칠 수 있다.

4) 푸드버스의 실제 예들

(1) 원레어(OneRare)

원레어는 푸드버스라고 불리는 세계 최초의 식품 전용 메타버스이다. 원레어는 생산에서 소비에 이르기까지 식품과 관련된 모든 것을 위한 하나의 플랫폼이 되는 것을 목표로 한다. 원레어에는 특정 고객을 수용하기 위해 자체적으로 4가지 분리된 기능이 있다.

① 농장(FARM) : 농사를 지을 수 있는 땅을 얻기 위해 게임을 할 수 있는 고객 전용 플랫폼 섹션이다.

② 파머스 마켓(FARMER'S MARKET) : 이 섹션에서 플레이어는 수확물을 수집가에게 가격을 제시해 판매할 수 있다.

③ 주방(KITCHEN) : 주방은 레시피에 관심이 있는 사람들을 위한 공간으로, 다양한 요리에 속하는 여러 레시피를 읽고 다양한 재료를 결합하여 새로운 요리를 만들 수 있다.

④ 놀이터(PLAYGROUND) : 놀이터는 NFT 소유자가 음식 애호가와 함께 미니 게임에 참여하는 플랫폼이다.

음료산업도 NFT 생산에 참여하여 제품을 판매하고 있으며, 글렌피딕(Glenfiddich), 헤네시(Hennessy), 버드라이트(Bud Light) 및 딕타도르(Dictador)와 같은 회사도 NFT를 사용하여 제품을 판매하고 있다.

(2) 맥도날드

맥도날드는 메타버스에서 상표권 침해로부터 자신의 브랜드를 보호하기 위해 대부분의 응용 프로그램에 대해 약 10개의 상표 출원을 제출하였다. 이 상표는 가상 이벤트를 주최할 수 있는 맥카페(McCafe)라는 이름으로 사용되며, 티켓은 NFT가 지원하는 암호화폐로 가져올 수 있다. 또한 맥도날드에는 고객이 메타버스에서 주문을 하면 현실 세계의 위치로 배달되는 맥딜리버리(McDelivery) 기능이 있다.

단원정리

1. 인공지능, 사물인터넷, 로보틱스, 3D 프린팅 등 첨단기술이 집약되는 4차 산업혁명은 식품산업을 비롯한 다양한 산업을 변화시키고 있다.
2. 첨단 기술의 통합으로 식품산업의 다양한 공정에서 효율성이 향상되고 있다. 예를 들어, 식품 가공, 포장 및 유통의 자동화는 생산 비용을 줄이고 속도를 높이는 데 도움이 된다.
3. 4차 산업혁명은 센서, 블록체인 기술 및 기타 고급 기술을 사용하여 식품 안전도 개선하고 있다. 이러한 기술은 식품에 오염 물질이 없고 소비하기에 안전한지 확인하는 데 도움이 된다.
4. 고급 기술은 또한 식품 산업이 소비자에게 보다 맞춤화된 제품과 서비스를 제공할 수 있도록 한다. 예를 들어, 3D 프린팅을 통해 식품 제조업체는 개인의 선호도와 식단 요구 사항에 따라 개인화된 식품을 만들 수 있다.
5. 고급 기술의 통합은 식품 산업의 공급망 관리를 개선하는 데에도 도움이 된다. 예를 들어, 블록체인 기술은 농장에서 테이블까지 식품의 추적 및 추적을 개선하여 투명성을 높이고 음식물 쓰레기를 줄이는 데 도움이 된다.

참고문헌

김상균. **메타버스**. 플랜비디자인. 2021

서지영. **난생처음, 인공지능입문**. 한빛아카데미. 2021

4차 산업혁명 코리아루트를 찾아라. 산업통상자원부. 2017

식품음료신문. 2020.01.22. (http://www.thinkfood.co.kr)

Discover the difference between AI vs. Machine learning vs. deep learning (https://youtu.be/9dFhZFUkzuQ)

How does AI work? (https://youtu.be/FWOZmmIUqHg)

Top 12 artificial intelligence applications (https://youtu.be/YhSeTEumjVA)

7 types of artificial intelligence that you should know in 2020 (https://youtu.be/VNz3KGoAhG4)

https://www.ibm.com/design/ai/basics/ai/

https://beincrypto.com/foodverse-worlds-first-food-metaverse-where-nfts-can-buy-food-irl/

https://blacksmithapplications.com/blog/future-of-food-manufacturing-3dprinting/

https://suitmedia.com/ideas/the-important-of-social-media-marketing-in-food-and-beverage-industry

https://time.com/6116826/what-is-the-metaverse/

https://uw-media.usatoday.com/embed/video/9188952002?placement=snow-embe

https://www.brsoftech.com/blog/big-data-analytics-in-the-food- and-beverage-industry

https://www.entrepreneur.com/article/329958

https://www.futurebridge.com/food-and-nutrition/alternative-proteins-industry-market

https://www.futurebridge.com/industry/perspectives-food-nutrition/3d-printing-and-its-application-insights-in-food-industr

https://www.ge.com/additive/additive-manufacturing/industries/food-beverage

https://www.hitachi.com/rev/archive/2020/r2020_01/01b03/index.html

https://www.simplilearn.com/tutorials/artificial-intelligence-tutorial/types-of-artificial-intelligence?source=sl_frs_nav_user_clicks_on_next_tutorial

https://www.unileverfoodsolutions.us/chef-training/food-service-and-hospitality-marketing/digital-marketing-for-restaurant-owners-and-chefs/dos-donts-social-media-chefs.html

https://www.unileverfoodsolutions.us/chef-training/food-service-and-hospitality-marketing/food-photography-and-food-plating-tips-and-techniques/top-10-food-plating-tips.html

찾아보기

ㄱ

ㅅ

ㅊ

ㅋ

ㅍ

ㅎ

영문

저자 소개

김정상

현재 경북대학교 식품공학부 식품소재공학 전공 교수
서울대학교 식품공학과 학사 및 석사
미국 University of California-Berkeley 영양학과 박사
한국식품연구원 연구원

임진규

현재 경북대학교 식품공학부 식품소재공학전공 교수
서울대학교 농화학과 학사
KAIST 생명공학과 석사
미국 Rutgers 대학교 분자미생물학과 박사
CJ 종합연구소 연구원

박희수

현재 경북대학교 식품공학부 식품소재공학 전공 부교수
한동대학교 생명식품과학부 학사, 석사
미국 University of Wisconsin-Madison 분자환경독성학과 박사
미국 Duke University Medical Center 박사후연구원

한동엽

현재 경북대학교 식품공학부 식품소재공학전공 부교수
서울대학교 식품동물생명공학부 학사
서울대학교 지구환경과학부 해양천연물화학 전공 박사
미국 University of California San Diego-Scripps Institution of Oceanography 박사후연구원

재미있는 식품의 예술

2023년 8월 25일 초판 인쇄
2023년 8월 30일 초판 발행

지은이 김정상 · 임진규 · 박희수 · 한동엽

발행인 이 영 호
발행처 **수 학 사**
10881 경기도 파주시 회동길 56 기한재 1층
출판등록 1953년 7월 23일 제2020-000143호
전화번호 031) 946-4642(代) 팩스 031) 944-1457
http://www.soohaksa.co.kr
디자인 북큐브

정가 25,000원

ISBN 978-89-7140-743-1 (93570)